生物分离与纯化技术

（第三版）

主　编　陈　芬　胡莉娟

副主编　杨志远　苏敬红　曾　瑞　余　乐
　　　　尹　喆

参　编　肖　云　刘柱明　刘鹏莉　刘振超
　　　　周一洁　江爱明　姚志恒　梁蕊芳

华中科技大学出版社

中国·武汉

内 容 提 要

本书依据教育部《职业院校教材管理办法》等文件要求,结合生物技术企业职业岗位的特点,重点阐述生物分离过程中各典型单元操作的基本原理、重要设备和基本操作技术,将工匠精神有效地渗透到各个操作技术中。通过学习,学生的专业能力与职业素养得以养成。

全书分为三大模块。模块一是分离与纯化单元操作技术,包括预处理及固-液分离技术、细胞破碎技术、萃取技术、固相析出分离技术、色谱分离技术、膜分离技术、电泳技术、浓缩与干燥技术。模块二介绍单元操作技术实训,包括 22 个单元操作技术实训。模块三介绍单元集成技术实训,包括 16 个综合实训。模块一每一单元都配有同步训练,供学生课后练习巩固。

本书可供高职高专院校生物及相关专业的师生使用,也可作为相关行业技术人员的培训资料。

图书在版编目(CIP)数据

生物分离与纯化技术/陈芬,胡莉娟主编.—3 版.—武汉:华中科技大学出版社,2023.8(2025.2重印)
ISBN 978-7-5680-9906-6

Ⅰ.①生… Ⅱ.①陈… ②胡… Ⅲ.①生物工程-分离-高等职业教育-教材 ②生物工程-提纯-高等职业教育-教材 Ⅳ.①Q81

中国国家版本馆 CIP 数据核字(2023)第 143722 号

生物分离与纯化技术(第三版) 陈 芬 胡莉娟 主编
Shengwu Fenli yu Chunhua Jishu(Di-san Ban)

策划编辑:王新华
责任编辑:王新华
封面设计:刘 卉
责任校对:朱 霞
责任监印:周治超
出版发行:华中科技大学出版社(中国·武汉)　　电话:(027)81321913
　　　　　武汉市东湖新技术开发区华工科技园　　邮编:430223
录　排:华中科技大学惠友文印中心
印　刷:武汉开心印印刷有限公司
开　本:787mm×1092mm　1/16
印　张:18.25
字　数:433 千字
版　次:2025 年 2 月第 3 版第 2 次印刷
定　价:48.00 元

第三版前言

本教材的编写宗旨是从根本上体现"以应用型职业岗位为中心,以素质教育、创新教育为基础,以学生能力培养为本位"的创新理念,满足高职高专"三教改革"的人才培养需求,强调"宽基础、重实践、引思考、便于教学、可读性强"的原则,将知识和技术相结合,技术和产业相结合,及时吸纳企业新知识、新技术、新工艺和新方法。在编写过程中,作者与企业技术骨干共同探讨,发掘企业生产、管理一线岗位需求,开发课程内容。

本教材系统地阐述各种生物分离方法的原理、操作过程和技术要领,并用大量不同类型的生物产品的分离案例说明各种分离技术的应用,体现工匠精神的实质。

本教材定位清晰,特点鲜明,主要体现在以下几个方面。

1. 落实立德树人任务,体现课程思政理念

教材内容将价值塑造、知识传授和技能培养三者融为一体,在专业内容中渗透大国工匠精神,进一步优化案例分析内容,让学生能够在学习知识和技能的同时养成优秀的职业素养。

2. 坚持职教方向,明确教材定位

坚持现代职教改革方向,体现高职教育特点,根据《高等职业学校专业教学标准》要求,以岗位需求为目标,以就业为导向,以能力培养为核心,培养满足社会和企业需求的高素质技术技能型人才。

3. 体现行业发展,更新教材内容

紧密结合国家标准和行业标准,及时调整更新教材内容,案例中引入企业的新项目,体现工学结合,突出综合性和创新性。

4. 建设立体教材,丰富教学资源

在超星学习通上搭建与教材配套的 SPOC 课程,包括数字教材、学习视频、教学课件、图片、案例展示及习题库等。多样化、立体化的教学资源为提高教学质量提供支撑。

全书分为三大模块。模块一是分离与纯化单元操作技术,包括预处理及固-液分离技术、细胞破碎技术、萃取技术、固相析出分

离技术、色谱分离技术、膜分离技术、电泳技术、浓缩与干燥技术。模块二介绍单元操作技术实训，包括 22 个单元操作技术实训。模块三介绍单元集成技术实训，包括 16 个综合实训。模块一每一单元都配有同步训练，供学生课后练习巩固。编写分工如下：武汉职业技术学院的陈芬、尹喆、肖云编写模块一的第一、六单元，单元操作技术实训说明及单元集成技术实训说明，模块二的实训 6～8，模块三的实训 12～16；杨凌职业技术学院的胡莉娟编写模块一的第二、四单元，模块二的实训 13～20；信阳农林学院的刘柱明编写模块一的第三单元，模块二的实训 5、12；长沙环境保护职业技术学院的杨志远、荆州职业技术学院的姚志恒编写模块一的第五单元；咸宁职业技术学院的曾瑞编写模块一的第七单元、模块三的实训 7；青岛工业职业学院的刘振超编写模块一的第八单元，模块三的实训 5、6；山东职业学院的苏敬红编写模块一的第九单元；包头轻工职业技术学院的梁蕊芳编写模块三的实训 1～4；烟台职业学院的刘鹏莉编写模块二的实训 1～4；湖北生物科技职业学院的周一洁编写模块二的实训 9～11；武汉爱博泰克生物科技有限公司的余乐、汉江师范学院的江爱明编写模块三的实训 8～12。

全书由武汉爱博泰克生物科技有限公司余乐指导，由武汉职业技术学院陈芬修改并统稿，在编写的过程中，还得到了武汉周边许多企业专家的指导，在此表示衷心的感谢。

由于生物技术发展很快，加上编者水平和经验有限，书中不足之处在所难免。希望广大师生在使用本教材时提出宝贵意见，以便修订完善，共同打造精品教材。

编　者
2023 年 6 月

第二版前言

　　"生物分离与纯化技术"是生物工程、药品生物技术、药品生产技术、医学生物技术、食品生物技术等专业的核心课程，其涉及的相关技术是生物类相关产业中使用最普遍的技术，也是从事生物制品生产和加工必须掌握的基本技术。

　　本书的编写充分考虑到了高职高专的生源特点及培养应用型人才的需求，降低了学科的理论知识难度，突出了知识的实用性和职业性，与企业接轨，及时地吸纳了行业的新知识、新工艺、新技术和新方法。在编写过程中，作者深入企业一线，获得了大量的第一手资料，并参考了大量的文献。

　　本书系统地阐述了各种生物分离方法的原理、操作过程、技术要领和相关设备，旨在培养学生的动手能力以及分析解决问题的能力，并以大量的案例说明了这些分离技术和设备的应用，注意从案例中分析共性问题，旨在让学生从这些案例中获得更多的启发，培养其创新能力。

　　本书的主要特色如下。

　　（1）每个单元都显示了三维目标，即知识目标、技能目标和素质目标。

　　（2）用大量不同类型的生物产品的分离案例说明各种分离技术的应用。

　　（3）阐述了生物分离的相关设备，并配有相关图片，形象生动。

　　（4）每个单元配有针对性强的同步训练。

　　（5）实训模块分为单元操作技术实训和单元集成技术实训。单元操作重点突出生物分离过程的基本原理、重要设备和基本操作技术。单元集成以生物技术职业岗位为导向，引入企业的实际项目，突出综合性与创新性。

　　本书共分为三大模块。编写分工如下：武汉职业技术学院的陈芬、尹喆、肖云编写了模块一的第二、三单元，单元操作技术实训说明及单元集成技术实训说明，模块二的实训1、3、14～18，模块三的实训 2、5、6、14;杨凌职业技术学院的胡莉娟编写了模块一的第一单元,模块二的实训 2,模块三的实训 1;福建生物工程职业技术学院的邱东凤编写了模块一的第四单元,模块三的实训 3;长沙环境保护职业技术学院的杨志远与许昌职业技术学院的鲁国荣编写了模块一的第七单元,模块三的实训 4、7;山东职业学院的苏敬红与常州工程职业技术学院的何颖编写了模块一的第八单元,模块三的实训 10、11、12;信阳农林学院的刘柱明编写了模块一的第六单元,模块二的实训 4～10,模块三的实训 8;荆州职业技术学院的姚志恒编写了模块一的第五单元;包头轻工职业技术学院的梁蕊芳编写了模块一的第九单元;汉江师范学院的江爱明编写了模块二的实训 11～13,模块三的实训 9;咸宁职业技术学院的曾青兰编写了模块三的实训 13。全书由武汉职业技术学院陈芬修改并统稿。全书由咸宁职业技术学院曾青兰主审。在编写的过程中,得到了武汉周边许多企业专家的指导,在此表示衷心的感谢。

由于生物技术发展很快,加之编者水平和经验有限,书中难免有不足之处,恳请同行专家与读者批评指正。

编　者
2017 年 8 月

目录

模块一　分离与纯化单元操作技术

1

模块二　单元操作技术实训

模块三　单元集成技术实训

模块一
分离与纯化单元操作技术

第一单元

绪　　论

 知识目标

（1）熟悉分离与纯化技术的研究对象和内容，以及本课程的地位和作用。

（2）熟悉生物分离与纯化技术的基本知识：分离与纯化的原理，以及分离与纯化方法的评价。

（3）了解生物分离与纯化技术的发展。

 技能目标

（1）能理解生物分离与纯化的基本方法。

（2）能对分离与纯化的方法进行综合评价。

 **素质目标**

培养严谨的学习态度和规范的操作习惯。

1.1　生物分离与纯化技术概述

1. 生物分离与纯化技术的研究对象和内容

本课程主要研究预处理技术、细胞破碎技术、沉淀技术、萃取技术、色谱分离技术、膜分离技术、电泳技术、浓缩与干燥技术等。

生物分离与纯化技术的学习，就是综合应用化学、物理、生物等基础知识，分析研究各种分离与纯化技术的基本原理、工艺过程及主要影响因素，理解和认识分离与纯化设备的结构和操作，为学习产品生产工艺和从事产品分离与纯化岗位工作奠定基础。

生物制品的生产所用原料种类繁多，生产方法多种多样，使制得的含有有效成分的混合液成分复杂，而且随着对生物制品质量的严格控制，许多新型的分离与纯化技术得到飞速发展和应用。从事生物制品生产的高素质、高技能人才，必须掌握生物分离与纯化技术的原理和方法，并能根据混合物的特性和分离要求，选用适宜的技术，组成合理的工艺，更好地完成生物制品的分离与纯化任务。

2．生物分离与纯化技术的目的与地位

生物分离与纯化的目的是从发酵液、动植物细胞培养液、酶反应液或动植物组织细胞与体液等中分离、纯化生物产品。

生物分离与纯化技术是现代生物技术产业下游工艺的核心，是决定产品的安全、效力和成本的技术基础，它的进步对于保持和提高国家在生物技术领域的经济竞争力是至关重要的。一般分离与纯化过程所产生的成本是整个生产成本的70%左右，而对于纯度更高的生物产品（如医疗用酶），其分离与纯化部分的成本更高达生产成本的80%～90%。故生物分离与纯化对生物产品的质量控制和生产成本控制起着十分重要的作用。

分离纯化所得到的产品，关系到人民的身体健康和生命安全。从业人员不但要有丰富的知识积累、娴熟的操作技能，更要有崇高的道德和职业素养。

3．生物分离与纯化技术的特点

生物分离与纯化技术的特点主要体现在以下几个方面。

（1）目标产物浓度低，纯化难度大。

原料液中目标产物的浓度一般都很低，有时甚至是极微量的，如胰腺中脱氧核糖核酸酶的含量为0.04%、胰岛素含量为0.002%，胆红素在胆汁中含量为0.05%～0.08%，但杂质的含量相对较高，这样就有必要对原料液进行高度浓缩。

（2）生物活性物质性质不稳定，操作过程容易失活。

生物活性物质的生理活性大多是在生物体内的温和条件下维持并发挥作用的，目标产物大多数对热、酸、碱、重金属、pH值以及多种理化因素都比较敏感，容易失活。外部条件不稳定或急剧发生变化，容易引起生物活性的降低或丧失。因此，为维持生物活性物质的活性，分离与纯化过程的操作条件都有严格的限制。

（3）生物材料中的生化组分数量大，分离困难。

原料液中杂质成分多，甚至目标产物与杂质的理化性质（如溶解度、相对分子质量、等电点等）往往比较相近，所以分离与纯化比较困难。

（4）生物材料容易变质，保存困难。

生物材料容易腐败、染菌、被微生物的活动所分解或被自身的酶所破坏，甚至机械搅拌、金属器械、空气、日光等对生物活性物质的活性都会产生影响。因此，生物分离与纯化方法的正确选择，对维持目标产物的稳定性起着至关重要的作用。

（5）生物产品质量标准高。

生物产品一般用作医药、食品和化妆品，与人类生命息息相关。因此，分离与纯化过程必须除去原料液中的热原及具有免疫原性的异体蛋白等有害人体健康的物质，并且防止这些物质在操作过程中从外界混入。

4．生物分离与纯化方法选择的依据

生物分离与纯化方法选择的依据是目标产物与杂质之间的物理、化学或生物学性质上的差异。要想得到低成本、高产量、高质量的产品，分离与纯化方法的选择就十分重要。

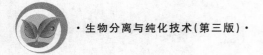

一般分离与纯化方法选择的依据如下。

(1) 根据物质的分配系数、相对分子质量、离子电荷性质及数量和外加环境条件的差别等因素选择不同的分离与纯化方法。

(2) 分离与纯化工艺的选择、单元操作顺序先后的安排,要考虑到有利于减少工序,提高效率。

(3) 初步分离时,分离方法不要求分辨率高,但要求负荷能力大,如选择沉淀、萃取、吸附等操作。

(4) 尽可能采用低成本的材料与设备。

(5) 尽可能采用成熟的技术路线。

(6) 根据对纯化过程进行监控的结果,调整分离方法。

1.2　生物分离与纯化技术的基本知识

1. 分离与纯化的原理

生物分离与纯化技术多种多样,并不断发展和变化,目前沿用传统的分类方法居多。机械分离的原理是依据物质的大小、密度的差异,在外力作用下,使两相或多相得以分离。机械分离的特点是相间没有物质的传递,如过滤、沉淀、膜技术等都属于机械分离,适用于非均相物系的分离。传质分离的原理是利用加入的分离剂(物质或能量),使混合物成为两相,在某种推动力的作用下,物质从一相转移到另一相,实现混合物的分离过程,由于此过程在两相间发生了物质传递,故称为传质分离。传质分离既适用于均相混合物的分离,也适用于非均相混合物的分离。但传质分离常需要依靠机械分离的方法来实现液-液、固-液的分离。因此,传质分离的速度和效果也受到机械分离的影响,必须掌握传质分离和机械分离技术,合理运用其原理和方法,使分离与纯化的工艺过程达到生产要求。

对于传质分离过程,若以平衡过程为极限,溶质在两相中的浓度与相平衡时的浓度之差是过程进行的推动力,此类分离过程称为平衡分离,如萃取、吸附、结晶等分离与纯化过程。对于传质分离过程,在压力差、浓度差、电位差等造成的推动力下,以溶质在某种介质中的移动速率差异进行分离,此类分离过程称为速率控制分离,如超滤、反渗透、电泳等分离与纯化过程。

分离与纯化的核心是选择合适的分离剂。分离剂可以是能量的一种形式,也可以是某一种物质,如干燥过程的分离剂是热能,液-液萃取过程的分离剂是溶剂,离子交换过程则将离子交换树脂作为分离剂。

对于不同的混合物,采用的分离方法可能相同,也可能不同;对于同一混合物,也可以采用多种分离方法进行分离;当分离要求发生变化时,所选用的分离剂也会发生变化。对于混合物的分离,有时用一种分离与纯化技术就能完成,但大多数需要用两种以上分离与纯化技术才能实现。另外,为达到技术上可行、经济上合理,也需要将几种分离技术优化组合。因此,对某一混合物的分离工艺过程常常是多种多样的。

2. 生物分离的一般工艺过程

一般来说,生物分离过程(如图 1-1-1 所示)主要包括四个方面:一是原料液的预处理和固-液分离;二是初步纯化;三是高度纯化;四是成品加工。但就具体产品而言,其提取和精制工艺要根据原料液的特点和产品的要求来决定。

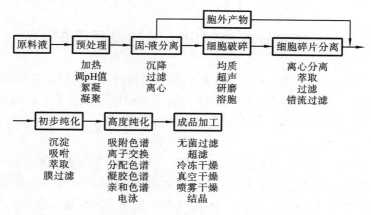

图 1-1-1　生物分离与纯化的一般工艺过程

3. 分离与纯化方法的评价

分离效率是评估分离与纯化技术的重要参数,所选用的分离与纯化方法的效果如何,是否达到分离的目的,可以用一些参数来评价,其中有回收率、分离因子、富集倍数、准确性和重现性等。

这里介绍其中常用的两个重要参数。

（1）回收率。

回收率(R)是评价分离与纯化效果的一个重要指标,反映了被分离组分在分离与纯化过程中损失的量,代表了分离与纯化方法的准确性(可靠性),将回收率 R 定义为

$$R = \frac{Q}{Q_0} \times 100\%$$

式中:Q、Q_0——分离富集后和富集前欲分离组分的量;

　　R——回收率。

在分离和富集过程中,挥发、分解或分离不完全,器皿和有关设备的吸附作用以及其他人为的因素会引起欲分离组分的损失。通常情况下,对回收率的要求是,1％以上常量分析的回收率应大于 99.9％,痕量组分分离时回收率应大于 90％。

（2）分离因子。

分离因子表示两种成分分离的程度,在 A、B 两种成分共存的情况下,A(目标分离组分)对 B(共存组分)的分离因子的数值越偏离 1,分离效果越好。

通常在根据上述准则和实际经验选定了分离方法之后,需要进行的工作是对影响分离因素的考察。通过试验设计和反复试验,优化分离过程的条件,在这一过程中需用分离效果的指标(回收率、分离因子等)衡量分离方法和分离条件的优劣,最后确定用于生产的分离方法和条件。

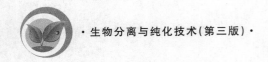

1.3 生物分离与纯化技术的发展历史和发展趋势

1.3.1 生物分离与纯化技术的发展历史

生物技术日新月异,基因工程、动植物细胞培养、发酵工程和酶工程等新技术、新产品层出不穷,这些新产品的获得均离不开各种分离手段的应用。随着对产品纯度和质量要求的提高以及科学技术的发展,分离与纯化技术也不断发展。

1. 第一代生物技术

第一代生物技术主要指 19 世纪 60 年代至 20 世纪 40 年代青霉素等抗生素出现之前的生物技术。此期间发现了发酵的本质是微生物的作用,掌握了纯种培养技术,生物技术进入近代酿造产业的发展阶段。到 20 世纪上半叶,逐渐开发形成发酵法生产酒精、丙酮、丁醇等微生物发酵工业(主要是厌氧发酵),其产品相对简单,基本上是无活性的小分子。此时开始引入过滤、蒸馏、精馏等近代分离技术。

2. 第二代生物技术

第二代生物技术以 20 世纪 40 年代出现的青霉素产品分离与纯化技术为代表。此阶段开发了无菌空气制备技术、大型好氧发酵装置,一大批通风发酵技术产品相继实现工业化生产,如抗生素(如链霉素)、氨基酸(如谷氨酸)、有机酸(如柠檬酸)、酶制剂(如淀粉酶)、微生物多糖和单细胞蛋白等。产品多样性决定了分离方法的多样性。此阶段借鉴吸收了大量近代化学工业的分离技术,如沉淀、离子交换、萃取、结晶等。

3. 第三代生物技术

第三代生物技术以 20 世纪 70 年代末崛起的 DNA 重组技术及细胞融合技术为代表。生物技术在其主要领域(如基因工程、酶工程、细胞工程和微生物发酵工程)取得长足进步,一批高附加值的产品(如乙肝疫苗、干扰素等)开始面世。20 世纪 80 年代发现了一大批生理功能性物质,如活性多糖、活性肽、高度不饱和脂肪酸等,生物技术在深度和广度上都取得很大的进展。新开发的分离与纯化技术有超临界 CO_2 萃取技术、膜过滤技术、渗透蒸发技术、各种色谱(层析)技术等。

1.3.2 生物分离与纯化技术的发展趋势

目前出现了许多大分子生化物质(如蛋白质、酶、核酸等)分离与纯化的新技术,如新型萃取技术(双水相萃取、反胶束萃取、超临界流体萃取、液膜萃取和微波萃取等)、膜分离技术(微滤、超滤、纳滤和反渗透等)、层析(色谱)技术(凝胶层析、亲和层析、离子交换层析和疏水层析等)和电泳技术(凝胶电泳、等电聚焦电泳等)。同时还开发和研制了新材料和先进的分离设备及仪器,以适应这些分离技术的发展。

从生物分离与纯化技术的发展趋势来看,主要注重以下几点。

(1) 多种分离与纯化技术和新、老技术相互交叉、渗透和融合。

(2) 强化物质的理化性质对分离与纯化过程的影响。

(3) 注重上游技术的改进,简化分离与纯化过程。

(4) 注重保护环境,由环境污染工艺向清洁生产工艺转变。

总之,不论是新型分离技术的开发,还是传统分离技术的耦合与发展,都会遇到新问题和新要求,它们将不断地推动材料制造技术、分离技术的集成化和生物产品分子结构及特性等的深入研究。

 小结

(1) 分离与纯化技术:运用物理、化学或生物手段,借助分离与纯化设备,耗费一定的能量来实现混合物分离的技术。

(2) 分离与纯化过程的特点:目标产物浓度低、稳定性差、异变质,质量标准高。

(3) 分离与纯化的一般工艺流程包括原料液的预处理、固液分离、细胞破碎(胞内产品)、产品初步纯化、产品高度纯化、成品加工。

(4) 分离与纯化方法评价:回收率、分离因子、富集倍数、准确性和重现性。

 **同步训练**

1. 名词解释

回收率　分离因子

2. 判断题

(1) 溶质在两相中的浓度与相平衡时的浓度差是过程进行的推动力,此类分离过程称为平衡分离。　　　　　　　　　　　　　　　　　　　　　　(　　)

(2) 回收率反映被分离组分在分离与纯化过程中损失的量。　　　　(　　)

(3) 速率分离过程是在某种推动力的作用下,有时是在选择性透过膜的配合下,利用各组分扩散速率的差异实现组分的分离的。　　　　　　　　　　　(　　)

3. 选择题

(1) 分离与纯化早期,由于提取液成分复杂,目标产物浓度低,一般采用的方法是(　　)。

A. 分离量大、分辨率低的方法

B. 分离量小、分辨率低的方法

C. 分离量小、分辨率高的方法

D. 各种方法都试验一下,根据试验结果确定

(2) 蛋白质物质的分离与纯化通常是多步骤的,其前期处理手段多采用下列哪类方法?(　　)

A. 分辨率高　　　　B. 负载量大　　　　C. 操作简便　　　　D. 价廉

（3）下列哪个不属于初步纯化？（　　）

A.沉淀法 　　　　　　　　　　 B.吸附法

C.离子交换层析法 　　　　　　 D.萃取法

4. 简述题

（1）简述分离与纯化的原理。

（2）简述分离与纯化方法选择的原则。

第二单元

预处理及固-液分离技术

 知识目标

(1) 熟悉发酵液的预处理目的、过程和本质。

(2) 熟悉凝聚和絮凝的原理及凝聚剂、絮凝剂的选择方法。

(3) 理解去除原料中的杂蛋白、多糖和金属离子的方法。

(4) 熟悉过滤、离心分离的基本原理。

(5) 掌握影响离心分离的因素。

 技能目标

(1) 能针对不同的生物材料选择预处理方法。

(2) 能针对不同的分离对象选择合适的过滤和离心过程。

 **素质目标**

养成按仪器说明规范操作、爱护仪器的习惯。

2.1 预处理技术

　　微生物发酵或动植物细胞培养结束后,发酵液(或培养液)中除含有目标产物外,还存在大量的菌体、细胞、胞内外代谢产物或剩余的培养基残分等。不管人们所需要的产物是胞内的还是胞外的或是菌体本身,首先都要进行培养液的预处理,然后进行固-液分离和菌体回收,只有将固、液分离开,才能从澄清的滤液中采用物理、化学的方法提取代谢产物,或从细胞出发进行破碎、碎片分离和提取胞内产物。

　　预处理的主要目的如下:改变发酵液(或培养液)的过滤特性,以利于固-液分离,主要方法有加热、调整 pH 值、凝聚和絮凝等；去除发酵液(或培养液)中部分杂质，以利于提取和精制后续各工序的顺利进行。

 ## 2.1.1　发酵液过滤特性的改变

1. 降低液体黏度

发酵液(或培养液)黏度高，大多为非牛顿型流体，根据流体力学原理，过滤的速率与液体的黏度成反比，降低液体黏度可有效提高过滤速率。方法如下。

1）加水稀释法

加水稀释发酵液，能降低液体黏度，但会增加悬浮液的体积，加大后续过程的处理任务。单从过滤操作看，稀释后过滤速率提高的百分比必须大于加水比才能认为有效，即若加水一倍，则稀释后液体的黏度必须下降 50％以上才能有效提高过滤速率。

2）加热

加热可有效降低液体黏度，提高过滤速率。同时，在适当的温度和受热时间条件下可使蛋白质凝聚，形成较大颗粒的凝聚物，进一步改善发酵液的过滤特性。

值得注意的是要严格控制加热温度与时间。首先，加热的温度必须控制在不影响目标产物活性的范围内；其次，温度过高或时间过长，会使细胞溶解，胞内物质外溢，增加发酵液的复杂性，影响其后的产物分离与纯化。

2. 调节 pH 值

pH 值直接影响发酵液中某些物质的解离度和电荷性质，调节发酵液的 pH 值可使蛋白质等两性物质达到等电点而沉淀除去。如在过滤中，发酵液中的大分子物质易与膜发生吸附，通过调整 pH 值改变易吸附分子的电荷性质，即可减少堵塞和污染。

3. 凝聚和絮凝

凝聚和絮凝能有效地改变细胞、菌体、蛋白质等胶体粒子的分散状态，破坏其稳定性，使其聚集成可分离的颗粒，便于固-液分离。此法常用于含有细小菌体或细胞、细胞碎片及蛋白质等发酵液(或培养液)的预处理。

1）凝聚

凝聚是指在某些电解质作用下，破坏细胞、菌体和蛋白质等胶体粒子表面所带的电荷，降低双电层电位，使胶体粒子聚集的过程。

(1)原理。

发酵液(或培养液)中细胞、菌体或蛋白质等胶体粒子表面都带有同种电荷，使得这些胶体粒子之间相互排斥，保持一定距离而不互相凝聚。另外，这些胶体粒子和水有高度的亲和性，其表面很容易吸住水分，形成一层水膜，也能阻碍胶粒间的直接聚集，从而使胶体粒子呈分散状态。如果在发酵液(培养液)中加入电解质，就能中和胶体粒子的电性，夺取胶体粒子表面的水分子，破坏其表面的水膜，从而由于热运动使胶粒互相碰撞而聚集起来。

(2)常用的凝聚剂。

无机盐类：$KAl(SO_4)_2 \cdot 12H_2O$（明矾）、$AlCl_3 \cdot 6H_2O$、$FeCl_3$、$ZnSO_4$、$MgCO_3$ 等。

金属氧化物或氢氧化物类：$Al(OH)_3$、Fe_3O_4、$Ca(OH)_2$ 或石灰等。

阳离子对带负电荷的胶体凝聚能力的次序为：$Al^{3+} > Fe^{3+} > H^+ > Ca^{2+} > Mg^{2+} > K^+ > Na^+ > Li^+$。

2）絮凝

絮凝是指使用絮凝剂（通常是天然或合成的大相对分子质量的物质），在悬浮粒子之间产生架桥作用而使胶粒形成粗大的絮凝团的过程。

（1）原理。

絮凝剂是一种能溶于水的高分子聚合物，其相对分子质量可高达数万，甚至 1000 万以上，具长链状结构，其链节上含有许多活性官能团，包括带电荷的阴离子基团（如 —COO⁻）或阳离子基团（如 —NH₃⁺）以及不带电荷的非离子型基团。它们通过静电引力、范德华力或氢键的作用，强烈地吸附在胶粒的表面。当一个高分子聚合物的许多链节分别吸附在不同的胶粒表面上，产生架桥连接时，就形成了较大的絮团，这就是絮凝作用，如图1-2-1所示，图中的虚线代表聚合物分子吸附在粒子表面直接形成絮凝团。

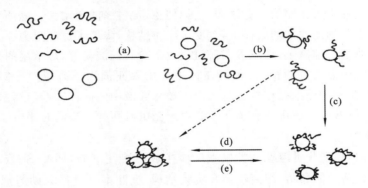

图 1-2-1　高分子絮凝剂的混合、吸附和絮凝作用示意图
(a) 聚合物分子在液相中分散、均匀分布在粒子之间；(b) 聚合物分子链在粒子表面的吸附；
(c) 被吸附链的重排，最后达到平衡构象；(d)脱稳粒子互相碰撞，架桥形成絮凝团；(e) 絮凝团被打碎

（2）常用的絮凝剂。

目前，最常用的絮凝剂是人工合成的高分子聚合物，根据活性功能基团所带电荷不同，可以分为阳离子型（含氨基）、阴离子型（含羧基）和非离子型三类。如阳离子型的聚丙烯酰胺和聚丙烯酸二烷基胺乙酯、阴离子型的聚丙烯酸钠和聚苯乙烯磺酸钠、非离子型的聚氧化乙烯等。由于聚丙烯酰胺类絮凝剂具有用量少（一般以 mg/L 计量），絮凝速度快，絮凝体粗大，分离效果好，种类多等优点，所以应用范围广。此外，还有无机高分子聚合物、微生物絮凝剂等。

（3）絮凝的影响因素。

①絮凝剂的相对分子质量。絮凝剂相对分子质量越大，链越长，吸附架桥作用就越明显。但随着相对分子质量的增大，絮凝剂在水中溶解度降低。因此，相对分子质量的选择要适当。

②絮凝剂的用量。料液中絮凝剂的浓度较低时，增加用量有助于架桥充分，絮凝效果

提高,但用量过多反而会引起吸附饱和,在每个胶粒表面上形成覆盖层而失去与其他胶粒的架桥作用,使胶粒再次稳定,絮凝效果反而降低。

③料液的 pH 值。料液的 pH 值的变化会影响离子型絮凝剂功能基团的解离度,从而影响链的伸展形态。解离度增大,由于链节上相邻离子基团间的静电排斥作用,而使分子链从卷曲状态变为伸展状态,所以架桥能力提高。

④搅拌速度和时间。在加入絮凝剂初期,应高速搅拌,因为液体的湍动和剪切可使絮凝剂迅速分散,不致局部过浓。但接着应低速搅拌,这样有利于絮团形成和长大。如仍高速搅拌,高的剪切力会打碎絮团。因此,操作时搅拌转速和搅拌时间都应控制。

凝聚和絮凝这两种作用,是人们在研究作用机理时,为了方便描述而分别提出并进行讨论的。对于非离子型和阴离子型高分子絮凝剂,常采用凝聚和絮凝双重机理提高过滤效果,一般是先加入无机电解质,使悬浮粒子间的相互排斥作用减弱,脱稳而凝聚成微粒,然后加入絮凝剂,从而提高絮凝效果,这种包括凝聚和絮凝机理的过程,称为混凝。

4. 加助滤剂

助滤剂是一种不可压缩的多孔微粒,它能使滤饼疏松,滤速增大。悬浮液中大量的细微胶体粒子被吸附到助滤剂的表面上,改变了滤饼结构,降低了过滤阻力。

常用的助滤剂有硅藻土、纤维素、石棉粉、白土、炭粒、淀粉等,最常用的是硅藻土。

助滤剂的使用方法有两种:一种是在过滤介质表面预涂一薄层(1～2 mm 厚)助滤剂,以保护支持介质的毛细孔在较长时间内不被悬浮液中的固体颗粒所堵塞;另一种是直接加入发酵液,使形成的滤饼具有多孔性。生产上也可两种方法同时用。

5. 加反应剂

加入反应剂,和某些可溶性盐类发生反应生成不溶性沉淀,如 $CaSO_4$、$AlPO_4$ 等。生成的沉淀能防止菌丝体黏结,使菌丝具有块状结构,沉淀本身可作为助滤剂,且能使胶状物和悬浮物凝固,消除发酵液中某些杂质对过滤的影响,改善过滤性能。如环丝氨酸发酵液用氧化钙和磷酸处理,生成磷酸钙沉淀,能使悬浮物凝固,多余的磷酸根离子能除去 Ca^{2+}、Mg^{2+}。

2.1.2 发酵液的相对纯化

1. 高价金属离子的去除

发酵液中主要的高价金属离子有 Ca^{2+}、Mg^{2+}、Fe^{3+} 等。在后续采用离子交换提炼时,这些离子会影响树脂对生化物质的交换容量。

去除 Ca^{2+},常采用草酸或草酸钠,反应后生成的草酸钙沉淀在水中溶解度很小,能将 Ca^{2+} 较完全地去除,而且草酸钙沉淀能促使蛋白质凝固,改善发酵液的过滤性能。

去除 Mg^{2+} 也可用草酸,但草酸镁溶解度大,沉淀不完全,一般加入三聚磷酸钠,它形成三聚磷酸钠镁可溶性配合物后,即可消除对离子交换的影响。

$$Mg^{2+}+3Na^{+}+P_3O_{10}^{5-} \longrightarrow MgNa_3P_3O_{10}$$

还可加入磷酸盐,使 Mg^{2+} 生成磷酸镁盐沉淀而除去。

去除 Fe^{3+} 可加入黄血盐,形成普鲁士蓝沉淀而除去。

$$4Fe^{3+} + 3[Fe(CN)_6]^{4-} \longrightarrow Fe_4[Fe(CN)_6]_3 \downarrow$$

2. 杂蛋白的去除

可溶性蛋白质的存在,对后续的纯化操作影响很大。例如:降低离子交换和吸附法提取时的交换容量和吸附能力;在用有机溶剂法或双水相萃取时,易产生乳化现象,使两相分离不清;在常规过滤或膜过滤时,易使过滤介质堵塞或受污染,影响过滤速率等。

除去杂蛋白的方法较多,有沉淀法、吸附法、变性法等。

(1) 沉淀法。

蛋白质在酸性溶液中,能与一些阴离子,如三氯乙酸盐、水杨酸盐、钨酸盐、苦味酸盐、鞣酸盐、过氯酸盐等形成沉淀;在碱性溶液中,能与一些阳离子,如 Ag^+、Cu^{2+}、Zn^{2+}、Fe^{3+} 和 Pb^{2+} 等形成沉淀。还有其他的沉淀方法,如等电点沉淀法、盐析法、有机溶剂沉淀法、反应沉淀法。这些沉淀方法既可作为除杂质的方法,也可以作为提取目标产物的技术手段。

(2) 吸附法。

吸附法是加入某些吸附剂或沉淀剂吸附杂蛋白而使之除去。例如:在枯草芽孢杆菌发酵液中,加入氯化钙和磷酸氢二钠,两者生成庞大的凝胶,把蛋白质、菌体及其他不溶性粒子吸附并包裹在其中而除去,从而可加快过滤速率。

(3) 变性法。

加热,大幅度调节 pH 值,加乙醇、丙酮等有机溶剂或表面活性剂等使蛋白质变性,变性蛋白质溶解度较小。例如:在抗生素生产中,常将发酵液 pH 值调至偏酸性范围(pH 2~3)或偏碱性范围(pH 8~9)使蛋白质凝固,一般在酸性条件下除去的蛋白质较多。如链霉素生产中,采用调 pH 值至酸性(pH 3.0),加热至 70 ℃,维持 30 min 的方法来使蛋白质变性,能使过滤速率提高 10~100 倍,滤液黏度可降低 1/6。又如柠檬酸发酵液,可加热至 80 ℃以上,使蛋白质变性凝固和降低发酵液黏度,从而大大提高过滤速率。但采用变性法有一定的局限性。如加热法只适合于对热较稳定的目标产物;极端 pH 值也会导致某些目标产物失活,并且要消耗大量酸碱;有机溶剂法通常只适用于所处理的液体数量较少的场合。

3. 不溶性多糖的去除

当发酵液中含有较多不溶性多糖时,黏度升高,液、固分离困难。酶解法可将混合液中的不溶性多糖物质酶解,使其转化为单糖,以提高过滤速率。如在发酵液中加淀粉酶,能将培养基中多余的淀粉水解,使过滤速率提高 5 倍以上。

4. 有色物质的去除

发酵液中的有色物质可能是微生物在生长代谢过程中分泌的,也可能是培养基(如糖蜜、玉米等)带来的。一般使用活性炭、离子交换树脂等吸附剂来脱色。如柠檬酸发酵液用活性炭脱色、果胶酶发酵液用盐型强碱性阴离子交换树脂脱色等。

2.2　固-液分离技术

　　固-液分离是指将发酵液中的悬浮固体,如细胞、菌体、细胞碎片以及蛋白质等沉淀物或它们的絮凝体从液相中分离开来的技术。

　　固-液分离的目的包括两个方面:其一是收集含胞内产物的细胞或菌体等沉淀,分离除去液相;其二是收集含目标产物的液相,分离除去固体悬浮物。

　　固-液分离包括过滤和离心两类单元操作技术。通过这个过程可以得到清液和固态浓缩物两部分。固-液分离的效果取决于原材料的理化性质、固-液分离方法及条件的选择。一般说来,对于那些固体颗粒小,固体颗粒外形尺寸在$1\sim10~\mu m$范围,溶液黏度高的发酵液,选用离心技术,如细菌、酵母等微粒的分离。也可在预处理后,使用过滤技术。对于含体形较大的颗粒的发酵液,选用过滤技术,如霉菌、丝状放线菌等粒子的分离。发酵液中粒子的形状和大小参见图1-2-2。

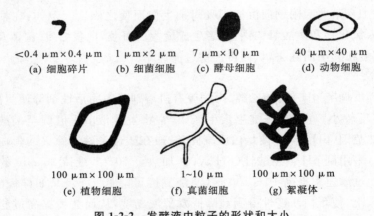

图 1-2-2　发酵液中粒子的形状和大小

 ### 2.2.1　过滤技术

　　过滤操作是借助过滤介质,在一定的压力差(Δp)作用下,使悬浮液中的液体通过介质的孔道,而固体颗粒被截留在介质上,从而实现固-液分离的单元操作。

　　1. 过滤技术的分类

　　按过滤过程的推动力不同,过滤可分为重力过滤、加压过滤、真空过滤、离心过滤。重力过滤利用混合液自身的重力作为过滤所需的推动力。重力过滤效率低,设备和能耗也低。加压过滤一般是通过气压或泵推动液体前进,是最常用的过滤方式。真空过滤一般是在样品液的反向端进行抽真空,造成负压,形成压力差。真空过滤对密闭性要求高,成本也高,适用于一些放射性、腐蚀性、致病性较强的样品过滤。离心过滤是利用离心机旋转形成的离心力(指离心作用)作为料液的推动力,离心机能产生强大的离心力,因此过滤速率高,但仪器设备自动化要求高,结构复杂,成本高。

按过滤过程中固体颗粒截留的机理不同,过滤可分为滤饼过滤、深层过滤和绝对过滤。

滤饼过滤(图1-2-3)的介质常用多孔织物,其网孔尺寸不一定小于被截留的颗粒的直径。在过滤操作开始阶段,会有部分颗粒进入过滤介质网孔中发生架桥现象,也有少量颗粒穿过介质而混入滤液中。随着滤渣的逐步堆积,在介质上形成一个滤渣层,称为滤饼。不断增厚的滤饼才是真正有效的过滤介质,而穿过滤饼的液体则变为清净的滤液,这种方法常用于分离固体含量大于 0.001 g/mL 的悬浮液。

深层过滤(图1-2-4)是介质填充于过滤器内构成过滤层,截留颗粒尺寸小于介质孔道,介质孔道弯曲细长,由于滤液流过时所引起的挤压、冲撞和静电吸附作用,颗粒进入孔道后容易被截留。介质表面无滤饼形成,过滤是在介质内部进行的,这种方法适合于固体含量少于 0.001 g/mL,颗粒直径在 5～100 μm 的悬浮液的过滤,如麦芽汁、酒类等的过滤。

绝对过滤是利用膜作介质,颗粒截留主要依靠筛分作用,大于膜孔径的颗粒被截留,小颗粒和溶剂则自由通过膜。

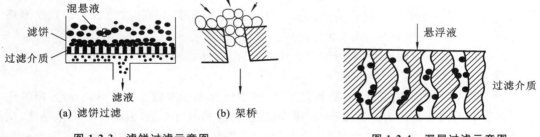

(a) 滤饼过滤　　　　　(b) 架桥

图 1-2-3　　滤饼过滤示意图　　　　　图 1-2-4　　深层过滤示意图

按料液流动方向的不同,过滤可分为常规过滤和错流过滤。常规过滤操作如图1-2-5所示,固体颗粒被过滤介质截留,在介质表面形成滤饼,滤液则透过过滤介质的微孔。滤液的透过阻力来自两个方面:过滤介质和介质表面不断堆积的滤饼。过滤操作中,滤饼的阻力占主导地位。

错流过滤中料液流动的方向与过滤介质平行,其操作特点是使悬浮液在过滤介质表面作切向流动,利用流动液体的剪切作用将过滤介质表面的固体(滤饼)移走,这是一种维持恒压下高速过滤的技术(图1-2-6)。错流过滤的过滤介质通常为微孔膜或超滤膜。错流过滤适用于十分细小的悬浮颗粒(如细菌)的发酵液的过滤。对于细菌悬浮液,错流过滤的滤速可达 67～118 L/(m² · h)。但是,采用这种方式过滤时,液、固两相的分离不太完全,固相中有 70%～80% 的滞留液体,而用常规过滤,固相中只有 30%～40% 的滞留液体。

2. 影响过滤性能的主要因素

过滤性能主要与料液的理化性质及操作条件有关。

1) 料液的理化性质

(1) 料液中悬浮微粒的性质和大小。

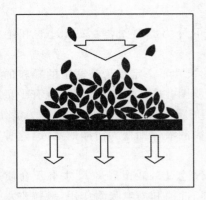

图 1-2-5　常规过滤

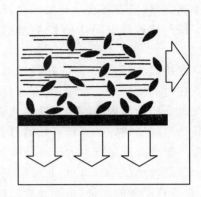

图 1-2-6　错流过滤

一般情况下,悬浮液微粒越大,粒子越坚硬,大小越均匀,固-液分离越容易。如果发酵液中的菌体较小,过滤速率就会相对降低。

(2)料液的黏度。

料液的黏度越高,固-液分离越困难,过滤速率就会降低。黏度与料液组成和浓度密切相关,组成越复杂,浓度越高,黏度越高。发酵所用的菌体种类和浓度不同,黏度相差也很大。另外,培养基若用淀粉作碳源,黄豆饼作氮源,其发酵液的黏度也较高。若发酵终点控制不当,菌体发生自溶,黏度也会升高。

改善料液的理化性质,可采用预处理技术,以提高过滤速率。

2)操作条件

固-液分离操作中温度、pH 值、操作压力、滤饼厚度等的控制也会影响固-液分离的速率。最重要的因素是压力。温度升高,流体黏度降低;调节 pH 值,也可改变流体黏度,从而使固-液分离速率提高。提高操作压力一般也可提高过滤速率,但当滤饼的可压缩性较大时,提高压力,使滤饼受压而不断变得致密,导致流动阻力逐渐增大,滤速反而下降。

 ## 2.2.2　离心技术

离心分离是基于固体颗粒和周围液体的密度存在差异,在转鼓高速转动时所产生的离心力使不同密度的固体颗粒加速沉降,实现悬浮液、乳浊液分离或浓缩的分离过程。

离心分离技术广泛应用于食品、药品生产中的固-液分离、液-液分离及不同大小的分子分离等,特别适用于固体颗粒很小、液体黏度高、过滤速率很慢及忌用助滤剂或助滤剂无效的悬浮液的分离。离心分离不但可用于悬浮液中液体和固体的直接回收,而且可用于两种不相溶液体的分离和不同密度固体或乳浊液的分离。其优点是分离速率快、分离效率高、液相澄清度好。但也存在设备投资高、能耗大,连续排料时,固相干度不如过滤分离等缺点。

1. 离心技术分类

1)根据分离方式分类

根据分离方式,分为离心沉降和离心过滤两种方式。

（1）离心沉降。

离心沉降是利用固、液两相的相对密度差,在离心机无孔转鼓或管子中进行悬浮液的分离操作。此法可用于液-固、液-液物料的分离。

由于环境的复杂性,在离心分离过程中影响物质颗粒沉降的因素很多,但大体可以分为以下几个方面。

①固相颗粒与液相密度差。离心分离中,液相因分离与纯化需要不断增减某些物质,使固相颗粒与液相密度差发生变化。例如,盐析时盐浓度变化或密度梯度离心时梯度液密度的变化等。

②固体颗粒的形状和浓度。相对分子质量相同、形状不同的固相颗粒在相同离心力的作用下,可有不同的沉降速率。一般情况下,相对分子质量相同的球形分子比纤维状分子沉降速率大。料液浓度增加到一定程度,物质颗粒的沉降还会出现浓度阻滞即拖尾现象,其沉降速率减小,分离效果下降。

③液相的黏度与离心分离工作的温度。液体黏度是沉降过程中产生摩擦阻力的主要原因,其变化既受液体中溶质性质及含量的影响,也受环境温度的影响。物质含量对液体黏度的影响程度随物质浓度的增加而递增。温度则对水的黏度产生很大的影响。如0 ℃水的黏度约为20 ℃水的1.8倍,5 ℃水的黏度约为20 ℃水的1.5倍。

④液相影响固相沉降的其他因素。固相物质离心分离受液相化学环境因素影响很大,其中主要包括pH值、盐种类及浓度、有机化合物的种类及浓度等。

（2）离心过滤。

离心机的转鼓为一多孔圆筒,转鼓内表面铺有滤布,操作时料液由圆筒口表面连续进入筒内,在离心力的作用下,清液穿过过滤介质,经转鼓上的小孔流出,固体吸附在滤布上形成滤饼,以后的液体要依次流经饼层、滤布,再经小孔排出,滤饼层随过滤时间的延长而逐渐加厚,至一定厚度后停止离心,进行卸料处理后再转入离心操作,从而实现固-液分离。

2）根据离心原理分类

根据离心原理,可分为两类。

（1）沉降速率法。

沉降速率法是根据粒子大小、形状不同进行分离的,包括差速离心法和速率区带离心法。

差速离心法是利用不同的粒子在离心力场中沉降的差别,在同一离心条件下,沉降速率不同,通过不断增加相对离心力,使一个非均匀混合液内的大小、形状不同的粒子分步沉淀(图1-2-7)。操作过程中一般是在离心后用倾倒的办法把上清液与沉淀分开,然后提高转速将上清液离心,分离出第二部分沉淀,如此往复提高转速,逐级分离出所需要的物质。

差速离心的分辨率不高,沉降系数在同一个数量级内的各种粒子不容易分开,常用于其他分离手段之前的粗制品提取,如细胞匀浆中细胞器的分离,见图1-2-8。

速率区带离心法是在离心前于离心管内先装入密度梯度介质(如蔗糖、甘油、KBr、CsCl等),待分离的样品铺在梯度液的顶部,同梯度液一起离心。根据分离的粒子在梯度

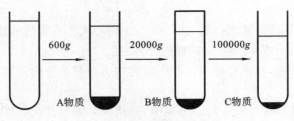

图 1-2-7　差速离心示意图

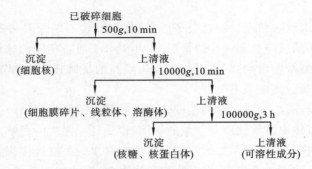

图 1-2-8　用差速离心分离已破碎的细胞各组分

液中沉降速率的不同,使具有不同沉降速率的粒子处于不同的密度梯度层内分成一系列区带,达到彼此分离的目的。梯度液在离心过程中以及离心完毕后,取样时起着支持介质和稳定剂的作用,避免因机械振动而引起已分层的粒子再混合。这种方法要求介质的最大梯度密度比沉降颗粒中最小的密度小。

该离心法的离心时间和转速要严格控制,既有足够的时间使各种粒子在介质梯度中形成区带,又要控制沉降最快的颗粒在到达管底以前停止离心。如果离心时间过长,所有的样品可全部到达离心管底部;如果离心时间不足,样品还没有分离。由于此法是一种不完全的沉降,沉降受物质本身大小的影响较大,对物质大小相同、密度不同的粒子如线粒体、溶酶体、过氧化氢酶体等的分离不适用。一般应用在物质大小相异而密度相同的情况,如 RNA-DNA 混合物、核蛋白体亚单位和其他细胞成分的分离。

(2) 沉降平衡离心法。

依粒子密度差进行分离,包括等密度离心法和经典式沉降平衡离心法。

等密度离心法是在离心前预先配制介的密度梯度,此种密度梯度液包含了被分离样品中所有粒子的密度,待分离的样品铺在梯度液顶上和梯度液先混合,离心开始后,当梯度液由于离心力的作用逐渐形成管底浓而管顶稀的密度梯度时,原来分布均匀的粒子也会重新分布。当管中介质的密度大于粒子的密度时,粒子上浮;相反,则粒子沉降。最后粒子进入一个它本身的密度位置,此时粒子不再移动,粒子形成纯组分的区带。

它的特点如下:形成的区带与样品粒子的密度有关,而与粒子的大小和其他参数无关;只要转速、温度不变,则延长离心时间也不能改变这些粒子的成带位置。

此法一般应用于物质的大小相近而密度差异较大的情况。常用的梯度液是 CsCl 溶液。

18

经典式沉降平衡离心法主要用于对生物大分子相对分子质量的测定、纯度估计、构象变化的观察等。

2. 影响离心效果的因素及控制

影响离心效果的因素主要包括所分离样品的理化性质、所选用的离心分离设备及离心操作条件等。

1）样品的理化性质

样品各组分相对分子质量的大小、分子形状、密度及黏度等对离心分离效果影响很大。因此，在制订离心分离方案前，必须详细地了解要分离的料液的性质。

2）离心分离设备

样品处理量、样品理化性质是选择离心分离设备的决定性因素。对于处理量大的场合，往往需要选用连续离心机，对于组分大小比较接近或流体黏度较高的场合，一般选用高速离心机甚至超速离心机。

3）离心条件的选择

离心分离因子、离心时间和操作温度是影响离心效果最重要的工艺参数。

（1）离心分离因子。

离心机在运行过程中产生的离心力（F_c）和重力加速度的比值，称为分离因子（F）。

$$F_c = r\omega^2 = r(2\pi n)^2 = 4\pi^2 n^2 r$$

$$F = \frac{r\omega^2}{g}$$

式中：r——离心机转鼓的回转半径；

ω——转鼓的角速度，rad/s；

n——转鼓的转速，r/min；

g——重力加速度。

分离因子是离心机分离能力的主要指标，分离因子 F 越大，物料所受的离心力就越大，分离效果就越好。对于小颗粒，液相黏度高的难分离悬浮液，需要采用分离因子大的离心机加以分离。目前，工业用离心机的分离因子 F 值有几百至数十万。

分离因子 F 与离心机的转鼓半径 r 成正比，与转鼓转速 n 的平方也成正比，因此，提高转鼓转速比增大转鼓半径对分离因子的影响要大得多。分离因子 F 的极限取决于转鼓的机械强度，一般超高速离心机的结构特点都是小直径、高转速。

另外，离心力的大小与径向距离上颗粒的质量成正比。所以在离心机的使用中，对已装载了被分离物质的离心管的平衡提出了严格的要求：离心管要依旋转中心对称放置，质量要相等；旋转中心对称位置上两个离心管中的被分离物质平均密度要基本一致，以免在离心一段时间后，此两离心管在相同径向位置上由于颗粒密度的较大差异，导致离心力的不同。如果忽略这两点，会使转轴扭曲或断裂，导致事故。

（2）离心时间。

离心时间是样品颗粒从液面沉降到离心管底部的时间。离心时间与离心速率及粒子的沉降距离有关。对于某一样品溶液，当需达到要求的沉降效果（沉降距离）时，离心时间与转速乘积为一定值，因此，采用较低的转速与较长的离心时间或较高的转速与较短的离

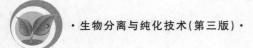

心时间都可以达到同样的离心效果。

（3）离心操作温度。

在生物实训操作过程中，很多蛋白质、酶都必须在低温下进行操作才能保持其良好的生物活性。有些蛋白质在温度变化的情况下，可能出现变性，或改变颗粒的沉降性质，影响分离效果。因此，必须严格控制温度。

2.3　典型案例

案例1　水龙头净水器

工业化程度越来越深，江河中的污染物也越来越多，自来水取自江河，也不免受到一些污染。现在越来越多的家庭选择安装净水器来解决自来水水质的问题。那么，净水器过滤的原理是什么？净水器通过滤芯过滤，这是一个物理过滤的过程。它通过滤网实现水分子和其他杂质的分离（图1-2-9）。

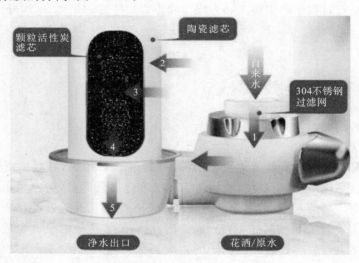

图 1-2-9　水龙头净水器

1. 不锈钢过滤网

不锈钢过滤网位于过滤的最前端，一方面可以调节水压，防止水压过大造成喷溅，另一方面，可以拦截大颗粒杂质，如铁锈、毛发、泥沙等。

2. 聚丙烯棉滤芯

聚丙烯棉滤芯采用聚丙烯超细纤维制成，又叫 PP 棉滤芯。聚丙烯棉是一种无毒、无色、无臭的半透明固体物质，具有较强的耐热性、耐腐蚀性等特点。PP 棉滤芯分表面、深层、精细三种过滤方式，孔径在 $0.5 \sim 100~\mu m$，能直接过滤水中大于滤芯孔径的杂质。PP 棉滤芯一般安装在滤壳中，使用方便。PP 棉滤芯的使用寿命在 $3 \sim 6$ 个月。

3. 活性炭滤芯

活性炭滤芯是以活性炭为主原料的滤芯,过滤精度没有 PP 棉滤芯高。不过它自身的优势在于对水中的异色、异味有很好的吸附效果,通过过滤,吸附余氯,清除异味,除掉细小杂质,同时能改善水质口感,是净水器必备滤芯之一。活性炭滤芯使用寿命在 6～12 个月。

4. 陶瓷滤芯

陶瓷滤芯是一种环保级滤芯,其生产原料以硅藻土泥为主,孔径在 0.1 μm,过滤精度比其他滤芯更高,是现今净水器滤芯中过滤精度最高的产品,通过过滤能除掉细小杂质,甚至细菌等,净水器中基本都采用了此种滤芯。陶瓷滤芯使用寿命在 3～6 个月。

案例 2 离心条件对乳酸菌存活率的影响

离心条件:离心力(离心转速)、离心温度、离心时间。

方法流程:发酵培养基的制备→接种→发酵培养→发酵液 pH 值调节→添加澄清剂→离心分离→活菌数测定→离心存活率和离心损失率的计算

发酵液的制备:按 1% 的接种量将乳酸菌和嗜热链球菌(1∶1)接种到发酵培养基中,流加 20% 的 Na_2CO_3 溶液,控制 pH 6.0～6.3,34 ℃恒温培养至菌体生长的对数期末期。将培养好的乳酸菌发酵液调节 pH 7.0,并添加澄清剂搅拌均匀,各取 40 mL 于不同温度下进行离心试验。

离心试验:选择 GL-21M 型高速冷冻离心机,转速 4000 r/min,温度 20 ℃条件下,离心 10 min、15 min、20 min 后,检测离心前发酵液及离心后上清液和菌泥活菌数,计算离心损失率、离心存活率,重复一次。同理,测定转速为 5000 r/min 时,离心 10 min、15 min、20 min 的变化情况。

离心温度不变,选择最适离心时间,转速分别为 4000 r/min、5000 r/min、6000 r/min、7000 r/min,测定离心后上清液和菌泥活菌数,计算离心损失率、离心存活率,重复一次。

离心转速和离心时间不变,测定 20 ℃和 4 ℃离心后上清液和菌泥活菌数,计算离心损失率、离心存活率,重复一次。

离心存活率和离心损失率的计算公式如下:

$$离心存活率 = \frac{菌泥活菌总数(cfu)}{发酵液活菌总数(cfu) - 上清液活菌总数(cfu)} \times 100\%$$

$$离心损失率 = \frac{上清液活菌总数(cfu)}{发酵液活菌总数(cfu)} \times 100\%$$

试验结果表明:延长离心时间,离心损失率和离心存活率均逐渐降低;在离心时间相同的条件下,增大离心转速,离心损失率和离心存活率均显著降低;在 11% 脱脂乳液体培养基中培养的乳酸菌、嗜热链球菌,其最适离心条件为 5000 r/min 离心 10 min,离心温度为 20 ℃,此时乳酸菌的离心存活率为 94.32%。

 小结

(1)原料液预处理技术主要有两个方面:改变原料液的特性,有加热、调节 pH 值、凝聚和絮凝、加助滤剂、加反应剂等技术;除去部分杂质,主要是除去可溶性的杂蛋白及高价离子。

(2) 固-液分离主要有过滤和离心操作。

过滤是在某一支撑物上放过滤介质,注入含固体颗粒的溶液,使液体通过,固体颗粒留下的单元操作技术。

错流过滤是一种维持恒压下高速过滤的技术。其操作特点是使悬浮液在过滤介质表面作切向流动,利用流动液体的剪切作用将过滤介质表面的固体(滤饼)移走。可减少过滤介质的污染,便于连续操作。

离心是基于固体颗粒和周围液体的密度存在差异,在高速转动时所产生的离心力使不同密度的固体颗粒加速沉降,实现悬浮液、乳浊液分离或浓缩的分离过程。离心适用于固体颗粒很小、液体黏度高、过滤速率很慢及忌用助滤剂或助滤剂无效的悬浮液的分离。

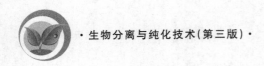

同 步 训 练

1. 名词解释

絮凝　凝聚　过滤　离心沉降　离心过滤

2. 判断题

(1) 凝聚与絮凝作用的原理是相同的,只是沉淀的状态不同。　　　　　(　　)

(2) 絮凝剂的相对分子质量越大,链越长,絮凝效果越好。　　　　　　(　　)

(3) 在常规过滤操作中,过滤介质的阻力占主导作用。　　　　　　　　(　　)

(4) 离心是基于固体颗粒和周围液体密度存在差异而实现分离的。　　　(　　)

(5) 离心操作时,对称放置的离心管要达到体积相同才能进行离心操作。(　　)

3. 选择题

(1) 发酵液的预处理方法不包括(　　　　)。

A. 加热　　　　　　B. 絮凝　　　　　　C. 过滤　　　　　　D. 调节 pH 值

(2) 从 Bt 发酵液中去除铁离子,可用(　　　　)。

A. 草酸酸化　　　　B. 加黄血盐　　　　C. 加硫酸锌　　　　D. 氨水碱化

(3) 下列物质不属于絮凝剂的有(　　　　)。

A. 明矾　　　　　　B. 聚合铁盐　　　　C. 聚丙烯类　　　　D. 壳多糖

(4) 不能用于固-液分离的手段为(　　　　)。

A. 离心　　　　　　B. 过滤　　　　　　C. 超滤　　　　　　D. 双水相萃取

(5) 悬浮粒子与介质的密度差越小,颗粒的沉降速率(　　　　)。

A. 越小　　　　　　B. 越大　　　　　　C. 不变　　　　　　D. 无法确定

4. 简述题

(1) 试比较凝聚和絮凝两个过程的异同。

(2) 简述影响固-液分离的因素。

5. 技能题

举例分析 pH 值对发酵液的影响。

第三单元

细胞破碎技术

知识目标

（1）熟悉细胞壁的成分及结构特点。

（2）知道常用的细胞破碎的方法及原理。

技能目标

（1）会对细胞破碎效果进行评价。

（2）能根据不同的细胞选择适当的破碎方法。

（3）能熟练使用常见的细胞破碎设备。

素质目标

养成按仪器说明规范操作、爱护仪器的习惯。

许多生物活性物质不在发酵液中，而是存在于生物体中。尤其是由基因工程菌产生的大多数蛋白质不会被分泌到发酵液中，而是在细胞内沉积。脂类物质和一些抗生素也包含在生物体中。要使胞内产物释放出来一般需要破碎细胞。

细胞破碎技术是指利用外力（物理、化学、生物方面的作用）破坏细胞膜和细胞壁，使细胞内容物包括目标产物成分释放出来的技术，是分离与纯化细胞内含有的非分泌型生化物质（产品）的基础。

通常细胞膜强度较差，容易受冲击而破碎，而细胞壁较坚韧，因此破碎的阻力主要来自细胞壁。各种生物的细胞壁的结构和组成不同，破碎的难易程度也不同。

3.1 微生物细胞壁的组成与结构

细胞壁是包在细胞膜表面的一层较为坚韧且略带弹性的结构。厚 1～300 nm,一般占细胞干重的 10％～25％。

它的主要功能如下:维持细胞外形;保护细胞免受机械损伤和渗透压等外力的破坏;控制营养和代谢产物的交换;决定细菌具有特定的抗原性、致病性以及对抗生素和噬菌体的敏感性等。其组成非常复杂,主要组分包含多糖、脂质和蛋白质。但不同的细胞,细胞壁的组分有很大的差别。

1. 细菌细胞壁的组成

细菌分为革兰氏阳性菌和革兰氏阴性菌。革兰氏阳性菌的细胞壁主要由肽聚糖(20～80 nm)和大量的磷壁酸组成。革兰氏阴性菌细胞壁的结构:内壁层通常紧贴细胞膜,厚2～3 nm,占细胞壁干重的 5％～10％,由一层或少数几层肽聚糖构成,还有两层外壁层,有 8～10 nm 厚,主要为脂蛋白、脂多糖和其他的脂类。如图 1-3-1 所示,可见革兰氏阳性菌细胞壁较厚,较难破碎。

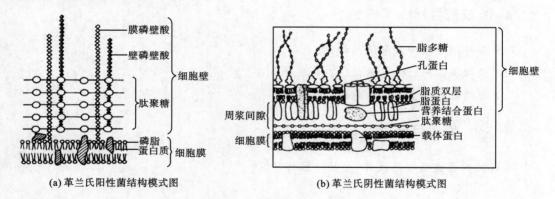

(a)革兰氏阳性菌结构模式图   (b)革兰氏阴性菌结构模式图

图 1-3-1　细菌细胞壁的结构

2. 真菌细胞壁的组成

真菌细胞壁厚 100～300 nm,它占细胞干物质的 30％左右。细胞壁的主要成分为多糖,其次为蛋白质、类脂。在不同类群的真菌中,细胞壁多糖的类型不同。真菌细胞壁多糖主要有几丁质、纤维素、葡聚糖、甘露聚糖等,这些多糖都是单糖的聚合物,如几丁质就是由 N-乙酰葡萄糖胺分子,以 β-1,4-葡萄糖苷键连接而成的多聚糖。低等真菌的细胞壁成分以纤维素为主,酵母菌以葡聚糖为主,而高等真菌则以几丁质为主。一种真菌的细胞壁成分并不是固定的,在其不同的生长阶段,细胞壁的成分有明显不同。

1) 霉菌

霉菌细胞壁厚 100～250 nm,由几丁质和葡聚糖构成,还含有少量的蛋白质和脂类。少数低等水生霉菌的细胞壁由纤维素组成。

2）酵母菌

酵母菌细胞壁的厚度为 100～300 nm，占细胞干重的 18％～30％，主要由 D-葡聚糖和 D-甘露聚糖两类多糖组成，含有少量的蛋白质、脂肪、矿物质。大约等量的葡聚糖和甘露聚糖共占细胞壁干重的近 70％。如图 1-3-2 所示，当细胞衰老后，细胞壁质量会增加一倍。

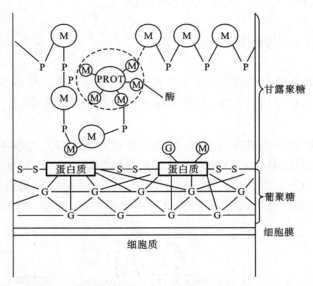

图 1-3-2 酵母菌细胞壁结构示意图

M—甘露聚糖；P—磷酸二酯键；G—葡聚糖

一般来说，细胞壁的强度主要取决于聚合物网状结构的交联程度，交联程度大，网状结构紧密，强度就高。此外，聚合物的种类、细胞壁的厚度以及细胞生长的条件、生长阶段和生长速率也是影响细胞壁强度的因素。例如，生长在复合培养基中的大肠杆菌细胞壁要比生长在简单培养基中的强度高。在对数生长阶段的细胞壁较弱，在转入稳定生长期后细胞壁变得强壮。在较高的生长速率下，如连续培养，产生的细胞壁较弱；在较低的生长速率下，如分批次培养，则使细胞合成强度更高的细胞壁。各种微生物细胞壁的结构与组成见表 1-3-1。

表 1-3-1 各种微生物细胞壁的结构与组成

	革兰氏阳性菌	革兰氏阴性菌	酵 母 菌	霉 菌
壁厚/nm	20～80	10～13	100～300	100～250
层次	单层	多层	多层	多层
主要组成	肽聚糖（40％～90％） 多糖 磷壁酸 蛋白质 脂多糖（1％～4％）	肽聚糖（5％～10％） 脂蛋白 脂多糖（11％～22％） 磷脂 蛋白质	葡聚糖（30％～40％） 甘露聚糖（30％） 蛋白质（6％～8％） 脂类（8.5％～13.5％）	多聚糖（80％～90％） 脂类 蛋白质

3.2 常用的细胞破碎方法

细胞破碎的方法很多,可分为机械法和非机械法。

3.2.1 机械法

机械法主要是利用高压、研磨或超声波等手段在细胞壁上产生的剪切力达到破碎的目的。机械法主要包括高压匀浆法、高速珠磨法和超声波破碎法等。

1. 高压匀浆法

高压匀浆法所需设备是高压匀浆机,它的主要部件为高压正位移泵和一个位于泵出口处的由硬质材料制成的碰撞环(图 1-3-3)。其破碎原理(图 1-3-4)如下:料液在高压作用下从阀座与阀之间的环隙高速(速度可达 450 m/s)喷出后撞击到碰撞环上,细胞在受到高速撞击作用后,急剧释放到低压环境,在撞击力和剪切力等综合作用下破碎。

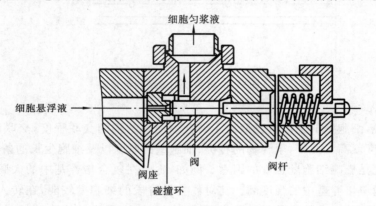

图 1-3-3 高压匀浆机结构简图

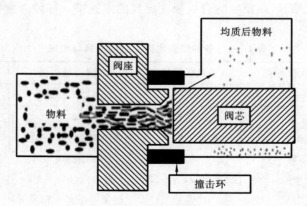

图 1-3-4 高压匀浆机工作原理示意图

影响匀浆破碎的主要因素是压力、温度和通过匀浆阀的次数。高压匀浆机的操作压力通常为 50～70 MPa,工业上所用的高压匀浆机的操作压力一般为 55 MPa。菌悬液一次通过高压匀浆机的细胞破碎率为 12%～67%,要达到 90% 以上的细胞破碎率,起码要将菌悬液通过高压匀浆机两次。最好是提高操作压力,减少操作次数。但当压力超过 70 MPa时,细胞破碎率上升较为缓慢,而且提高操作压力会增加能耗,压力过高还会引起阀座的剧烈磨损。因此,不能单纯追求高破碎率。如当悬浮液中酵母浓度在 450～470 kg/m³时,破碎率随温度的增加而增加。当操作温度由 5 ℃提高到 30 ℃时,破碎率约提高 1.5 倍。但高温破碎只适用于非热敏感性产物。

高压匀浆法的适用范围较广,在微生物细胞和植物细胞的大规模处理中常采用,特别是酵母菌。料液细胞浓度可达到 20% 左右。而对较小的革兰氏阳性菌、丝状或团状真菌,以及有些亚细胞器,由于它们会堵塞高压匀浆机的阀,使操作困难,故不适用。

2. 高速珠磨法

高速珠磨法的设备是珠磨机,有多种形式。珠磨机由机身、主传动、分散器、送料泵、无级变速器、冷却系统和电气控制器等组成(图 1-3-5)。主体一般是立式或卧式圆筒形腔体,由电动机带动。立式珠磨机是将研磨主机和送料泵以及电气控制箱集为一体,使珠磨机不占空间,操作方便;研磨缸为冷却夹套型,使冷却水能一进一出,以吸收珠磨机研磨作业中产生的热量;破碎腔内装有直径约为 1 mm 的无铅玻璃珠或其他材质的微珠;在细胞匀浆液出口处设置了液珠分离器。

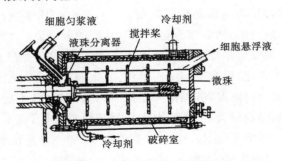

图 1-3-5　高压珠磨机结构示意图

其破碎机理如下:微生物细胞悬浮液与微珠在搅拌桨作用下充分混合,微珠之间以及微珠和细胞之间互相剪切、碰撞,促使细胞壁破碎,释放出内含物,在液珠分离器的协助下,微珠滞留在破碎室内,浆液流出,从而实现连续操作,破碎中产生的热量由夹套中的冷却液带走。存在的问题:操作参数多,一般凭经验估计微珠之间的液体损失为 30% 左右。

高速珠磨法中影响细胞破碎的因素主要有搅拌速度、料液的循环速度、细胞悬浮液的浓度、微珠大小和数量、温度等。在面包酵母的破碎中,提高搅拌速度、降低酵母浓度和通过珠磨机的速度、增加微珠装量均可增大破碎效率。但在实际操作中,各种参数的变化必须适当。如过大的搅拌速度和过多的微珠会增大能耗,使研磨室内温度迅速升高。一般来说,微珠越小,细胞破碎速度也越快,但太小则易于漂浮,并难以保留在破碎室内,所以也不能太小,一般微珠直径为 0.45～1 mm。

在大规模操作中,珠磨机对真菌菌丝和藻类的细胞破碎效果较好,但也可用于酵母和细菌。

3. 超声波破碎法

频率超过 20000 Hz 的波是人耳难以听到的一种声波,称为超声波。

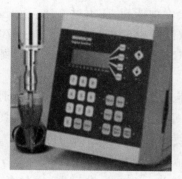

图 1-3-6　超声波破碎仪

超声波破碎法的设备是超声波破碎仪(图 1-3-6),其结构特点如下。

(1)可贮存 5 个控制模式。

(2)定时数字显示,输出能量由光条显示,0～100%连续可调,操作直观方便。

(3)工作方式有间断(占空比 1%～100%可调)和连续两种选择,间断工作时,脉冲宽度和间断时间可分别设定。

(4)工作时间可由数字定时器控制,达到预定时间自动转变为待机状态,定时范围 1～99 min。

(5)手持式超声波破碎仪可人为自由控制工作和截止时间,使用灵活方便,适用于少量样品的处理。

超声波破碎细胞的原理尚不完全清楚,但目前主要认为是超声波对细胞有热效应、空化效应和机械效应。热效应是当超声波在介质中传播时,摩擦力阻碍了由超声波引起的分子振动,使部分能量转化为局部高热(42～43 ℃),从而破坏细胞。空化效应是在超声波照射下,生物体内形成空泡,随着空泡振动和其猛烈的骤爆而产生机械剪切压力和振波作用,使细胞破碎。机械效应是超声波的原发效应,在超声波传播过程中介质质点交替的压缩与伸张构成了压力变化,引起细胞结构损伤。

用超声波处理细胞悬浮液时,破碎作用受许多因素的影响,主要有超声波的声强、频率,破碎时间,通常声强影响很大,但强度太高易使蛋白质变性,频率的变化影响不明显。超声波破碎时的频率一般为 20 kHz,功率为 100～250 W。各种细胞所需破碎时间主要靠经验来确定,有些细胞仅需 2～3 次的 1 min 超声波处理即可破碎,而另一些则需多达 10 次的超声波处理。此外,悬浮液的离子强度、pH 值、菌体的种类和浓度对破碎效果也有很大的影响。

超声波破碎对不同种类细胞的破碎效果不同,杆菌比球菌难破碎,革兰氏阴性菌比革兰氏阳性菌易破碎,对酵母菌的破碎效果最差。超声波破碎时细胞浓度一般在 20% 左右,高浓度和高黏度会降低破碎速度。

在超声波破碎细胞时会产生生成游离基的化学效果,有时可能对目标蛋白质带来破坏作用,一般可通过添加抗氧化性物质如胱氨酸和谷胱甘肽或用氢气预吹细胞悬浮液来缓解。

超声波破碎过程中遇到的最大问题就是产生的热量不容易驱散,所以影响了它在大规模工业生产中的应用,但在实训室和小规模生产中它是一种很好的方法。处理量一般为 1～400 mL。通常细胞是放在冰浴中进行短时间破碎,且破碎 1 min,冷却 1 min。

也可以用超声波进行连续细胞破碎,图1-3-7为实训室连续破碎池的结构示意图。其核心部分由一个带夹套的烧杯组成,在这个超声波反应器内,有 4 根内环管,由于超声波振荡能量会泵送细胞悬浮液循环,将细胞悬浮液进、出口管插入烧杯内部,就可以实现连续操作。在破碎时,对于刚性细胞可以添加细小的珠粒,以产生辅助的研磨效应。

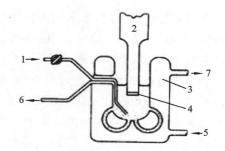

图 1-3-7　连续破碎池的结构简图
1—细胞悬浮液入口;2—超声波探头;
3—冷却水夹套;4—超声波吸嘴;5—冷却水入口;
6—细胞悬浮液出口;7—冷却水出口

3.2.2　非机械法

非机械方法很多,包括化学溶胞法、酶解法、渗透冲击法、冻结-融化法、冷热交替法和干燥法等。

1. 化学溶胞法

采用化学法处理可以溶解细胞或抽提胞内组分。常用酸、碱、表面活性剂和有机溶剂等化学试剂。

酸处理法一般是用 6 mol/L 盐酸处理细胞,但易使蛋白质水解成游离氨基酸。

碱处理法是将碱加入细胞悬浮液中,碱和细胞壁进行了多种反应,包括使磷脂皂化,可以溶解除去细胞壁以外的大部分成分,反应激烈,不具选择性,但较便宜。碱处理也是一种很不常用的方法。

表面活性剂也能引起细胞溶解或使某些组分从细胞内渗透出来,此法称为增溶法,是将体积为细胞体积两倍的一定浓度的表面活性剂与细胞混合,表面活性剂能将细胞壁破碎,制成的悬浮液可用离心分离除去细胞碎片,再用吸附柱或萃取剂分离制得产品。其原理如下:表面活性剂的化学结构中有一个亲水基团(通常是离子)、一个疏水基团(通常是烃基),因此既能和水作用,也能和脂作用,可以溶解细胞膜或细胞壁上的脂溶性物质,而达到溶胞的作用。如在含胞内异淀粉酶的悬液中加入 0.1% SDS(十二烷基磺酸钠),在 30 ℃振荡 30 h,就能较完全地将异淀粉酶抽提出来,且酶的比活力较机械破碎法的高。

某些脂溶性的有机溶剂如丁醇、丙酮、氯仿等,也能溶解细胞膜上的脂类化合物,使细胞结构破坏,而将胞内产物抽提出来。此法称为脂溶法。但是这些溶剂易引起生化物质变性,一般在低温下进行,使用后,应迅速将有机溶剂回收。

2. 酶解法

酶解法是利用酶反应,分解破坏细胞壁上特殊的键,从而达到细胞破碎的目的。酶解法可以在细胞悬浮液中加入特定的酶,也可以采用自溶作用。

用各种水解酶,如溶菌酶、纤维素酶、蜗牛酶、酯酶及自溶酶等,于 37 ℃、pH 8.0 条件下,处理 15 min,可以专一性地将细胞壁分解,释放出细胞内含物。对于微生物细胞,常用的酶是溶菌酶,它能专一性地分解细胞壁上某些分子中的 β-1,4-糖苷键,使糖蛋白和脂多糖分解,经溶菌酶处理后的细胞移至低渗溶液中,细胞就会破裂。例如从某些细菌细胞提取质粒 DNA 时,就采用溶菌酶破坏细胞壁。

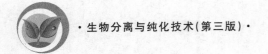

在破坏酵母细胞时,常采用蜗牛酶,将酵母细胞悬于 0.1 mmol/L 柠檬酸-磷酸氢二钠缓冲液(pH 5.4)中,加入 1%蜗牛酶,在 30 ℃处理 30 min,即可使大部分细胞壁破裂,如同时加入 0.2%巯基乙醇,效果会更好。此法可以与研磨联合使用。

自溶酶是在微生物代谢过程中,大多数微生物都能产生的一种能水解细胞壁的酶,自溶酶水解细胞壁以便生长过程继续下去。有时改变其生长环境,可以诱发微生物产生过剩的这种酶,以达到自溶目的。影响自溶过程的因素有温度、时间、pH 值、缓冲液浓度、细胞代谢途径等。微生物细胞自溶常采用加热法或干燥法。例如,加入 0.02 mol/L Na_2CO_3-$NaHCO_3$ 缓冲液(pH 10),制成 3%的谷氨酸产生菌悬浮液,加热至 70 ℃,保温搅拌 20 min,菌体即自溶。

也可采用抑制细胞壁合成的方法导致溶胞。某些抗生素如青霉素或环丝氨酸等,能阻止新细胞物质的合成。但抑制剂加入的时间很重要,应在发酵过程中细胞生长的后期加入,只有当抑制剂加入后,生物合成和再生还在继续进行,溶胞的条件才是有利的。

酶解法的优点是发生酶解的条件温和、能选择性地释放产物、胞内核酸等泄出量少、细胞外形较完整、便于进一步分离等。但水解酶价格高,故酶解法小规模应用较广。

3. 渗透冲击法

此法将一定体积的细胞液加到两倍体积的水中,细胞中溶质浓度高,水不断进入细胞,使细胞膨胀,最后导致破裂。此法使细胞破碎的难易程度取决于其类型,如红细胞容易溶破;动物细胞只有当其组织被机械切碎或匀浆后才易溶破;植物细胞很难溶破,因为植物细胞中含有大量的木质素成分,通过渗透流很难渗透,要和其他的方法混用。本法适用于实训室规模。

4. 冻结-融化法

将细胞放在低温(−15 ℃)下,然后在室温中融化,反复多次,使细胞壁破裂。其原理如下:一方面在冷冻过程中会促使细胞膜的疏水键结构破裂,从而增加细胞的亲水性能;另一方面,冷冻时胞内水结晶,形成冰冻晶粒,引起细胞膨胀而破裂。冻结-融化法适用于细胞壁较脆弱的菌体。

5. 冷热交替法

冷热交替法是在 90 ℃下维持数分钟,立即放入冰浴中使之冷却,如此反复多次,绝大部分细胞可以被破碎,从细菌或病毒中提取蛋白质和核酸时可用此技术。

6. 干燥法

经干燥后的菌体,其细胞膜的渗透性发生变化,同时部分菌体会自溶,然后用丙酮、丁醇或缓冲液等溶剂处理时,胞内物质就会被抽提出来。

干燥法的操作可分为空气干燥、真空干燥、喷雾干燥和冷冻干燥等。如酵母菌,常在 25~30 ℃的热空气流中吹干,部分酵母菌自溶,再用水、缓冲液或其他溶剂抽提时,效果较好。真空干燥适用于细菌,把干燥成块的菌体磨碎再进行抽提。冷冻干燥适用于制备不稳定的生化物质,在冷冻条件下磨成粉,再用缓冲液抽提。

3.3 细胞破碎效果评价与方法选择

3.3.1 细胞破碎效果的评价

破碎率(Y)定义为被破碎细胞的数量占原始细胞数量的百分数，即

$$Y = \frac{N_0 - N}{N_0} \times 100\%$$

式中：N_0——原始细胞数量；

N——经 t 时间操作后保留下来的未破碎的完整细胞数量。

目前，N_0 和 N 主要通过下面的方法获得。

1. 直接计数法

用平板计数技术或用血细胞计数板（又叫血球计数板）在显微镜下观察，直接对适当稀释后的样品进行计数。

这种计数方法误差较大，主要是因为平板计数技术所需时间长，而且只有活细胞才能被计数，死亡的完整细胞虽大量存在却未能计数，如果细胞有团聚现象，则误差更大。而血细胞计数板显微镜计数虽然快速简单，但对于非常小的细胞，不仅给计数过程带来困难，而且在未损害的细胞和稍有损害的细胞之间进行区分是很困难的，不易准确计数。在实训室，通常采用涂片染色的方法来减小计数的误差。如酵母计数，采用革兰氏试剂染色，在 1000 倍放大下观察，发现完整细胞呈红色或无色，细胞碎片呈绿色，可以识别和计数完整细胞、破碎细胞和细胞碎片。

2. 间接计数法

1）目标产物测定法

此法是在细胞破碎后，测定悬浮液中细胞释放出来的化合物的量（例如可溶性蛋白、酶等）。破碎率可通过被释放出来化合物的量 R 与所有细胞的理论最大释放量 R_m 之比进行计算。通常的做法是将破碎后的细胞悬浮液离心分离掉固体（完整细胞和碎片），测定上清液目标产物的含量或活性，并与 100% 破碎的标准值比较，计算其破碎率。最常用的是用 Lowry 法或其他测蛋白质含量的方法测定细胞内释放到基质中的蛋白质或酶的含量，来评价细胞破碎效果。

2）分光光度法

对于大肠杆菌，常采用这种方法评价细胞破碎率。其原理如下：处于悬浮状态的细菌颗粒阻挡了光通路，因此吸光度值高。破碎后，阻挡的效率降低，所以吸光度减小。破碎效果越好，吸光度值越低。

另外，还可以用离心细胞破碎液观察沉淀模型的方法来确定细胞破碎率。完整的细胞要比细胞碎片先沉淀下来，并显示不同的沉降带，对比两项，可以算出细胞破碎率。

 ## 3.3.2　各种细胞破碎方法的选择依据

　　在众多的细胞破碎方法中，高压匀浆和珠磨两种机械破碎方法处理量大，速度非常快，目前在工业生产上应用最广泛。但在机械破碎过程中，容易产生大量的热量，使料液温度升高，易造成生化物质的破坏，特别是超声波处理。因此，超声波破碎法主要适用于实训室或小规模的细胞破碎。

　　非机械法一般仅适用于小规模应用。采用化学溶胞法，特别要注意的问题是所选择的溶剂（酸、碱、表面活性剂和有机溶剂等）对生化物质不能有损害作用，在操作后，还必须采用常规的分离手段，从产物中除去这些试剂，以保证产品的纯净。酶解法的优点是专一性强，发生酶解的条件温和，采用该法时必须选择好特定的酶和适宜的操作条件。自溶法价格较低，在一定程度上能用于工业规模，但是对不稳定的微生物容易引起所需蛋白质的变性，自溶后的细胞培养液过滤速率也会降低。抑制细胞壁合成的方法由于要加入抗生素，费用也很高。渗透冲击法和冻结-融化法都属于较温和的方法，但破碎作用较弱，它们常与酶解法结合起来使用，提高破碎效果。干燥法属于较激烈的一种破碎方法，容易引起蛋白质或其他组分变性，当提取不稳定的生化物质时，常加入一些保护剂，如加入少量的半胱氨酸、巯基乙醇、亚硫酸钠等还原剂。

　　表 1-3-2 中比较了常用的几种细胞破碎方法。

表 1-3-2　常用的细胞破碎方法比较

方法	技　术	原　　　理	效果	成本	举　　例
机械法	匀浆法（片型）	细胞被搅拌器劈碎	适中	适中	动物组织及动物细胞
	研磨法	细胞被研磨物磨碎	适中	便宜	
	超声波法	用超声波使细胞破碎	适中	昂贵	细胞悬浮液小规模处理
	高压匀浆法（孔型）	细胞通过小孔，受到剪切力而破碎	剧烈	适中	细胞悬浮液大规模处理
	高速珠磨法	细胞被玻璃珠或铁珠捣碎	剧烈	便宜	细胞悬浮液和植物细胞的大规模处理
非机械法	渗透冲击法	溶胀细胞	温和	便宜	血红细胞的破坏
	酶解法	细胞壁被消化，使细胞破碎	温和	昂贵	
	增溶法	表面活性剂溶解细胞壁	温和	适中	胆盐作用于大肠杆菌
	脂溶法	有机溶剂溶解细胞壁并使之失稳	适中	便宜	甲苯破碎酵母细胞
	碱处理法	碱的皂化作用使细胞壁溶解	剧烈	便宜	

破碎方法的选择对于破碎结果和破碎的质量有很大的影响。方法的主要选择依据如下。

（1）细胞的处理量。

（2）产物对破碎条件（温度、化学试剂、酶等）的敏感性以及产物在细胞中的位置。

（3）生化物质的稳定性。

（4）细胞的数量和细胞壁的强度和结构。

（5）破碎程度。

（6）提取分离的难易。

适宜的细胞破碎条件应该从高的产物释放率、低的能耗和便于后续提取这三个方面进行考虑。在固-液分离中，细胞碎片的大小是重要因素，太小的碎片很难分离除去，因此破碎时既要获得高的产物释放率，又不能使细胞破碎后产生的细胞碎片太小，如果在碎片很小的情况下才能获得高的产物释放率，这种操作条件仍不适用。

3.4 基因工程包含体的纯化方法

重组 DNA 技术为大规模生产目标蛋白质提供了崭新的途径，开辟了现代生物技术发展的新纪元。但是，人们在分离与纯化基因工程表达产物时遇到意想不到的困难，很多利用大肠杆菌为宿主细胞的外源基因表达产物（如尿激酶、人胰岛素、人生长激素、白细胞介素-6、人 γ-干扰素、乙型肝炎病毒抗原等）不仅不能分泌到细胞外，而且在细胞内凝聚成没有生物活性的固体颗粒——包含体（inclusion bodies，IBs），如表 1-3-3 所示。

表 1-3-3　外源蛋白在大肠杆菌中积累形成的包含体

蛋　　白	产物占菌体总蛋白的比重	外源蛋白的积累
人胰岛素	50%	形成包含体
β-丙酰胺酶	20%	在细胞间区
人 γ-干扰素	25%	形成包含体
凝乳酶原		形成包含体
牛生长激素	>30%	形成包含体
β-内酰胺酶		形成间区包含体
人胰岛素原	5%～26%	形成包含体

所谓包含体，是指蛋白质分子本身及与其周围的杂蛋白和核酸等形成不溶性的、无活性的聚集体，其中大部分是克隆表达的目标产物蛋白质。这些目标产物蛋白质在一级结构上是正确的，但在立体结构上是错误的，因此没有活性。

3.4.1 包含体的形成

形成包含体的因素主要有以下几个方面。

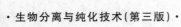
（1）重组蛋白质的表达率过高，超过了细菌的正常代谢范围，由于细菌的蛋白质溶解能力达到饱和，因此重组蛋白质在细胞内沉淀下来。

（2）由于合成速率太快，以致没有足够的时间进行肽链折叠，二硫键不能正确配对，导致重组蛋白质溶解度变小。

（3）与重组蛋白质的氨基酸组成有关。一般来说，含硫氨基酸含量越高，越易形成包含体。

（4）重组蛋白质是宿主菌的异源蛋白质，大量生成后，缺乏修饰所需酶类和辅助因子，如折叠酶及分子伴侣等，导致中间体大量积累而沉淀。

（5）与重组蛋白质本身的溶解度有关。

（6）在细菌分泌的某个阶段，蛋白质间的离子键、疏水键或共价键等化学作用导致了包含体的形成。

 ## 3.4.2　包含体的纯化方法

包含体的一般处理步骤如下：

收集菌体细胞→细胞破碎→离心分离→包含体的洗涤→目标蛋白质的变性溶解→目标蛋白质的复性

1. 包含体的分离及洗涤

由于包含体位于细胞质中，因此要先进行细胞破碎才能得到包含体。如人 γ-干扰素的提取中，先把发酵液冷却至 10 ℃以下，离心（4000 r/min）分离，除去上清液，得到菌体。将菌体细胞悬浮于 10 倍体积的磷酸盐缓冲液（pH 7.2）中，于冰浴下进行超声波破碎，反复 5 次，每次 5 s。离心（4000 r/min）得到沉淀，用 0.1% Triton X-100 的溶液充分搅拌均匀，进行洗涤，洗涤三次后，离心（10000 r/min，20 min），可得到包含体。细胞破碎后离心分离的包含体沉淀物中，除目标蛋白质外，还有其他蛋白质、核酸等，经过洗涤，可以除去吸附在包含体表面的不溶性杂蛋白、膜碎片等，达到纯化包含体的目的。洗涤多采用较温和的表面活性剂（如 Triton X-100）或低浓度的弱变性剂（如 2 mol/L 的尿素）等，洗涤剂的浓度非常重要，通常不要太高，以免包含体也发生溶解。

2. 包含体的溶解变性

包含体中不溶性的活性蛋白质必须溶解到液相中，才能用各种手段使其进一步纯化。一般的水溶液很难将其溶解，只有采用蛋白质变性的方法才能使其转变为可溶的形式。常用的变性增溶剂有十二烷基磺酸钠（SDS）、尿素、盐酸胍、硫氰酸盐、有机溶剂（乙腈、丙酮）等。

十二烷基磺酸钠（SDS）是一种使用比较广泛的变性剂。它可在低浓度下溶解包含体，主要是破坏蛋白质肽链间的疏水相互作用。但是结合在蛋白质上的 SDS 分子难以除去。一般 SDS 的使用浓度为 10～20 g/L（1%～2%）。

尿素和盐酸胍可打断包含体内的化学键和氢键。一般用 8～10 mol/L 的尿素溶解包含体，其溶解速率较慢，溶解度为 70%～90%。在复性后除去尿素不会造成蛋白质的严重损失，同时，还可选用多种色谱技术对提取到的包含体进行纯化。但用尿素溶解会使蛋白质很难恢复活性。盐酸胍对包含体的溶解效率高达 95% 以上,溶解速率快,缺点是成本较高,且除去盐酸胍时,蛋白质会有较大的损失,而且盐酸胍对后期的离子交换提纯有干扰作用。

对于含有半胱氨酸的蛋白质,其包含体通常含有链间错配形成的无活性二硫键,因此还要加入还原剂使二硫键处于可逆断裂状态。常用的还原剂有 2-巯基乙醇(2-ME)、2-巯基苏糖醇(DTT)、二硫赤藓糖醇、半胱氨酸等。对于目标蛋白质无二硫键的包含体,加入还原剂也有增溶作用,可能是含有二硫键的杂蛋白影响了包含体的溶解。

一般变性温度为 30 ℃。

3. 蛋白质的复性

由于包含体中的重组蛋白质缺乏生物活性,加上剧烈的处理条件,使蛋白质的高级结构被破坏,因此蛋白质的复性特别重要。

所谓复性,是指变性的包含体蛋白质在适当条件下使伸展的肽链形成特定的三维结构,使无活性的分子成为具有特定生物学功能的蛋白质的过程。

蛋白质复性常用的方法如下:①透析法;②超滤法;③稀释法。

透析法和超滤法是缓慢除去变性液中多余的变性剂和还原剂,使伸展的肽链恢复到正常的折叠状态,使错误的二硫键进行正常连接。稀释法是直接加水或与变性液相同的、不含还原剂的缓冲液,改变蛋白质分子周围的性质,促进肽链正常折叠和二硫键重新组合。例如人 γ-干扰素的复性操作中,就是将变性溶液用 50 mmol/L 的 Tris-HCl 缓冲液稀释 100 倍,使尿素浓度小于 0.1 mol/L,在 4 ℃下搅拌 24 h,即可完成蛋白质的重折叠过程。

复性过程是一个十分复杂的过程,机理尚不清楚,需不断摸索最适用的条件。

3.5 细胞破碎技术的发展方向

细胞破碎技术是生物学研究中的重要手段之一,随着科技的不断发展,细胞破碎技术也在不断地进步和发展。

目前,一些新的细胞破碎技术正在被研究和开发。例如,微流控技术可以将细胞破碎成微小的颗粒,有助于更好地研究细胞内的分子机制。另外,一些新型的纳米材料也可以用于细胞破碎,这些材料具有更高的破碎效率和更好的选择性。在现有的细胞破碎技术的基础上进行优化的一些研究也在进行。

(1)多种细胞破碎方法相结合来提高细胞破碎率。酶解法可与高压匀浆法、超声波法、螯合剂处理法、溶胀法相结合。如用溶解酶预处理面包酵母,然后高压匀浆,95 MPa 压力下匀浆 4 次,总破碎率接近 100%。而单独采用高压匀浆法,同样条件下破碎率只有 32%。

(2)与生物工程的上游过程相结合,提前引入有利于细胞破碎的一些措施。在微生物发酵培养过程中,培养基、生长期、操作参数(如 pH 值、温度、通气量、搅拌转速、稀释率

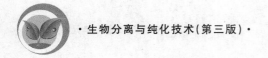

等)等因素都对细胞壁、细胞膜的结构与组成有一定的影响。在微生物生长后期，加入某些能抑制或阻止细胞壁物质合成的抑制剂（如青霉素），继续培养一段时间后，新分裂的细胞的细胞壁有缺陷，有利于细胞破碎。

（3）用基因工程的方法对菌种进行改造。如将噬菌体的基因引入细胞，培养结束后，控制一定条件（如温度等），激活噬菌体的基因，使细胞自内向外溶解，释放出内含物。

3.6 典型案例

案例1 超声波破碎法提取海洋藻类植物中的活性物质

海洋藻类植物如盐藻中含有丰富的 β-胡萝卜素。从盐藻中提取 β-胡萝卜素的首要条件是将盐藻破碎，使 β-胡萝卜素能够快速、高效地进入水溶液等提取介质。由于化学破碎过程中有化学反应发生，采用此法容易造成被提取物结构性质等发生变化而失去活性。一般采用机械破碎法，如在 20 ℃ 条件下，分别采用 30 kHz、150 V，46 kHz、105 V，48.2 kHz、109 V 的超声波对盐藻进行破碎，通过显微镜观察计数得到盐藻的完全破碎率可达 87%。

又如藻胆体是某些藻类的捕光色素，藻胆体的光谱性质不仅反映了其组成和结构特征，而且还可以反映藻类物种的差异和进化地位。研究藻胆体的光谱性质必须得到完整的藻胆体。在采用化学及一般的机械破碎方法均不能从龙须藻中获得理想的藻胆体时，采用频率为 20～50 kHz，电压为 60 V 的超声波处理 10 min 可得到完整的藻胆体。超声波作用的原理是将龙须藻细胞打破，露出内囊体，然后将藻胆体从内囊体膜上震下来。

案例2 不同的细胞破碎方法对提取可溶性氢酶的比较

为了分离与纯化亚心型扁藻体内的可溶性氢酶，有学者研究了在厌氧环境下藻细胞的破碎方法，以及各种破碎条件对氢酶活性的影响。试验结果表明，使用超声法在输出功率为 400 W、超声波为 5 s、时间间歇为 10 s、工作 20 次的条件下，破碎细胞后溶液中总蛋白含量最高，可达 2.73 g/L。珠磨法和 Triton X-100 法（Triton X-100 的体积分数为 0.2%）破碎的鲜细胞的氢酶提取效率较高，分别为 1.44 U/g 和 1.27 U/g，其中使用 Triton X-100 法破碎后的粗提液所含杂蛋白的种类较少。

案例3 雪花莲外源凝集素的提取

雪花莲外源凝集素（GNA）具有多种生物活性，能特异结合甘露糖基，在糖蛋白分离、逆转录病毒病和害虫防治等方面有广泛的应用价值。

发酵液冷却至 10 ℃，4000 r/min 离心，得到重组大肠杆菌细胞，悬浮于磷酸盐缓冲液中，分别采用超声波破碎法、冻结-融化法和酶解法破碎细胞后，4000 r/min 离心得到沉淀，用 0.1% Triton X-100 将沉淀洗涤三次，经 8 mol/L 的尿素或 SKL（十二烷基肌氨酸钠）水溶液溶解后，再装入透析袋进行透析复性，可获得在大肠杆菌中高效表达的重组 GNA 蛋白。

小结

革兰氏阳性菌和革兰氏阴性菌细胞壁的主要组成是不同的,因而对细胞破碎的影响也不一样。革兰氏阳性菌的细胞壁主要由肽聚糖层(20～80 nm)组成,而革兰氏阴性菌肽聚糖层较薄,仅 2～3 nm,在肽聚糖层外还有两层外壁层,外壁层厚为 8～10 nm。所以革兰氏阳性菌细胞壁较厚,较难破碎。对于真菌来说,细胞壁较厚,为 100～300 nm,主要是聚糖类,如霉菌细胞壁主要成分是几丁质和葡聚糖,酵母菌的细胞壁主要成分是葡聚糖和甘露聚糖,比革兰氏阳性菌的细胞壁厚,更难破碎。

细胞破碎法包括机械法和非机械法。机械法又包括高压匀浆法、高速珠磨法和超声波破碎法等方法。非机械法包括化学溶胞法、酶解法、渗透冲击法、冻结-融化法和干燥法。

细胞壁的结构和破碎方法都会对细胞破碎效果产生影响。

细胞破碎效果的评价有直接法和间接法。

包含体是基因工程的表达产物,是没有生物活性的致密的不溶性蛋白和核酸的凝聚体,包含大部分的表达蛋白。要得到有活性的目标蛋白质,必须先进行变性溶解,再复性。常用的变性增溶剂有十二烷基磺酸钠(SDS)、尿素、盐酸胍、硫氰酸盐、有机溶剂(乙腈、丙酮)等。复性常用的方法是透析法、超滤法和稀释法。

同步训练

1. 名词解释

细胞破碎率　包含体

2. 判断题

(1) 珠磨法中,适当地增加研磨剂的质量可提高细胞破碎率。　　　　　( )

(2) 高级醇能被细胞壁中的脂类吸收,使胞壁膜溶胀,导致细胞破碎。　( )

(3) 高压匀浆法可破碎高度分枝的微生物。　　　　　　　　　　　　( )

(4) 超声波破碎法的有效能量利用率极低,操作过程产生大量的热,因此操作需在冰水或有外部冷却的容器中进行。　　　　　　　　　　　　　　　　　( )

(5) 冻结的作用是破坏细胞膜的疏水键结构,降低其亲水性和通透性。　( )

(6) 有机溶剂被细胞壁吸收后,会使细胞壁膨胀或溶解,导致破裂,把细胞内产物释放到水相中去。　　　　　　　　　　　　　　　　　　　　　　　　( )

(7) 渗透冲击法是各种细胞破碎方法中最为温和的一种,适用于易于破碎的细胞,如动物细胞和革兰氏阴性菌。　　　　　　　　　　　　　　　　　　　( )

(8) 细胞破碎是生物分离操作中必需的步骤。　　　　　　　　　　　( )

3. 选择题

(1) 下列微生物的细胞壁最容易破碎的是(　　　)。

A. 革兰氏阳性菌　　　　　　　　　　B. 革兰氏阴性菌

C. 酵母菌　　　　　　　　　　　　D. 真菌

(2) 细胞破碎的方法可分为机械法和非机械法两大类,下列不属于机械法的是(　　)。

A. 加入金属螯合剂　　　　　　　B. 高压匀浆法

C. 超声波破碎法　　　　　　　　D. 高速珠磨法

(3) 细菌破碎的主要阻力来自(　　)。

A. 肽聚糖　　　　B. 胞壁酸　　　　C. 脂蛋白　　　　D. 脂多糖

(4) 以下细胞破碎方法适用于工业生产的是(　　)。

A. 高压匀浆法　　B. 超声波破碎法　C. 渗透冲击法　　D. 酶解法

(5) 高压匀浆法破碎细胞,不适用于(　　)。

A. 酵母菌　　　　B. 大肠杆菌　　　C. 巨大芽孢杆菌　D. 青霉菌

(6) 珠磨机破碎细胞,适用于(　　)。

A. 酵母菌　　　　B. 大肠杆菌　　　C. 巨大芽孢杆菌　D. 青霉菌

(7) 适合少量细胞破碎的方法是(　　)。

A. 高压匀浆法　　B. 超声波破碎法　C. 高速珠磨法　　D. 高压挤压法

(8) 如果用大肠杆菌作为宿主细胞,蛋白质表达部位为周质,下面细胞破碎的方法最佳的是(　　)。

A. 高压匀浆法　　B. 超声波破碎法　C. 渗透冲击法　　D. 冻结-融化法

(9) 丝状(团状)真菌适合采用的破碎方法是(　　)。

A. 高速珠磨法　　B. 高压匀浆法　　C. A 与 B 联合　　D. A 与 B 均不行

4. 简述题

(1) 简述细胞破碎的目的。

(2) 举出几种细胞破碎常用的方法。

5. 技能题

请任选一种破碎方法,通过典型实例分析说明具体操作方法及其原理。

第四单元

萃 取 技 术

 知识目标

(1) 理解萃取技术的概念、分类和特点。

(2) 掌握溶剂萃取、固-液浸取、双水相萃取、超临界流体萃取、反胶团萃取等萃取技术的原理和方法及萃取过程的特点。

(3) 了解各类萃取技术的工业应用。

 技能目标

(1) 能针对不同处理对象选择不同的萃取技术。

(2) 能正确操作各种萃取分离过程。

 素质目标

养成按仪器说明规范操作、爱护仪器的习惯。

4.1　概述

4.1.1　萃取的概念

萃取是利用目标物质和含目标物质混合物的特性,选用合适的溶剂(液体或超临界流体)在适当的条件下,将所需要的目标物质从混合物中分离出来的操作。萃取所选用的溶剂称为萃取剂。萃取是工业生产中常用的分离、提取方法之一。

4.1.2 萃取的分类

1. 根据参与溶质分配的两相不同分类

(1) 液-液萃取:以液体为萃取剂,目标产物的混合物为液态,目前包括溶剂萃取、双水相萃取、液膜萃取和反胶团萃取等。

(2) 固-液浸取:以液体为萃取剂,含目标产物的混合物为固态。

2. 根据组分数目不同分类

(1) 多元体系萃取:原料液中有两个以上组分或溶剂为两种不互溶的溶剂。

(2) 三元体系萃取:原料液中含有两个组分,溶剂为单溶剂。

3. 根据有无化学反应分类

(1) 物理萃取:溶质根据相似相溶的原理在两相间达到分配平衡,萃取剂与溶质之间不发生化学反应,其理论基础是分配定律。

(2) 化学萃取:利用脂溶性萃取剂与溶质之间的化学反应,生成脂溶性复合分子,实现溶质向有机相的分配。萃取剂与溶质之间的化学反应包括离子交换和配位反应等,服从相律和一般化学反应的平衡规律。

4. 根据萃取剂的种类和形式不同分类

(1) 溶剂萃取:依靠在互不相溶的溶剂中分配系数的差异进行分离的萃取法。

(2) 双水相萃取:依靠分离物在不相溶的高分子水溶液中形成的两相的分配系数不同而分离的萃取法。

(3) 反胶团萃取:利用反胶团进行的萃取分离的方法。

(4) 凝胶萃取:将凝胶作为固态萃取剂,用于对溶液中大分子物质的浓缩和净化。

(5) 超临界流体萃取:利用某些流体在高于其临界压力和临界温度时具有很高的扩散系数和很低的黏度,但具有与液体相似的密度的性质,对一些液体或固体物质进行萃取的方法。

 ## 4.1.3 萃取的特点

萃取技术和其他分离技术相比有如下的特点。

(1) 萃取过程具有选择性。

(2) 能与其他需要的纯化步骤(如结晶、蒸馏)相配合。

(3) 通过相的改变,可以减少由于降解(水解)引起的产品损失。

(4) 分离效率高,生产能力大,适用于各种不同的规模。

(5) 传质速率快,生产周期短,便于连续操作,容易实现计算机控制。

在萃取技术应用于生物活性成分的分离和纯化时,由于生物发酵产物成分复杂,在实际应用时还要考虑下述的问题。

(1) 生物系统的错综复杂和多组分的特性。对于萃取过程,既要考虑组分种类的复杂性,又要考虑相的复杂性,固体的影响是生物产物萃取过程的一个特性。

（2）产物的不稳定性。目标产物可能由于代谢或微生物的作用而不稳定，可能在实现有效萃取时，因化学反应而不稳定。

（3）传质速率。质量传递受可溶的和不溶的表面活性成分影响，一般这些物质被认为是不利于质量传递过程的。

（4）相分离性能。在萃取过程中，不溶性固体和可溶性表面活性组分的存在，对相分离速率产生重大的不良影响。

4.2 溶剂萃取技术

4.2.1 溶剂萃取原理

在液体混合物（原料液）中加入一种与其基本不相混溶的液体作为萃取剂，构成第二相，利用原料液中各组分在两个液相中的溶解度不同而使原料液混合物得以分离的方法称为溶剂萃取，亦即液-液萃取，简称为萃取或抽提。

萃取是一种扩散分离操作，不同溶质在两相中分配平衡的差异是实现萃取分离的主要因素。因此，分配定律是理解并设计萃取操作的基础。

分配定律即溶质的分配平衡规律，叙述如下：在恒温恒压条件下，溶质在互不相溶的两相中达到分配平衡时，如果其在两相中的相对分子质量相等，则其在两相中的平衡浓度之比为常数，即 $K = c_2/c_1$，K 称为分配系数。K 只在一定温度下，溶液中溶质的浓度很低时才是一常数。在同一萃取体系内，两种溶质在同样条件下分配系数的比值称为分离因素，常用 β 表示，即 $\beta = K_1/K_2$。

可见，根据溶质的分配系数可以判定萃取剂对溶质的萃取能力，可以用来指导选择合适的萃取溶剂体系。分离因素体现了不同溶质分配平衡的差异，是实现萃取分离的基础，决定了两种溶质能否分离。

在发酵工业生产中，常用的萃取相是有机相，萃余相是水相，对部分常见的发酵产物进行萃取操作，试验测定的 K 值见表 1-4-1。

表 1-4-1 部分发酵产物萃取系统中的 K 值

溶质类型	溶质名称	萃取剂-溶剂	分配系数 K	备 注
氨基酸	甘氨酸	正丁醇-水	0.01	操作温度为 25 ℃
	丙氨酸		0.02	
	赖氨酸		0.02	
	谷氨酸		0.07	
	α-氨基丁酸		0.02	
	α-氨基己酸		0.3	

续表

溶质类型	溶质名称	萃取剂-溶剂	分配系数 K	备　注
抗生素	红霉素	乙酸戊酯-水	120	—
	短杆菌肽	苯-水	0.6	—
		氯仿-甲醇	17	—
	新生霉素	乙酸丁酯-水	100	pH 7.0
			0.01	pH 10.5
	青霉素 F	乙酸戊酯-水	32	pH 4.0
			0.06	pH 6.0
	青霉素 G	乙酸戊酯-水	12	pH 4.0

4.2.2　溶剂萃取流程

工业生产中萃取工艺一般包括以下四个过程。

(1) 混合:将萃取剂和含有目标组分的原料液混合接触,目标组分从原料液转移到萃取剂中。

(2) 分离:分离互不相溶的两相。

(3) 纯化:萃取相经进一步纯化处理得到目标产物。

(4) 回收:将萃取剂从萃取相及萃余液(残液)中回收除去。

工业生产中常见的萃取流程有单级萃取流程、多级错流萃取流程和多级逆流萃取流程。

1. 单级萃取流程

单级萃取是溶剂萃取中最简单的操作形式,一般用于间歇操作,也可以进行连续操作,见图 1-4-1。原料液 F 与萃取剂 S 一起加入萃取器内,并用搅拌器加以搅拌,使两种液体充分混合,然后将混合液引入分离器,经静置后分层,萃取相 L 进入回收器,经分离后获得萃取剂和产物,萃余相 R 送入溶剂回收设备,得到萃余液和少量的萃取剂,萃取剂可循环使用。

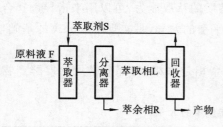

图 1-4-1　单级萃取流程

单级萃取操作不能对原料液进行较完全的分离,萃取液浓度不高,萃余液中仍含有较多的溶质。单级萃取流程简单,操作可以间歇,也可以连续,特别是当萃取剂分离能力大、分离效果好,或工艺对分离要求不高时,采用此种流程较为合适。

2. 多级错流萃取流程

图 1-4-2 所示为多级错流萃取流程。原料液依次通过各级混合分离器,新鲜萃取剂则分别加入各级混合分离器中,萃取相和最后一级的萃余相分别进入溶剂回收设备。

采用多级错流萃取流程时,萃取率比较高,但萃取剂用量较大,溶剂回收处理量大,能耗较大。

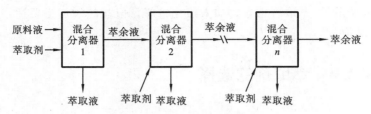

图 1-4-2 多级错流萃取流程

3. 多级逆流萃取流程

图 1-4-3 所示为多级逆流萃取流程。原料液 F 从第 3 级加入,依次经过各级萃取,成为各级的萃余相,其溶质 A 含量逐级下降,最后从第 1 级流出;萃取剂 S 则从第 1 级加入,依次通过各级与萃余相逆向接触,进行多次萃取,其溶质含量逐级提高,最后从第 3 级流出。最终的萃取相 L_3 送至溶剂分离装置中分离出产物和溶剂,溶剂循环使用;最终的萃余相 R_1 送至溶剂回收装置中分离出溶剂 S 供循环使用。

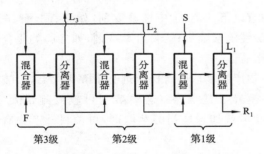

图 1-4-3 多级逆流萃取流程

多级逆流萃取可获得溶质浓度很高的萃取液和溶质浓度很低的萃余液,而且萃取剂的用量少,因而在工业生产中得到广泛的应用。

4.2.3 溶剂萃取影响因素

影响溶剂萃取的因素主要有 pH 值、温度和盐析作用等。

1. pH 值

不论是物理萃取还是化学萃取,水相 pH 值对弱电解质分配系数均具有显著影响。物理萃取时,弱酸性电解质的分配系数随 pH 值降低(即氢离子浓度增大)而增大,而弱碱性电解质则正好相反。

2. 温度

温度也是影响溶质分配系数和萃取速度的重要因素。选择适当的操作温度,有利于目标产物的回收和纯化。但由于生物产物在较高温度下不稳定,故萃取操作一般在常温或较低温度下进行。

3．盐析作用

无机盐的存在可降低溶质在水相中的溶解度,有利于溶质向有机相中分配,如萃取维生素 B_{12} 时加入硫酸铵,萃取青霉素时加入氯化钠等。但盐的添加量要适当,以利于目标产物的选择性萃取。

4.2.4　萃取剂的选择

1．选择依据

溶剂萃取中,萃取剂通常是有机溶剂。根据目标产物以及与其共存杂质的性质选择合适的有机溶剂,使溶剂对目标产物有较高的选择性;根据相似相溶的原理,选择与目标产物极性相近的有机溶剂为萃取剂,可以得到较大的分配系数。

此外,有机溶剂还应满足以下要求:①廉价易得;②与水相不互溶;③与水相有较大的密度差,黏度低,表面张力适中,相分散和相分离较容易;④容易回收和再利用;⑤毒性低,腐蚀性小,闪点低,使用安全;⑥不与目标产物发生反应。

2．常用萃取剂

常用的萃取剂大致有以下四类:①中性萃取剂,如醇、酮、醚、酯、醛及烃类等;②酸性萃取剂,如羧酸、磺酸、酸性磷酸酯等;③螯合萃取剂,如羟肟类化合物;④离子对(胺类)萃取剂,主要是叔胺和季铵盐。

常用于抗生素类生物产物萃取的有机溶剂有丁醇等醇类,乙酸乙酯、乙酸丁酯和乙酸戊酯等乙酸酯类以及甲基异丁基酮等。这些溶剂可较好地满足上述对有机溶剂的要求,通过调节水相的 pH 值或加入适当的萃取剂,可使目标产物有较大的分配系数和选择性。

4.3　固-液浸取技术

4.3.1　固-液浸取的概念

固-液浸取是指用溶剂将固体原料中的可溶性组分提取出来的操作。固-液浸取在制药工业中应用广泛,尤其是从中草药等植物中提取有效成分,或是从生物细胞内提取特定成分。

4.3.2　固-液浸取的原理

1．浸取体系与扩散

溶剂从固体颗粒中浸取可溶性物质,其过程一般包括以下几个步骤。

（1）溶剂浸润固体颗粒表面。

（2）溶剂扩散、渗透到固体内部微孔或细胞壁内。

（3）溶质解吸后,溶解进入溶剂。

（4）溶质经扩散至固体表面。

（5）溶质从固体表面扩散进入溶剂主体。

2. 浸取相平衡

浸取过程中的相平衡可用分配系数 K_D 表示,即

$$K_D = y/x$$

式中:x、y——平衡时溶质在固相、液相中的浓度。

若 y 和 x 用体积浓度（kg/m^3）表示,K_D 一般为常数;如用质量浓度（kg/kg）表示,则 K_D 值会发生变化。这是因为在浸取过程中,随着溶质的浸出,固体内外的溶液密度将发生变化。

4.3.3 固-液浸取过程的影响因素

1. 固体物料粒度的影响

一般情况下,固体物料的粒度小,传质快,浸取速率快。但原料粉碎过细,又会使大量的不溶性高分子物质进入浸出液,影响浸出液的分离和稳定性。从生物物料中浸提生物活性物质前,需先对固体原料进行预处理,以缩短溶剂和溶质扩散渗透的时间,提高浸取速率。工业上常通过对物料干燥、压片、粉碎等进行预处理。

2. 浸取溶剂的影响

浸取溶剂应能高效、快速地从固体中将目标物质浸取出来,同时尽可能将不需要的物质留在固体中。浸取溶剂的选择原则如下。

（1）溶剂对目标成分的分配系数要大,并且对目标成分的选择性要高。

（2）溶剂对目标成分的溶解度要大,可以节省溶剂用量。

（3）溶剂与目标成分之间应有较大的性质差异,易于从产品中去除和回收利用。

（4）目标成分在溶剂中的扩散系数要大。

（5）溶剂还要具有价格低廉,黏度低,无腐蚀性,无毒,闪点低,无爆炸性等特点。

常用的浸取溶剂主要有水、乙醇、丙酮、乙醚、氯仿、乙酸乙酯等。

此外,浸取辅助剂、浸取溶剂的 pH 值以及浸取溶剂用量及浸取次数都会影响浸取的效果。

3. 浸取操作条件的影响

（1）浸取温度:温度升高,常可使固体物料的组织软化、膨胀,促进可溶性有效成分的浸出。但浸取温度升高,会破坏热敏性药物成分,造成挥发性成分的散失,降低收率;同时,温度升高,一些无效成分也容易被浸出,从而影响后续分离及药品质量。

（2）浸取时间:在达到浸取平衡前,延长浸取时间会增加浸取量,但随着浸取时间的

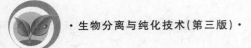
延长,杂质的浸出量也增加。

（3）浸取压力：提高浸取压力,可促进浸润过程的进行,缩短浸取时间。

 ### 4.3.4　固-液浸取的方法

固-液浸取的方法主要包括浸渍法、煎煮法和渗滤法。

1. 浸渍法

传统上浸渍法常用于制备药酒和酊剂。

该法通常是在室温下进行的操作,取适当粉碎的药材,置于有盖容器中,加入规定量的溶剂,密闭浸渍 3～5 日或规定的时间,经常搅拌或振摇,使有效成分浸出,倾取上层清液,过滤,压榨残渣,收集压榨液并与滤液合并,静置 24 h,过滤即得。

浸渍法是一种最常用的浸出方法,适用于黏性药物、无组织结构的药材、新鲜及易于膨胀的药材。为提高浸渍效果,可采用多次浸渍和提高浸渍温度等方法。浸渍法简便易行,但由于浸出效率差,故对贵重药材和有效成分含量低的药材,或制备浓度较高的制剂时,宜采用重浸渍法或渗滤法。

2. 煎煮法

煎煮是将经过处理的药材,加适量的水加热煮沸 2～3 次,使其有效成分充分煎出,收集各次煎出液、沉淀或过滤分离异物,低温浓缩至规定浓度,再制成规定的制剂。煎煮前,须加冷水浸泡适当时间,以利于有效成分的溶解和浸出,一般浸泡时间为 30～60 min。

3. 渗滤法

渗滤法是向药材粗粉中不断加入浸取溶剂,使其渗过药粉,从下端出口收集流出的浸取液的浸取方法。渗滤法浸出效果优于浸渍法,提取较完全,且省去了分离浸取液的时间和操作。

4.4　双水相萃取技术

 ## 4.4.1　双水相萃取的原理和特点

1. 双水相萃取的原理

在一定条件下,两种亲水性的聚合物水溶液相互混合,由于较强的斥力或空间位阻,相互间无法渗透,可形成双水相体系;亲水性聚合物水溶液和一些无机盐溶液相混合时,因盐析作用也会形成双水相体系。这种利用物质在互不相溶的两个水相之间分配系数的差异实现分离的方法称为双水相萃取。部分双水相体系见表 1-4-2。

表 1-4-2　部分双水相体系的组成

类　型	形成上相的聚合物	形成下相的聚合物
非离子型聚合物/ 非离子型聚合物	聚乙二醇	葡聚糖、聚乙烯醇、聚蔗糖、聚乙烯吡咯烷酮
	聚丙二醇	聚乙二醇、聚乙烯醇、葡聚糖、聚乙烯吡咯烷酮、 甲基聚丙二醇、羟丙基葡聚糖
	羟丙基葡聚糖	葡聚糖
	聚蔗糖	葡聚糖
	乙基羟基纤维素	葡聚糖
	甲基纤维素	羟丙基葡聚糖、葡聚糖
高分子电解质/ 非离子型聚合物	羧甲基纤维素钠	聚乙二醇
高分子电解质/ 高分子电解质	葡聚糖硫酸钠	羧甲基纤维素钠
	羧甲基葡聚糖钠盐	羧甲基纤维素钠
非离子型聚合物/ 低相对分子质量化合物	葡聚糖	丙醇
非离子型聚合物/ 无机盐	聚乙二醇	磷酸钾、硫酸铵、硫酸镁、硫酸钠、甲酸钠、酒石酸钾钠

1956 年，Albertson 第一次用双水相萃取提取生物活性物质。1979 年，Kula 等人发展了双水相萃取技术在生物分离中的应用。到目前为止，双水相萃取技术几乎在所有的生物活性物质，如氨基酸、多肽、核酸、细胞器、细胞膜、各类细胞、病毒等的分离与纯化中得到应用，特别是成功地应用在蛋白质的大规模分离中。

2. 双水相萃取的特点

双水相萃取是一种在温和条件下，利用相对简单的设备，进行简单的操作就可获得较高收率和高纯度产品的新型分离技术。其特点如下。

（1）条件温和。双水相含水量高（70%～90%），在接近生理环境的体系中进行萃取，不会引起生物活性物质失活或变性。

（2）分相时间短，自然分相时间一般为 5～15 min，分离迅速。

（3）界面张力小（10^{-7}～10^{-4} mN/m），有助于强化相际间的质量传递。

（4）不存在有机溶剂残留问题，聚合物一般是不挥发物质，对人体无害。

（5）可以直接从含有菌体的发酵液和培养液中提取所需的蛋白质（或者酶），还能不经过破碎直接提取细胞内酶，省略了破碎或过滤等步骤。

（6）大量杂质能与所有固体物质一同除去，使分离过程更经济。

（7）易于放大和连续操作。

双水相萃取由于具有上述优点，因此，被广泛用于生物化学、细胞生物学和生物化工等领域的产品分离和提取。

4.4.2 双水相萃取工艺流程

双水相萃取技术的工艺流程主要由三部分构成：目标产物的萃取；PEG 的循环；无机盐的循环。

1. 目标产物的萃取

原料匀浆液与 PEG 和无机盐在萃取器中混合，然后进入分离器分相。通过选择合适的双水相组成，一般使目标蛋白质分配到上相（PEG 相），而细胞碎片、核酸、多糖和杂蛋白等分配到下相（富盐相）。

第二步萃取是将目标蛋白质转入富盐相，方法是在上相中加入盐，形成新的双水相体系，从而将蛋白质与 PEG 分离，以利于使用超滤或透析将 PEG 回收利用和进一步加工处理目标产物。

若第一步萃取选择性不高，即上相中还含有较多杂蛋白及一些核酸、多糖和色素等，可通过加入适量的盐，再次形成 PEG-无机盐体系进行纯化。目标蛋白质仍留在 PEG 相中。

2. PEG 的循环

在大规模双水相萃取过程中，成相材料的回收和循环使用，不仅可以减少废水处理的费用，还可以节约化学试剂，降低成本。PEG 的回收有两种方法：①加入盐使目标蛋白质转入富盐相来回收 PEG；②将 PEG 相通过离子交换树脂，用洗脱剂先洗出 PEG，再洗出蛋白质。

3. 无机盐的循环

将含无机盐相冷却，结晶，然后用离心机分离收集。除此之外，还有电渗析法、膜分离法回收盐类或除去 PEG 相的盐。

下面以蛋白质的分离为例，说明双水相分离过程的流程（图 1-4-4）。

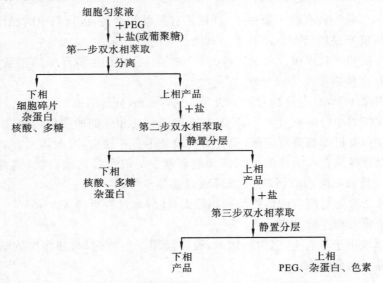

图 1-4-4 细胞内蛋白质的三步双水相萃取流程

工业生产上一般先用超滤等方法浓缩待处理液体,再用双水相萃取酶和蛋白质,这样能提高对生物活性物质的萃取效率,最后用色谱分离等技术进一步纯化产品。初期的双水相萃取过程以间歇操作为主,近年来,随着计算机过程控制的引入,提高了生产能力,实现全过程连续操作和自动控制,保证得到活性高、质量均一的产品,也为双水相萃取技术在工业生产上的应用开辟了广泛的前景。

 ## 4.4.3　影响双水相萃取的因素

生物活性物质在双水相中的分配系数的影响因素主要有双水相系统的聚合物组成(包括聚合物类型、平均相对分子质量、浓度)、盐类(包括离子的类型和浓度)、pH 值以及体系的温度等。

1. 成相聚合物浓度的影响

当接近临界点时,蛋白质均匀地分配于两相,分配系数接近 1。如成相聚合物的总浓度或聚合物-盐混合物的总浓度增加时,系统远离临界点,此时两相性质的差别也增大,蛋白质趋向于向一侧分配,即分配系数或增大超过 1,或减小低于 1。

2. 成相聚合物的相对分子质量的影响

当聚合物的相对分子质量降低时,蛋白质易分配于富含该聚合物的相。例如,在 PEG-葡聚糖系统中,PEG 的相对分子质量减小,会使分配系数增大,而葡聚糖的相对分子质量减小,会使分配系数降低。这是一条普遍的规律,不论何种成相聚合物系统都适用。

3. 盐的影响

由于各相应保持电中性,因而在两相间形成电位差。因此对于带电荷的蛋白质等物质的萃取来说,盐的存在会使系统的电荷状态改变,从而对分配产生显著影响。例如,加入中性盐可以加大电荷效应,增大分配系数。

盐的种类对双水相萃取也有一定的影响,因此变换盐的种类和添加其他种类的盐有助于提高选择性。

在不同的双水相体系中盐的作用也不相同。在 PEG-磷酸盐-水中加入氯化钠可以使万古霉素的分配系数由 4 提高到 120,而在 PEG-葡聚糖-水体系中只从 1.55 提高到 5。

4. pH 值的影响

pH 值会影响蛋白质中可解离基团的解离度,因而改变蛋白质所带的电荷和分配系数。

pH 值也影响磷酸盐的解离程度,若改变 $H_2PO_4^-$ 和 HPO_4^{2-} 之间的比例,也会使相间电位发生变化而影响分配系数。pH 值的微小变化有时会使蛋白质的分配系数改变 $2\sim3$ 个数量级。

5. 温度的影响

温度主要会影响成相聚合物的组成,但对分配系数基本没有影响,主要是由于成相聚合物对物质有稳定化作用,因此在室温条件下操作,蛋白质等的活性收率依然很高,而且室温时的黏度较冷却时(4 ℃)低,有助于相的分离,同时节约了能源。

4.4.4　双水相萃取的应用

1. 蛋白质(酶)的分离和提纯

用 PEG-$(NH_4)_2SO_4$ 双水相体系,经一次萃取从 α-淀粉酶发酵液中分离提取 α-淀粉酶和蛋白酶,最适宜萃取条件为 PEG1000(15%)-$(NH_4)_2SO_4$(20%),pH 8,α-淀粉酶收率为 90%,分配系数为 19.6,蛋白酶的分离系数高达 15.1。比活力为原发酵液的 1.5 倍,蛋白酶在水相中的收率高于 60%。通过向萃取相(上相)中加入适当浓度的$(NH_4)_2SO_4$ 可实现反萃取。试验结果表明,随着$(NH_4)_2SO_4$浓度的增加,双水相体系中下相中固体物质析出量也增加。固体沉淀物干燥后既可用于生产工业级酶制剂,也可将固体物加水溶解后用有机溶剂沉淀法制造食品级酶制剂。

2. 抗生素的分离和提取

从发酵液中提取抗生素,传统工艺路线复杂,能耗高,易变性失活。而采用双水相萃取技术可取得比较理想的效果,这开辟了双水相萃取技术应用的新领域。如工业化生产应用双水相萃取与传统溶剂萃取相结合进行青霉素的分离提取,先以 PEG2000-$(NH_4)_2SO_4$ 系统将青霉素从发酵液中提取到 PEG 相,后用乙酸丁酯(BA)进行反萃取,再结晶,处理 1000 mL 青霉素发酵液可得青霉素晶体 7.228 g,纯度 84.15%,三步操作总收率为 76.56%。与传统工艺相比,免去了发酵液过滤和预处理环节,减轻了劳动强度,将三次调节 pH 值改为一次,减少了青霉素的失活。将三次萃取改为一次,大大减少了溶剂的用量,缩短了工艺流程,显示了双水相萃取技术在抗生素提取中的应用价值。

3. 天然产物的分离与提取

中草药是我国医药宝库中的瑰宝,已有数千年的历史,但由于天然植物中所含的化合物众多,特别是中草药有效成分的确定和提取技术发展缓慢,我国传统中药难以进入国际市场。双水相萃取技术可用于许多天然产物的分离与纯化,效果明显。

尽管双水相萃取技术用于大规模生产具有许多明显的优点,但双水相萃取技术在工业上的应用还是受到一定的限制。部分原因是两相间的溶质分配对于具有高度选择性、需要从上千种蛋白质中分离一种蛋白质这种情况提供了很小的范围。另外,如何从聚合物相中回收目标产物、循环利用聚合物与盐以降低成本的问题还有待进一步研究。目前,双水相萃取技术应用的主要问题是原料成本高和纯化倍数低。因此,开发新型廉价的双水相体系及后续纯化工艺,降低原料成本,提高分离效率将是双水相萃取技术的主要发展方向。

4.5　超临界流体萃取技术

超临界流体萃取技术是 20 世纪 70 年代发展起来的一种新的分离技术,主要是利用二氧化碳等流体在超临界状态下的特殊理化性质,对混合物中的某些组分进行提取和分离。与传统萃取技术相比,超临界流体萃取具有萃取产物不含或极少含有有机溶剂,萃取可以在室温条件下进行,操作方便,生物活性成分容易保留等优点,因此,在石油、医药、食品、化妆品、香精香料、生物、环保等领域均得到应用。

4.5.1 超临界流体萃取的原理

1. 超临界流体

1) 临界点

任何一种物质都存在气相、液相和固相三种相态,三相成平衡态共存的点称为三相点,而在特定的温度与压力下,液体与气体界面消失的状态点称为临界点。在临界点时的温度和压力分别称为临界温度和临界压力。临界点的物质处于气、液不分的混合状态,既有气体的性质,又有液体的性质。此状态点的温度 T_c、压力 p_c、密度 ρ 称为临界参数。在纯物质中,当操作温度超过它的临界温度 T_c,无论施加多大的压力,也不可能使其液化,所以临界温度 T_c 是气体可以液化的最高温度,在临界温度下气体液化所需的最小压力 p_c 就是临界压力。

2) 超临界流体

当物质的温度超过临界温度,压力超过临界压力之后,物质的聚集状态介于气态和液态之间,气、液两相性质非常接近,以致无法区分,成为非凝缩性的高密度流体,此即称为超临界流体。超临界流体没有明显的气-液界面,既不是气体,也不是液体,兼有气体和液体的双重特性:黏度低、扩散能力和渗透能力较大,这些性质接近气体;密度较大,溶解溶质(包括固体和液体)的能力较大,又接近液体。两者性质的结合使其表现出良好的溶解特性和传质特性。

2. 超临界流体萃取原理

超临界流体对压力和温度的变化非常敏感,在温度不变的条件下,压力增加时其密度增加,溶质的溶解度随之增加;在压力不变的情况下,温度升高,密度降低,溶质的溶解度随之下降。超临界流体萃取正是利用这种性质,在较高的压力下,将溶质溶解于流体中,然后降低流体压力或升高流体温度,使溶解的溶质因流体密度下降、溶解度降低而析出,从而实现对特定溶质的萃取。

3. 超临界流体萃取剂

超临界流体萃取的应用关键在于萃取剂的选择。可作为超临界流体的物质很多,如二氧化碳、乙烷、丙烷、乙烯、丙烯、甲醇、乙醇、氨和水等,超临界流体用作萃取剂应具备以下基本条件。

(1) 化学性质稳定,不与溶质发生化学反应,不腐蚀设备。

(2) 临界温度适宜,最好接近室温或操作温度。

(3) 操作温度应低于被萃取溶质的分解变质温度。

(4) 临界压力尽量低,降低对设备的要求和节省压缩动力的费用。

(5) 对目标物质溶解度高,以减少溶剂的循环用量。

(6) 选择性好,容易获得纯产品。

（7）价格便宜，容易获得。

（8）在医药、食品等行业中使用时必须对人体没有任何毒性。

目前，应用和研究较多的是二氧化碳（CO_2），其临界温度为31.1 ℃，临界压力为7.2 MPa，临界条件容易达到，便于在室温和适当的压力（8～20 MPa）下操作。在超临界状态下，CO_2具有高扩散能力、低黏度、良好的溶解性能，其密度和溶解性能对温度和压力变化十分敏感，因此，可以通过控制温度和压力来改变物质的溶解度。另外，超临界流体还具有无色、无味、无毒、化学性质稳定、安全性好、容易获得等优点，特别适合于生物活性物质的提取和在食品、医药行业中使用。

在许多情况下，超临界流体对复合物，特别是化学结构相似或相对分子质量接近的化合物的提取效果不够理想。为改善这种情况，对其性质进行了大量的研究，多采用在其中添加一种或多种合成溶剂，以提高超临界流体的溶解性和选择性的方法。

 ## 4.5.2　超临界流体萃取的工艺流程

超临界流体萃取过程基本上由萃取阶段和分离阶段组成。在萃取阶段，超临界流体将所需萃取的组分从原料中提取出来。在分离阶段，通过改变温度或压力等条件，或应用其他方法将目标组分与超临界流体分离，并使超临界流体循环使用。

下面以技术较为成熟、应用最广泛的超临界CO_2流体萃取为例，介绍超临界流体从固体物料中萃取生物活性物质的工艺流程，如图1-4-5所示。

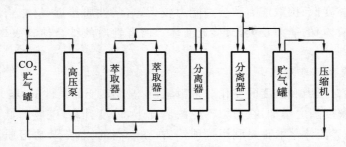

图1-4-5　超临界流体萃取生物活性物质的工艺流程示意图

1. 物料的混合

（1）原材料准备。

先将待加工的生物性原材料进行粉碎等预处理，再将粉碎后的原材料加入萃取器。

（2）超临界CO_2流体制备。

贮气罐中的液态CO_2按设计程序经高压泵调控压力，同时经过温度调整后获得超临界CO_2流体，经注入泵将该超临界流体注入萃取器。

（3）超临界流体萃取。

在高压和设定温度下，将原材料与超临界流体在萃取器中充分混合，原材料里的可溶性组分包括生物活性物质溶入流体溶剂中。

2. 物料的分离

当流体与生物原料的充分混合物进入分离器后,可通过改变诸如压力、温度等条件,使混合物在不同条件的分离器(分离器一、分离器二)中进行分级分离。在初级分离中去除来自原材料的不溶性残渣和粗颗粒,溶入流体溶剂中的生物活性物质随流体进入下一级分离器,利用超临界流体的溶解能力与其密度的关系,即利用压力和温度对超临界流体溶解能力的影响,通过调整压力和温度以使其有选择性地把极性大小、沸点高低和相对分子质量大小不同的成分依次分离出来,使目标生物活性物质成分与其他成分进一步分离,收取目标生物活性物质成分。常用的分离方法有以下三种。

(1)依靠压力变化的萃取分离法(等温法或绝热法)。

在一定的温度下,使超临界流体和溶质减压,经膨胀后分离,溶质由分离器下部取出,气体经压缩机返回萃取器循环使用。这是应用最多的方法。

(2)依靠温度变化的萃取分离法(等压法)。

经加热、升温使气体和溶质分离,从分离器下部取出萃取物,气体经冷却、压缩后返回萃取器循环使用。此法虽可节省能耗,但温度变化对溶解度影响远小于压力变化的影响,且实际分离性能受到很多限制,因此应用不多。

(3)用吸附剂进行的萃取分离法(吸附法)。

在分离器中,经萃取出的溶质被吸附剂吸附,气体经压缩后返回萃取器循环使用。此法适用于可用选择性吸附分离目标组分的体系。

压力和温度都可以成为调节分离过程的参数,通过改变温度或压力达到分离目的。压力固定,改变温度可将物质分离,即等压过程;反之,温度固定,降低压力可使萃取物分离,即等温过程。

3. CO_2 流体的回收

当饱含溶解物的超临界 CO_2 流体流经分离器时,压力下降使得 CO_2 与萃取物迅速成为两相(气、液分离)而立即分开,萃取后的超临界流体回输至 CO_2 贮气罐,汽化部分经尾气收集器收集,然后经压缩机加压液化回输至 CO_2 贮气罐,即完成一次超临界流体萃取工艺流程。

4.5.3 超临界流体萃取技术的应用

目前,超临界流体萃取技术所加工的初级原材料大多为动植物的器官或组织,如植物的种子、叶、根或动物的脏器组织,以及微生物发酵、细胞培养收获物(包括菌体、细胞)等。

1. 细胞破碎

细胞破碎是生物工程制药下游处理工艺中回收细胞内生物活性物质成分,包括重组 DNA 细胞表达的蛋白质类药物的重要步骤。超临界 CO_2 流体在临界点附近压力的微小变化所产生的能量很大,可以破碎细胞壁较厚的细胞。

2. 目标产物的分离与纯化

超临界 CO_2 流体可以很容易地对脂肪酸(游离酸或乙基酯),特别是对不饱和脂肪酸

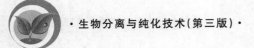

进行分馏,在肉汤培养基发酵代谢产物的萃取中替代传统的有机溶剂有不可比拟的优势。

3. 去除杂质

采用超临界流体萃取技术提取天然药物成分可以降低溶剂、农药残留量。如银杏提取物中银杏酸类为毒性成分,以乙醇和用大孔吸附树脂提取的银杏叶精品中有害成分含量为 2.0%,而用超临界 CO_2 流体萃取精制后,有害成分含量降低到 0.02%。

4. 催化作用

超临界流体可以用于增强酶的催化反应,与液体溶剂相比,超临界流体的热交换和热导率更高,产品与溶剂及反应物的分离更加容易。酶能在非水的环境下保持活性和稳定性,在酶促反应中采用非水超临界流体(如 CO_2)作为溶剂对酶促反应具有促进作用。近年来的研究发现超临界条件下的酶促反应可用于手性化合物的合成与拆分。

5. 结晶与超微颗粒制备

超临界流体还被用于生物活性物质结晶和超细颗粒的制备当中,在药剂学中颇具应用前景,超细颗粒特别是纳米级颗粒在色谱载体、缓释药物等产品的制备中得到广泛应用。超临界流体结晶技术依据的是一些结晶物质在超临界流体中的溶解度对温度和压力的变化特别敏感这一特性,将制备的或从中提取的及从色谱上游得到的超临界 CO_2 流体产品,通过一个特殊的喷嘴迅速膨胀而沉淀出微细颗粒。

6. 固体浸出

超临界流体在疏松原材料介质中的扩散系数很高,而且具有聚合物的膨胀性能,加上其所特有的高溶解性,可以对聚合物和疏松介质进行浸渍,使含有需要浸渍物质的超临界流体流过基质,然后通过突然降压对浸渍物质进行沉淀,溶剂则呈气态被立即排出。这种浸渍在控制药物释放方面非常有吸引力,在提取抗生素、血管扩张剂、抗炎剂、止痛药和镇静剂等方面也有应用前景。

7. 中药成分分离

超临界流体萃取技术可用于中药中有效成分或中间原料提取方面。如用超临界流体萃取技术从银杏叶中提取银杏黄酮,从鱼的内脏、骨头等中提取多烯不饱和脂肪酸(DHA、EPA),从沙棘子中提取沙棘油,从蛋黄中提取卵磷脂等。超临界流体萃取技术有着无环境污染、提取效率高和保持全成分等诸多优点,使得超临界流体萃取技术有着广阔的发展前景。

8. 杀菌作用

高压杀菌工艺可以在室温下操作,然而实现高效杀菌所要求的静水压力非常高(400～800 MPa),而且暴露时间较长,导致成本较高,缺乏竞争力。超临界流体在高压杀菌工艺中则表现得比较灵活,高压下的超临界 CO_2 流体能有效杀灭各种细菌,且 CO_2 流体与物料接触所需的压力要低得多,该技术有可能成为一种崭新的灭菌技术而取代有争议的辐射灭菌技术。

4.6 反胶团萃取技术

4.6.1 反胶团及其形成

将表面活性剂溶于水中,当其浓度超过临界胶团浓度(CMC)时,表面活性剂就会在水溶液中聚集在一起而形成聚集体,在通常情况下,这种聚集体是水溶液中的胶团,称为正常胶团(胶束),如图1-4-6(a)所示。在胶团中,表面活性剂的排列方向是极性基团在外与水接触,非极性基团在内形成一个非极性的核心,在此核心可以溶解非极性物质。若将表面活性剂溶于非极性的有机溶剂中,并使其浓度超过临界胶团浓度(CMC),便会在有机溶剂内形成聚集体,此时表面活性剂的憎水非极性尾向外,与在水相中形成的胶团相反,这种聚集体称为反胶团,其结构如图1-4-6(b)所示。

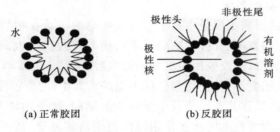

(a)正常胶团   (b)反胶团

图 1-4-6 胶团结构示意图

4.6.2 反胶团萃取原理

在反胶团中,表面活性剂的非极性基团在外与非极性的有机溶剂接触,而极性基团则排列在内形成一个极性核。此极性核具有溶解极性物质的能力,极性核在水中溶解后,就形成了"水池"。当含有此种反胶团的有机溶剂与蛋白质的水溶液接触后,蛋白质及其他亲水物质能够通过螯合作用进入此"水池"。由于周围水层和极性基团的保护,保持了蛋白质的天然构型,不会造成失活。

蛋白质进入反胶团溶液是一个协同过程。在有机溶剂相和水相两宏观相界面间的表面活性剂层中,邻近的蛋白质分子发生静电吸引而变形,接着两界面形成含有蛋白质的反胶团,然后扩散到有机相中,从而实现蛋白质的萃取。改变水相条件(如pH值、离子种类或离子强度),又可使蛋白质从有机相中返回到水相中,实现反萃取过程。

反胶团萃取具有成本低、选择性高、操作方便、放大容易、萃取剂(反胶团相)可循环利用和蛋白质不易变性等优点。

4.6.3 影响反胶团萃取的因素

反胶团萃取与蛋白质的表面电荷和反胶团内表面电荷间的静电作用,以及反胶团的大小有关,所以任何可以增强这种静电作用或导致形成较大的反胶团的因素都有助于蛋白质的萃取。

1. 水相 pH 值对萃取的影响

水相的 pH 值决定了蛋白质表面电荷的状态,从而对萃取过程造成影响。只有当反胶团内表面电荷,也就是表面活性剂极性基团所带的电荷与蛋白质表面电荷相反时,两者产生静电引力,蛋白质才有可能进入反胶团。故对于阳离子表面活性剂,溶液的 pH 值需高于蛋白质的 pI,反胶团萃取才能进行;对于阴离子表面活性剂,当 pH>pI 时,萃取率几乎为零,当 pH<pI 时,萃取率急剧提高,这表明蛋白质所带的净电荷与表面活性剂极性头所带电荷符号相反,两者的静电作用对萃取蛋白质有利。但是,如果 pH 值很低,在界面上会产生白色絮凝物,此时萃取率也降低,这种情况可认为是蛋白质变性之故。

2. 离子强度对萃取的影响

离子强度对萃取的影响主要是由离子对表面电荷的屏蔽作用所决定的:①离子强度增大后,反胶团内表面的双电层变薄,减弱了蛋白质与反胶团内表面之间的静电吸引,从而减小了蛋白质的溶解度;②反胶团内表面的双电层变薄后,也减小了表面活性剂极性基团之间的斥力,使反胶团变小,从而使蛋白质不能进入其中;③离子强度增加时,增强了离子向反胶团内"水池"的迁移并有取代其中蛋白质的倾向,使蛋白质从反胶团内被盐析出来;④盐与蛋白质或表面活性剂的相互作用可以改变溶解性能,盐的浓度越高,其影响就越大。

3. 表面活性剂类型的影响

阴离子表面活性剂、阳离子表面活性剂和非离子表面活性剂都可用于形成反胶团。关键是应从反胶团萃取蛋白质的机理出发,选用有利于增强蛋白质表面电荷与反胶团内表面电荷间的静电作用和增加反胶团大小的表面活性剂。除此以外,还应考虑形成反胶团及使反胶团变大(由于蛋白质的进入)所需能量的大小、反胶团内表面的电荷密度等因素,这些都会对萃取产生影响。

4. 表面活性剂浓度的影响

增大表面活性剂的浓度可增加反胶团的数量,从而增大对蛋白质的溶解能力。但表面活性剂浓度过高时,有可能在溶液中形成比较复杂的聚集体,反而增加反萃取过程的难度。蛋白质萃取率最大时的表面活性剂浓度为最佳浓度。

5. 离子种类对萃取的影响

阳离子的种类对萃取率的影响主要体现在改变反胶团内表面的电荷密度上。通常,反胶团中表面活性剂的极性基团不是完全解离的,有很大一部分阳离子仍在胶团的内表面上(相反离子缔合),极性基团的解离程度越大,反胶团内表面的电荷密度越大,产生的反胶团也越大。

6. 影响反胶团结构的其他因素

（1）有机溶剂的影响：有机溶剂的种类影响反胶团的大小，从而影响水增溶的能力，所以可以利用因溶剂作用引起的不同胶团结构达到选择性增溶生物分子的目的。

（2）助表面活性剂的影响：当使用阳离子表面活性剂时，引入助表面活性剂，能够增进有机相的溶解容量，这多半是由于胶团尺寸增加而产生的。

（3）温度的影响：温度的变化对反胶团系统的物理化学性质有强烈的影响，升高温度能够增大蛋白质在有机相中的溶解度。

4.6.4 反胶团萃取流程

反胶团萃取技术属于液-液萃取过程，从理论上讲，反胶团萃取分离蛋白质可以采用传统液-液萃取过程的大规模连续分离流程。考虑到该技术本身的特点，如有机相中应存在相当数量的双亲物质，蛋白质应尽可能保持原有活性等，对其工艺流程有新的要求，以免引起乳化现象或发生蛋白质变性。

4.6.5 反胶团萃取蛋白质的应用

1. 同时提取蛋白质和油脂

AOT（丁二酸二异辛酯磺酸钠）/异辛烷反胶团可同时萃取花生蛋白和花生油，萃取后，油进入有机相而蛋白质溶入反胶团中。此方法克服了传统方法工艺复杂、得率低、蛋白质容易变性的缺点，同时用蒸馏方法将油和烃分开，提炼出了油脂。

2. 分离蛋白质混合物

在 Aliquat336/异辛烷反胶团分离枯草杆菌中两种酶（淀粉酶和中性蛋白酶）时，通过加入助表面活性剂丁醇，有效地分离了这两种不同等电点的酶。

3. 从发酵液中分离和提纯酶

用 AOT/异辛烷体系从马铃薯发酵液中提取酸性磷酸酶，在 pH 8～10，萃取水相与有机相体积比为 3∶1，反萃取水相与有机相体积比为 1∶1 时得到最大活性的酸性磷酸酶。

4.7 典型案例

案例1 青霉素的萃取纯化过程

1. 青霉素的结构与理化性质

青霉素（penicillin）又称盘尼西林，它是抗生素的一种，是指从青霉菌培养液中提制的分子中含有青霉烷、能破坏细菌的细胞壁并在细菌细胞的繁殖期起杀菌作用的一类抗生素。青霉素类抗生素是 β-内酰胺类中一大类抗生素的总称。

青霉素

青霉素 G 是一种游离酸,能与碱金属、碱土金属、有机胺等结合成盐。青霉素本身易溶于有机溶剂,如醇、酮、醚和酯,在水中溶解度很小,但成盐后,在水、甲醇等极性溶剂中的溶解度大,而在脂性的有机溶剂中则不溶或难溶,如在脂性溶剂中含有少量的水分,则青霉素 G 的钠盐、钾盐在溶剂中的溶解度就会大大地增加。青霉素在酶(青霉素酶)、碱性、酸性条件下,都会发生水解,失去其抗菌活性。只有用青霉素酰胺酶裂解,方可保住其抗菌活性,得到 6-氨基青霉烷酸,它是各种半合成青霉素的中间体。

2. 青霉素的提取工艺与青霉素在有机相和水相中的分配平衡

青霉素的一般提取工艺如下:青霉素发酵液经絮凝、过滤除去不溶性杂质后,滤液中加入乙酸丁酯进行萃取,把青霉素萃取到酯相,萃取液纯度达到 60%～70%,酯相低温脱色后加入 K₂CO₃ 水溶液进行反萃取,青霉素又返回到水相,同时酯溶性杂质留在乙酸丁酯相中。反萃取液加入丁醇共沸结晶,结晶后纯度可达 90% 以上。晶体经洗涤、干燥去除溶剂成为青霉素钾盐产品。在整个提取过程中,萃取是一个非常关键的纯化步骤。

溶剂萃取法根据青霉素与杂质在乙酸丁酯中溶解度的差异进行分离。pH 值降低,青霉素呈游离酸状态,在乙酸丁酯中的溶解度远大于在水中的溶解度,分配系数急剧上升,青霉素从水相转入酯相,水溶性杂质留在水相,把互不相溶的酯相与水相分开后就实现了水溶性杂质与青霉素的分离。相反,在反萃取过程中,使用 K₂CO₃ 水溶液,呈现碱性,pH 值升高,分配系数急剧下降,青霉素从酯相转入水相,实现反萃取。

3. 生产中常遇到的问题的分析与对策

萃取操作过程中常常遇到乳化现象。原因是发酵滤液中有大量蛋白质等表面活性物质存在,酸化时发生乳化现象,给萃取过程造成困难。解决乳化现象的方法主要有两种:①萃取时添加高效破乳剂,如溴代十五烷基吡啶(PPB)、十二烷基三甲基溴化铵等;②在预处理阶段用 PAMC、CP-911 等絮凝杂蛋白。使用这两种方法并不能完全消除萃取过程的乳化现象,仍需使用高速离心分离机实现水相与酯相的分离。

利于超滤膜分离技术可以有效截留发酵滤液中的蛋白质等大分子杂质,使青霉素萃取过程的原料液质量得到改善,杂质含量降低,消除了产生乳化现象的原因。在不添加破乳剂的情况下使水相与酯相快速分离,大大缩短了萃取过程的时间,使萃取过程有望在普通萃取设备(混合澄清池、萃取塔等)中进行,降低萃取过程的消耗。单级萃取时,超滤液中的青霉素更多地进入酯相,水相中残留量减少,萃取理论级数减少。超滤后萃取过程的原料液中杂质含量降低,使得萃取后乙酸丁酯的杂质含量减少,容易回收。超滤过程的加入最终将使青霉素产品质量得到提高,产品成本降低,增加企业的综合效益。

案例 2　红霉素的萃取纯化工艺

红霉素为一种大环内酯类抗生素,由红色链霉菌所产生,是一种碱性抗生素。

1. 红霉素的结构与理化性质

红霉素为白色或类白色的结晶或粉末；无臭、味苦；微有引湿性。在甲醇、乙醇或丙酮及酯类（如乙酸乙酯、乙酸丁酯）中易溶，在水中极微溶解，在水中的溶解度随温度的升高而降低，55 ℃时溶解度最小。在室温和 pH 6~8 的条件下，红霉素水溶液最稳定。

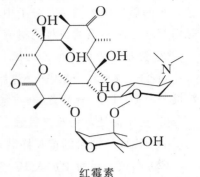

红霉素

红霉素的分子结构中含有二甲氨基，因此，红霉素呈碱性，$pK_b^\ominus=8.6$，易溶于酸性水溶液且成盐。红霉素在酸性环境中糖苷键易发生水解，在碱性环境中内酯环易破裂。

红霉素的作用机制主要是与核糖核蛋白体的 50S 亚单位相结合，抑制肽酰基转移酶，影响核糖核蛋白体的移位过程，妨碍肽链增长，抑制细菌蛋白质的合成。

2. 红霉素的萃取纯化工艺流程与参数

红霉素的萃取纯化工艺如下。

红霉素滤洗液→用乙酸丁酯作二级逆流接触萃取（pH 10.0~10.6）→一次乙酸丁酯萃取液→用乙酸缓冲液作二级逆流反萃取（pH 4.6~5.2）→红霉素乙酸缓冲液→用乙酸丁酯作三级逆流接触萃取（pH 9.8~10.2，38~40 ℃）→二次乙酸丁酯萃取液→结晶。

根据红霉素的理化性质，红霉素萃取可以采用溶剂萃取法、离子交换法和大孔树脂吸附法，但目前多采用溶剂萃取法。红霉素是碱性电解质，$pK_b^\ominus=8.6$，pH 值大于 8.6 时呈游离碱的状态，pH 值小于 8.6 时以红霉素盐的状态存在。因此，在酯类有机溶剂与水相之间的分配系数随 pH 值的升高而升高。在乙酸戊酯和 pH 9.8 的水相之间分配系数为 44.7，而在水相中 pH 值降至 5.5 时，分配系数降到 14.4。

红霉素萃取的 pH 值一般控制在 10.0 左右，pH 值升高，内酯环水解速度加快，且乳化现象加剧，对萃取不利。温度升高，红霉素在水中的溶解度下降，因此升高温度有利于萃取，但温度过高，会使红霉素水解速度大大增加，有机溶剂的蒸发量也会显著增加。红霉素萃取的温度一般可控制在 30~32 ℃。进行第二次萃取时，温度可提高到 38~40 ℃。

反萃取操作的 pH 值一般控制在 5.0 左右。反萃取 pH 值过低，虽然对萃取有利，但糖苷键易水解。反萃取结束后尽快用 10%氢氧化钠溶液调节 pH 值为 7.0~8.0，以保证红霉素的稳定。同样，可通过调节 pH 值实现。如红霉素在 pH 9.4 的水相中用乙酸戊酯萃取，而反萃取则用 pH 5.0 的水溶液。

案例3 黄芩中黄芩苷的浸取

1. 黄芩苷的作用和性质

中药黄芩为唇形科植物黄芩的根，为清热解毒的常用的中药。从其中分离出来的黄酮类化合物有黄芩苷（含量 4.0%~5.2%）、黄芩素、汉黄芩苷、汉黄芩素等约 20 种成分。其中黄芩苷是主要有效成分，具有抗菌、消炎作用，是成药"双黄连注射液"的主要成分。此外，还有降转氨酶的作用。黄芩素的磷酸酯钠盐可用于治疗过敏、喘息等疾病。

黄芩苷为淡黄色针状晶体,几乎不溶于水,难溶于甲醇、乙醇、丙酮,可溶于热乙酸;遇三氯化铁显绿色,遇乙酸铅生成橙红色沉淀;溶于碱及氨水中初显黄色,不久则变为黑棕色。水解后生成的黄芩苷分子中具有邻三酚羟基,易被氧化转为醌类衍生物而显绿色,这是保存或炮制不当的黄芩药材变为绿色的原因。

2. 黄芩苷的生产工艺流程

黄芩──→粉碎──→煎煮──→过滤──→调 pH 值──→静置──→收集沉淀──→调 pH 值──→乙醇沉淀──→调 pH 值──→静置──→收集沉淀──→洗涤──→干燥

3. 黄芩苷浸取的生产过程

(1)称取一定量的黄芩样品,用粉碎机粉碎,得到黄芩粗粉。

(2)向黄芩粗粉中加入 10 倍体积的蒸馏水,85 ℃煎煮两次,每次 1 h,趁热过滤,合并滤液。

(3)待温度降到 40 ℃后,向滤液中加 3 mol/L 盐酸调 pH 值为 2;80 ℃保温 30 min,静置,8000 r/min 离心 20 min。

(4)收集沉淀,加适量水搅匀,加 40% NaOH 溶液调 pH 值至 7。加入等量乙醇,静置 10 min。

(5)过滤并收集滤液,加 3 mol/L 盐酸调 pH 值为 2,充分搅拌,加热至 80℃,静置保温 30 min。

(6)待温度降到室温,8000 r/min 离心 20 min,收集沉淀。用蒸馏水洗涤两次。

(7)再用 50%乙醇洗涤两次,干燥,得到黄芩苷粗品。

 小结

萃取技术是利用溶质在互不相溶的两相之间分配系数的不同而使溶质得到纯化或浓缩的技术。

用溶剂从溶液中抽提物质称为液-液萃取,常用于有机酸、氨基酸、维生素等生物小分子的分离和纯化。

固-液浸取是用溶剂将固体原料中可溶性组分提取出来的操作,多用于提取存在于细胞内的有效成分。

双水相萃取是利用物质在互不相溶的两个水相之间分配系数的差异来实现分离的。在一定的条件下,两种亲水性的聚合物水溶液相互混合,由于较强的斥力或空间位阻,相互间无法渗透,可形成双水相体系。

超临界流体萃取主要是利用二氧化碳等流体在超临界状态下的特殊理化性质,对混合物中的某些组分进行提取和分离的。

反胶团萃取是当含有反胶团的有机溶剂与蛋白质的水溶液接触后,蛋白质及其他亲水物质能够通过螯合作用进入反胶团的"水池",两界面形成含有蛋白质的反胶团,然后扩散到有机相中,从而实现蛋白质的萃取。

同 步 训 练

1．名词解释

分配系数　固-液浸取　临界点　超临界流体　胶团

2．填空题

（1）萃取技术根据参与溶质分配的两相不同而分成_____和_____两大类。

（2）超临界流体的特点是与气体有相似的_____，与液体有相似的_____。

（3）根据物化理论，萃取达到平衡时，溶质在萃取相和萃余相中的_____相等。

（4）双水相萃取技术的工艺流程主要由三部分构成：_____；_____；_____。

（5）一般认为只要两聚合物水溶液的_____有所差异，混合时就可发生相分离，且憎水程度相差越大，相分离的倾向也就_____。

（6）反胶团萃取具有成本低、_____、操作方便、放大容易、_____和蛋白质不易变性等优点。

（7）超临界流体萃取技术的工艺流程包括_____、_____、_____等步骤。

3．简述题

（1）萃取分离技术是如何进行分类的？

（2）和其他生物分离技术相比，萃取分离技术有什么特点？

（3）溶剂萃取过程的机理是什么？

（4）萃取时选择萃取剂的原则是什么？

（5）简要说明双水相萃取的原理。

（6）双水相萃取技术的特点是什么？

（7）物质处在超临界状态时有什么特殊的性质？

（8）什么是超临界 CO_2 流体萃取技术？

4．技能题

（1）举例说明双水相萃取在生物制药工业中的应用。

（2）简要说明固体浸提技术的操作过程。

第五单元
固相析出分离技术

 知识目标

(1) 了解固相析出分离技术的应用。
(2) 熟悉盐析法的概念、原理、特点及影响因素。
(3) 掌握盐析法的具体操作方法及其注意事项。
(4) 熟悉有机溶剂沉淀法的概念、原理、特点及影响因素。
(5) 掌握有机溶剂沉淀法的具体操作方法及其注意事项。
(6) 掌握沉淀分离方法的类型、原理、特点及影响因素。
(7) 熟悉结晶的基本原理、结晶的工艺过程。
(8) 掌握结晶的一般方法、影响晶体析出的主要因素及提高晶体质量的方法。

 技能目标

(1) 能够根据实际情况选择合适的沉淀或结晶方法,并能对分离方法进行评价。
(2) 能熟练进行盐析操作,并能对盐析分离方法进行评价。
(3) 能熟练进行有机溶剂沉淀操作,并能对有机溶剂沉淀分离方法进行评价。
(4) 能够进行结晶操作,并能找出提高晶体质量的途径、方法。
(5) 能根据分离操作实际情况进行相关的数据运算。

 素质目标

(1) 养成规范操作、爱护仪器的习惯。
(2) 培养责任意识、质量意识。

在工业生产中,生物物质的最终产品许多是以固体形式出现的。通过加入某种试剂或改变溶液条件,使溶质以固体形式从溶液中分离出来的操作技术称为固相析出分离技术。沉淀法和结晶法都是将溶质以固体形式从溶液中析出的方法。两者的区别在于构成单元的排列方式不同,前者无规则,后者有规则。当条件变化剧烈时,溶质快速析出,溶质分子来不及排列就析出,结果形成无定形沉淀;相反,在条件变化缓慢时,溶质分子有足够的时间进行排列,有利于结晶形成。沉淀法具有浓缩与分离的双重效果,但所得的沉淀物可能聚集有多种物质,或含有大量的盐类,或包裹着溶剂;由于只有同类原子、分子或离子才能排列成晶体,所以结晶法析出的晶体纯度比较高,但结晶法只有目的物达到一定纯度后才能达到良好的效果。固相析出分离技术主要有盐析法、有机溶剂沉淀法、等电点沉淀法、水溶性非离子型聚合物沉淀法、成盐沉淀法和结晶法等。

固相析出分离技术由于具有成本低、收率高、浓缩倍数大、操作简便与安全、所需设备简单、应用范围广泛和不易引起蛋白质等生物分子变性的特点,在目前生物产品下游加工过程中应用广泛。

5.1 盐析法

向蛋白质溶液中加入高浓度的中性盐,以破坏蛋白质的胶体性质,使蛋白质的溶解度降低,而从溶液中析出的现象称为盐析。由于不同的蛋白质沉淀时所需的离子强度不相同,改变盐的浓度可将混合液中的蛋白质分批盐析分开,这种分离蛋白质的方法称为分段盐析法。如半饱和硫酸铵可沉淀血浆球蛋白,饱和硫酸铵则可沉淀包括血浆清蛋白在内的全部蛋白质。盐析法具有经济、安全、操作简便的特点,常用于蛋白质、酶、多肽、多糖和核酸等物质的分离和纯化。

5.1.1 盐析法的基本原理

1. 强电解质破坏蛋白质表面水膜

在蛋白质等生物大分子表面分布着各种亲水基团,如—COOH、—NH₂、—OH 等,这些基团与极性水分子相互作用形成水膜,包围蛋白质分子,形成 1～100 nm 大小的亲水胶体,削弱了蛋白质分子间的作用力。蛋白质分子表面的亲水基团越多,水膜越厚,蛋白质分子的溶解度也越大。当蛋白质溶液中加入强电解质时,强电解质对水分子的亲和力大于蛋白质,它会抢夺本来与蛋白质分子结合的自由水,于是蛋白质分子周围的水化膜层变薄乃至消失,暴露出蛋白质的疏水区域,蛋白质的溶解度也会随之减小。

2. 强电解质离子中和蛋白质表面电荷

蛋白质分子中含有不同数目的酸性氨基酸和碱性氨基酸,蛋白质肽链中有不同数目的自由羧基和氨基,这些基团使蛋白质分子表面带有一定的电荷,因同种电荷相互排斥,故蛋白质分子彼此分离。当向蛋白质溶液中加入强电解质时,盐离子与蛋白质表面具有相反电荷的离子基团结合形成离子对,因此盐离子部分中和了蛋白质的电性,使蛋白质分子之间的排斥作用减弱而相互聚集起来。

在蛋白质水溶液中加入少量的强电解质时,生物大分子在低盐浓度下溶解度会增加,这种现象称为盐溶(图 1-5-1)。这是由于低盐时,盐离子与蛋白质分子上极性基团相互作用,增加了蛋白质表面电荷,增强了蛋白质分子与水分子的作用,从而使蛋白质在水溶液中的溶解度增大。当盐浓度升高到一定程度再继续上升时,则呈现盐析现象,这是由于生物大分子表面电荷大量被中和,水化膜被破坏,生物大分子相互聚集而沉淀析出。

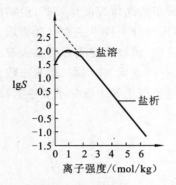

图 1-5-1　蛋白质溶解度与离子强度的关系

S—蛋白质溶解度

 ## 5.1.2　盐析用盐的种类

盐析法常用的盐类以中性盐居多,主要有硫酸铵、硫酸钠、氯化钠和磷酸钠等。

1. 硫酸铵

盐析法中应用最广泛的盐类是硫酸铵。硫酸铵具有温度系数小而溶解度大的优点(25 ℃时溶解度为 767 g/L;0 ℃时溶解度为 707 g/L),在溶解度范围内,许多蛋白质和酶都可以盐析出来,并且硫酸铵价廉易得,分段效果比其他盐要好,还不容易引起蛋白质变性。高浓度的硫酸铵对细菌具有抑制作用,但是,它具有一定的腐蚀性,因此,使用时必须注意对器皿质地的选用。

硫酸铵浓溶液的 pH 值为 4.5～5.5,市售的硫酸铵常含有少量的游离硫酸,pH 值往往在 4.5 以下,需用氨水调节后才可使用。

硫酸铵中常含有少量的重金属离子,对蛋白质巯基有敏感作用,使用前必须用 H_2S 处理:将硫酸铵配成浓溶液,通入 H_2S 饱和,放置过夜,用滤纸除去重金属离子,浓缩结晶,100 ℃烘干后使用。

1) 硫酸铵的使用

(1) 固体盐法。

适用于要求饱和度较高而不增大溶液体积的情况。可直接把硫酸铵固体加入溶液中,同时,不断缓慢搅拌,然后静置溶液,使蛋白质等生物分子沉淀出来。该法的缺点在于使分离的蛋白质等生物分子与过多的硫酸铵固体混合,给后阶段进一步分离与纯化造成不必要的麻烦。

(2) 饱和溶液法。

适用于要求饱和度不高而原来溶液体积不大的情况。可向待处理溶液中加入饱和硫酸铵溶液,由于溶液中硫酸铵浓度不断增大,蛋白质等生物分子逐渐沉淀下来。该法的缺点是易导致待处理溶液体积增大,待分离的生物分子溶解度相对增加;优点是沉淀分离效果比较好。

（3）透析平衡法。

先将盐析的样品装于透析袋中,然后浸入饱和硫酸铵溶液中进行透析,透析袋内硫酸铵饱和度逐渐提高,达到设定浓度后,目标蛋白质便沉淀出来,之后停止透析。该法的优点在于硫酸铵浓度变化具有连续性,盐析效果好;缺点是手续烦琐,需不断测量透析袋内溶液中的硫酸铵饱和度。故该法多用于结晶,其他情况少见。

2）注意事项

使用固体硫酸铵时,有以下注意事项。

（1）必须注意硫酸铵在不同温度下的饱和度（表 1-5-1）。

（2）分段盐析中,应考虑每次分段后蛋白质浓度的变化。一般来说,第一次盐析分离范围（饱和度范围）比较宽,第二次分离范围则相对较窄。

（3）盐析后一般放置 0.5~1 h,待沉淀完全后才可过滤或离心。一般情况下,过滤多用于含有较高浓度硫酸铵的溶液,而离心则多用于含有较低浓度硫酸铵的溶液。因为溶液中硫酸铵浓度较大时,采用离心法,会需要较高的离心速度和较长的离心时间,耗时、耗能。相反,溶液中的硫酸铵浓度较低时,离心法则具有节时、节能的优点。

表 1-5-1 不同温度下饱和硫酸铵溶液的数据

温度/℃	0	10	20	25	30
质量分数/（%）	41.42	42.22	43.09	43.47	43.85
物质的量浓度/（mol/L）	3.9	3.97	4.06	4.10	4.13
每 1000 g 水中硫酸铵的添加量/mol	5.35	5.53	5.73	5.82	5.91
1000 mL 水中硫酸铵的添加量/g	706.8	730.5	755.8	766.8	777.5
每 1000 mL 溶液中硫酸铵的含量/g	514.8	525.2	536.5	541.2	545.9

2. 硫酸钠

硫酸钠也可作为盐析法用的盐类。硫酸钠在 30 ℃以下时溶解度较低,30 ℃以上时溶解度才升高得较快。由于大部分生物大分子在 30 ℃以上时容易失活,故分离沉淀或提纯时,限制了硫酸钠作为沉淀剂的使用（表 1-5-2）。

表 1-5-2 不同温度下硫酸钠的溶解度

温度/℃	0	10	20	30	40	60
溶解度/[g/（100 mL（水））]	4.9	9.1	19.5	40.8	48.8	45.3

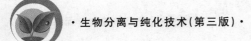

3. 氯化钠

氯化钠也可用于盐析。例如,在鸡蛋清溶液中加入氯化钠可以使球蛋白沉淀出来,再配合溶液调整 pH 值,清蛋白也能沉淀出来。

4. 磷酸钠

磷酸钠也可作为盐析用盐。例如盐析免疫球蛋白,用磷酸钠的效果不错。但由于其溶解度太低,受温度影响比较大,故应用不广泛。

其他不少中性盐类也可以作为盐析用的盐类,但由于一些原因,如价格昂贵、盐析效果差、难以去除等,都不如硫酸铵应用广泛。

 ## 5.1.3 盐析操作方法

1. 盐的处理

在大多数情况下,盐析用盐采用硫酸铵,其特点前面已经叙述。盐析所用中性盐的浓度多用饱和度来表示。国外常用两种饱和度。一种是荷氏(Hofmeister)饱和度,其定义是在盐析溶液中所含的饱和硫酸铵体积与总体积之比,又称为体积饱和度。另一种是欧氏(Osborne)饱和度,定义为溶液中所含硫酸铵质量与该溶液所能饱和溶解的硫酸铵质量之比,又称为质量饱和度。这两种饱和度无本质区别,只是后者在工业生产中更常用。工业上多用直接投盐法增加盐浓度,而较精细的盐析则常采用加入饱和硫酸铵溶液的方法。

若加入饱和硫酸铵溶液,应加入的体积 V 可由下式计算:

$$V = \frac{V_0(S_2 - S_1)}{1 - S_2}$$

式中:S_2——所需达到的硫酸铵饱和度;

S_1——原液中已有的硫酸铵饱和度;

V_0——待盐析溶液的体积,L;

V——需要加入的饱和硫酸铵溶液的体积,L。

若所加的硫酸铵是固体,其用量可由以下公式计算:

$$G = \frac{V_0 A(S_2 - S_1)}{1 - BS_2}$$

式中:G——需要加入的固体硫酸铵的质量,g;

V_0——待盐析溶液的体积,L;

S_1——待盐析溶液的原始硫酸铵饱和度;

S_2——要求达到的硫酸铵饱和度;

A——经验常数,0 ℃时为 515,20 ℃时为 513;

B——常数,0 ℃时为 0.27,20 ℃时为 0.29。

也可用表 1-5-3 或表 1-5-4 查得硫酸铵固体的用量。

表 1-5-3　每升溶液(25 ℃)加入固体硫酸铵的质量　　　　　　　　　(单位:g)

硫酸铵起始浓度(饱和度)/(%)	硫酸铵终浓度(饱和度)/(%)																
	10	20	25	30	33	35	40	45	50	55	60	65	70	75	80	90	100
0	56	84	114	176	196	209	243	277	313	351	390	430	472	516	561	662	767
10		57	86	118	137	150	183	216	251	288	326	365	406	449	494	592	694
20			29	59	78	91	123	155	189	225	262	300	340	382	424	520	619
25				30	49	61	93	125	158	193	230	267	307	348	390	485	583
30					19	30	62	94	127	162	198	235	273	314	356	449	546
33						12	43	74	107	142	177	214	252	292	338	426	522
35							31	63	94	129	164	200	238	278	319	411	506
40								31	63	97	132	168	205	245	285	375	469
45									32	65	99	134	171	210	250	339	431
50										33	66	101	137	176	214	302	392
55											33	67	103	141	179	264	353
60												34	69	105	143	227	314
65													34	70	107	190	275
70														35	72	153	237
75															36	115	198
80																77	157
90																	79

注:表中数据为室温(25 ℃)硫酸铵水溶液由原来的饱和度达到所需要的饱和度时,每升硫酸铵水溶液应加入固体硫酸铵的质量。

2. 盐析操作

1) 分段盐析法

依据不同的蛋白质的溶解度与等电点不同,沉淀时所需的 pH 值与离子强度也不相同,进而改变盐的浓度与溶液的 pH 值,将混合液中的蛋白质等生物分子分批盐析分开,这种方法称为分段盐析法。它在盐析应用中是最适用的常规操作法。例如,用不断增加盐浓度的方法可以从血浆混合物中分别制取 3～5 种主要组分蛋白。生产上常先以较低的盐浓度除去部分杂蛋白,再提高盐饱和度来沉淀目的物。此外,分段盐析也是了解生物高分子或其提取物的溶解度和盐析行为的有效手段。

2) 重复盐析法

在实际操作过程中,为了避免蛋白质等生物分子浓度过稀造成溶液体积过大、回收率较低的情况发生,盐析可采用稍高浓度的蛋白质等生物分子。此时,因蛋白质等生物分子的高浓度而发生共沉淀现象所引起的分辨率低的缺点可采用重复盐析的方法加以克服。

表 1-5-4　每 100 mL 溶液(0 ℃)加入固体硫酸铵的质量　　　　　　(单位:g)

硫酸铵起始浓度(饱和度)/(%)	硫酸铵终浓度(饱和度)/(%)																
	20	25	30	35	40	45	50	55	60	65	70	75	80	85	90	95	100
0	10.6	13.4	16.4	19.4	22.6	25.8	29.1	32.6	36.1	39.8	43.6	47.6	51.6	55.9	60.3	65.0	69.7
5	7.9	10.8	13.7	16.6	19.7	22.9	26.2	29.6	33.1	36.8	40.5	44.4	48.4	52.6	57.0	61.5	66.2
10	5.3	8.1	10.9	13.9	16.9	20.0	23.3	26.6	30.1	33.7	37.4	41.2	45.2	49.3	53.6	58.1	62.7
15	2.6	5.4	8.2	11.1	14.1	17.2	20.4	23.7	27.1	30.6	34.3	38.1	42.0	46.0	50.3	54.7	59.2
20		2.7	5.5	8.3	11.3	14.3	17.5	20.7	24.1	27.6	31.2	34.9	38.7	42.7	46.9	51.2	55.7
25			2.7	5.6	8.4	11.5	14.6	17.9	21.1	24.5	28.0	31.7	35.5	39.5	43.6	47.8	52.2
30				2.8	5.6	8.6	11.7	14.8	18.1	21.4	24.9	28.5	32.3	36.2	40.2	44.5	48.8
35					2.8	5.7	8.7	11.8	15.1	18.4	21.8	25.4	29.1	32.9	36.9	41.0	45.3
40						2.9	5.8	8.9	12.0	15.3	18.7	22.2	25.8	29.6	33.5	37.6	41.8
45							2.9	5.9	9.0	12.3	15.6	19.0	22.6	26.3	30.2	34.2	38.3
50								3.0	6.0	9.2	12.5	15.9	19.4	23.0	26.8	30.8	34.8
55									3.0	6.1	9.3	12.7	16.1	19.7	23.5	27.3	31.3
60										3.1	6.2	9.5	12.9	16.4	20.1	23.1	27.9
65											3.1	6.3	9.7	13.2	16.8	20.5	24.4
70												3.2	6.5	9.9	13.4	17.1	20.9
75													3.2	6.6	10.1	13.7	17.4
80														3.3	6.7	10.3	13.9
85															3.4	6.8	10.5
90																3.4	7.0
95																	3.5

注:表中数据为 0 ℃硫酸铵水溶液由原来的饱和度达到所需要的饱和度时,每 100 mL 硫酸铵水溶液应加入固体硫酸铵的质量。

3) 反抽提法

实际制备生产过程中,有时为了排除共沉淀现象的干扰,先在一定的盐浓度下将目的生物分子夹带一定数量的杂质分子一同沉淀,然后将沉淀用较低的盐浓度溶液平衡,溶解出其中的杂质分子,达到纯化的目的。图 1-5-2 所示为 *E.coli* RNA 聚合酶的制备流程。

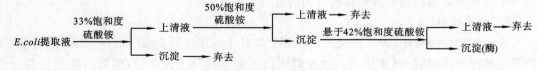

图 1-5-2　*E.coli* RNA 聚合酶的制备

5.1.4 盐析注意事项

盐析用盐(表1-5-5)必须考虑以下几个问题。

(1) 所选用盐的盐析作用要强。

一般情况下,多价阴离子的盐析作用强,有时多价阳离子反而使盐析作用降低。

(2) 盐析所选用盐须有足够大的溶解度,且溶解度受温度影响应尽可能小。

这样便于获得高浓度的盐溶液,有利于沉淀操作,即使在较低温度下,也不至于造成盐的结晶析出,进而影响盐析的效果。

(3) 盐析所用之盐在生物学上应是惰性的,不能影响蛋白质等生物分子的活性。最好不引入在分离或测定中会产生影响的杂质。

(4) 选用的盐要来源丰富,且价格低廉。

表 1-5-5 常用盐析用盐的有关性质

盐的种类	盐析作用	溶解度	溶解度受温度影响	缓冲能力	其他性质
硫酸铵	大	大	小	小	含氮、便宜
硫酸钠	大	较小	大	小	不含氮、较贵
其他硫酸盐	小	较小	大	大	不含氮、贵

盐析用盐首先要防止盐析过程中溶液局部过浓。当直接加入固体盐时,须先将盐粒研细,且在不断搅拌下分批缓慢加入溶液,不能使容器底部留下未溶的固体盐,这可避免因局部过浓造成的共沉淀现象和某些蛋白质或酶等生物分子的变性。用饱和盐溶液进行盐析时同样需缓慢加入并不断搅拌。

其次,由于盐析效果受温度影响较大,为避免温度升高时蛋白质等生物分子溶解度增大带来的损失,一般在室温下进行盐析,对不稳定、易失活的生物分子则在0~10 ℃盐析。

盐析所得沉淀通常需经过一段时间老化后再进行分离。选用分离方法时须考虑介质的密度和黏度。盐浓度较高时密度大而黏度较低,用过滤法比较有利。相反,盐浓度较小时密度小而黏度高,则用离心法较方便。盐析后溶液应进行脱盐处理,目前常用的办法有透析、凝胶过滤及超滤等。

5.1.5 影响盐析效果的因素

1. 盐离子强度和种类的影响

能够影响盐析沉淀效应的盐类很多,每种盐的作用大小不同。一般来说,盐离子强度越大,蛋白质等生物分子的溶解度就越低。在进行分离时,一般从低离子强度到高离子强度顺次进行。即每一组分被盐析出来,经过过滤等操作后,再在溶液中逐渐提高盐的浓度,使另一种组分也被盐析出来。

盐离子的种类对蛋白质等生物分子的溶解度也有一定的影响。依照 Hofmeister 理论:半径小而带电荷量高的离子的盐析作用较强,而半径大、带电荷量低的离子的盐析作

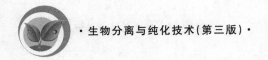
用较弱。以下将各种盐离子的盐析作用按由强到弱的顺序排列:

$$IO_3^- > PO_4^{3-} > SO_4^{2-} > CH_3COO^- > Cl^- > ClO_3^- > Br^- > NO_3^- > ClO_4^- > I^- > SCN^-$$

$$Al^{3+} > H^+ > Ca^{2+} > NH_4^+ > K^+ > Na^+$$

2. 生物分子浓度的影响

溶液中生物分子的浓度对盐析有一定的影响。高浓度的生物分子溶液可以节约盐的用量,但生物分子的浓度过高时,溶液中的其他成分就会随着沉淀成分一起析出,发生严重的共沉淀现象;如果将溶液中生物分子稀释到过低浓度,则可减少共沉淀现象,但这会造成反应体积的增大,进而导致反应容器容量的增大,需要更多的盐类沉淀剂和配备更大的分离设备,加大人力、财力的投入,并且回收率会下降。

3. pH 值对盐析的影响

一般情况下,蛋白质等生物分子带的净电荷越多,其溶解度就越大;相反,净电荷越少,溶解度就越小。在生物分子的等电点位置,其溶解度最小。对于特定的生物分子,有盐存在时的等电点与其在纯水溶液中的等电点是有偏差的。因此,在盐析时,要沉淀某一成分,应该将溶液的 pH 值调整到该成分的等电点;若要保留某一成分在溶液中不析出,则应该使溶液的 pH 值偏离该成分的等电点。

4. 温度对盐析的影响

在低离子强度的溶液或纯水中,蛋白质等生物分子的溶解度在一定范围内随温度的升高而增加;但在高离子强度的溶液中,蛋白质或酶等生物分子的溶解度会随温度的升高而降低。

一般情况下,盐析对温度无特殊要求,在室温下就可以完成。但有些生物分子(如某些酶类)对温度很敏感,需要盐析的温度为 0~4 ℃,以防止其活性的改变。

5. 操作方式对盐析的影响

操作方式的不同会影响沉淀物颗粒的大小。采用饱和硫酸铵溶液的连续方式,得到的颗粒比用固体盐的间歇方式的大;相反,采用饱和盐溶液的间歇方式进行操作,得到的沉淀颗粒就小些。在加盐过程中,适当的搅拌能防止局部浓度过大,在蛋白质等生物分子沉淀期间,温和的搅拌能促进沉淀颗粒的增大,但剧烈的搅拌则会对粒子产生较大的剪切力,只能得到较小的颗粒。

5.2 有机溶剂沉淀法

通过往生物分子溶液中加入与水互溶的有机溶剂,生物分子在一定浓度的有机溶剂中溶解度具有差异而达到分离,这种方法称为有机溶剂沉淀法。有机溶剂沉淀法常用于蛋白质、酶、核酸和多糖等生物分子的提取。该法的优点在于:①分辨能力比盐析法高,即蛋白质或酶等生物分子只在一个比较窄的有机溶剂浓度范围下沉淀;②沉淀不用脱盐,过滤较为容易;③在生化物质制备中应用较广。其缺点是对具有生物活性的大分子容易引起变性失活,操作要求在低温下进行。但总体来说,蛋白质等生物分子的有机溶剂沉淀法不如盐析法普遍。

5.2.1 有机溶剂沉淀法的基本原理

有机溶剂能使特定溶质成分发生沉淀作用的原理如下。①降低水溶液的介电常数。向溶液中加入有机溶剂能降低溶液的介电常数,减弱溶剂的极性,从而削弱溶剂分子与蛋白质等生物分子的相互作用力,增加生物分子间相互作用,导致溶解度降低而沉淀。溶液介电常数的减小意味着溶质分子异性电荷库仑引力增加,使带电溶质分子更易互相吸引而凝集,从而发生沉淀作用。②破坏水化膜。有机溶剂与水互溶,它们在溶解于水的同时从蛋白质等生物分子周围的水化层中夺走了水分子,破坏了其水化膜,因而发生沉淀作用。

5.2.2 有机溶剂的选择

1. 常用有机溶剂的种类与特点

常用于生物物质沉淀的有机溶剂有甲醇、乙醇、异丙醇和丙酮,还有二甲基甲酰胺、二甲基亚砜、乙腈和2-甲基-2,4-戊二醇等。其中,乙醇是最常用的有机沉淀剂。

1) 乙醇

乙醇具有极易溶于水、沉淀作用强、沸点适中、无毒等优点,广泛应用于沉淀蛋白质、核酸、多糖等生物高分子及氨基酸等。工业上常用 $95\%\sim96\%$(体积分数)的乙醇按照实际需要稀释后加入蛋白质等生物分子溶液中进行沉淀,达到分离蛋白质等生物分子的目的。

2) 甲醇

甲醇的沉淀作用与乙醇相当,但对蛋白质等生物分子的变性作用比乙醇、丙酮都小,由于其口服具有强毒性,限制了它的使用。

3) 异丙醇

异丙醇是一种无色、有强烈气味的可燃液体,可代替乙醇进行沉淀作用,但因易与空气混合后发生爆炸,易形成污染环境的烟雾现象,对人体具有潜在的危害作用而限制了它的使用。

4) 丙酮

丙酮的沉淀作用大于乙醇,用丙酮代替乙醇作沉淀剂一般可以减少 1/4～1/3 的用量。但因其具有沸点较低、挥发损失大、对肝脏具有一定的毒性、着火点低等缺点,它的应用不如乙醇广泛。

5) 其他有机溶剂

其他有机溶剂,如二甲基甲酰胺、二甲基亚砜、乙腈和 2-甲基-2,4-戊二醇等也可作为沉淀剂使用,但远不如乙醇、甲醇和丙酮使用普遍。

2. 有机溶剂的选择

选择有沉淀作用的有机溶剂时,主要应考虑以下几个方面的因素。

（1）介电常数小，沉淀作用强。

（2）对生物分子的变性作用小。

（3）毒性小，挥发性适中。

（4）沉淀用溶剂一般要能与水无限混溶，一些与水部分混溶或微溶的溶剂，如氯仿、乙醚等也有使用，但使用对象和方法不尽相同。

进行有机溶剂沉淀时，欲使原溶液达到一定的有机溶剂浓度，需加入的有机溶剂的体积可按以下公式计算：

$$V = \frac{V_0(S_2 - S_1)}{1 - S_2}$$

式中：V——需加入有机溶剂的体积，L；

V_0——原溶液的体积，L；

S_1——原溶液中有机溶剂的质量分数；

S_2——所要求达到的有机溶剂的质量分数。

上式未考虑混溶后体积的变化和溶剂的挥发情况，实际上存在一定的误差。如果有机溶剂浓度要求不太精确，可采用上式进行计算。

制备较低浓度乙醇时，乙醇及水的用量参见表 1-5-6。

表 1-5-6　制备较低浓度乙醇 1000 mL 所需较高浓度乙醇及水的用量表（mL，20 ℃）

较高浓度乙醇的体积分数/（%）	溶剂	混合液的体积分数/（%）																	
		95	90	85	80	75	70	65	60	55	50	45	40	35	30	25	20	15	10	5
100	醇	950	900	850	800	750	700	650	600	550	500	450	400	350	300	250	200	150	100	50
	水	62	119	174	228	282	334	385	436	487	537	585	633	681	727	772	817	862	908	953
95	醇		947	895	842	789	737	684	632	579	526	474	421	368	316	263	211	158	105	53
	水		61	119	176	233	288	344	397	451	504	556	608	658	708	756	805	852	901	950
90	醇			944	889	833	778	722	667	611	556	500	444	389	333	278	222	167	111	56
	水			62	122	182	241	299	357	414	471	526	580	635	687	738	791	842	894	947
85	醇				941	882	824	765	706	647	588	529	471	412	353	294	235	176	118	59
	水				65	128	190	252	313	374	434	493	552	609	665	721	776	832	887	943
80	醇					938	875	813	750	688	625	563	500	438	375	313	250	188	125	63
	水					67	134	200	265	330	394	457	520	581	641	701	760	819	879	939
75	醇						933	867	800	733	667	600	533	467	400	333	267	200	133	76
	水						71	141	211	280	349	417	483	550	614	678	742	806	870	929

续表

较高浓度乙醇的体积分数/（%）	溶剂	混合液的体积分数/（%）																	
		95	90	85	80	75	70	65	60	55	50	45	40	35	30	25	20	15	10	5
70	醇							929	857	786	714	643	571	500	429	357	286	214	143	77
	水							76	150	225	298	371	443	514	584	653	722	790	860	929
65	醇								923	846	769	692	615	538	462	385	308	231	154	77
	水								81	160	240	319	396	473	548	624	698	773	848	923
60	醇									917	833	750	667	583	500	417	333	250	167	83
	水									87	173	258	343	426	509	591	672	753	835	917
55	醇										909	817	727	636	545	455	364	278	182	91
	水										94	187	279	370	461	551	640	730	819	909
50	醇											900	800	700	600	500	400	300	200	100
	水											103	204	305	405	504	603	701	800	900
45	醇												889	778	667	556	444	333	222	111
	水												113	225	336	447	557	667	778	889
40	醇													875	750	625	500	375	250	125
	水													126	252	376	500	625	750	875
35	醇														857	714	571	429	286	143
	水														144	286	429	571	714	857
30	醇															833	667	500	333	167
	水															157	333	500	667	833
25	醇																800	600	400	200
	水																200	400	600	800
20	醇																	750	500	250
	水																	250	500	750
15	醇																		667	333
	水																		333	667
10	醇																			500
	水																			500

5.2.3 有机溶剂沉淀的操作方法

下面以多糖类的分离为例,来说明有机溶剂沉淀的操作步骤,见图 1-5-3。

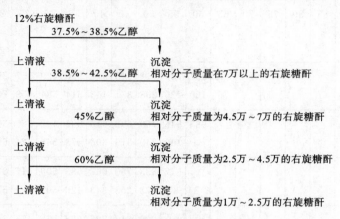

图 1-5-3 乙醇分步沉淀右旋糖酐

1. 操作流程

多糖类的水溶液加入等量或倍量的乙醇(可用甲醇或丙酮代替),可破坏多糖颗粒的水化膜及降低溶液的介电常数,使多糖沉淀而析出。含有糖醛酸或硫酸基团的多糖,可在其盐类溶液中直接加入乙醇等,则多糖以盐的形式沉淀出来。若在其乙酸或盐酸溶液中加入乙醇,则多糖以游离酸形式沉淀。

2. 注意事项

(1)一般情况下,有机溶剂对身体具有一定的损害作用,在使用时采取好防护措施,如佩戴手套、口罩,或在通风橱中进行操作,应避免身体部位与有机溶剂的直接接触。

(2)高浓度有机溶剂易引起蛋白质变性失活,操作必须在低温下进行,并在加入有机溶剂时注意搅拌均匀以避免局部浓度过大。分离后的蛋白质沉淀,应立即用水或缓冲液溶解,以降低有机溶剂浓度。

(3)操作时的 pH 值大多数控制在待沉淀生物分子的 pI(等电点)附近,有机溶剂在中性盐存在时能增加蛋白质等生物分子的溶解度,减少变性,提高分离的效果。

(4)沉淀的条件一经确定,就必须严格控制,这样才能得到可重复的结果。用有机溶剂沉淀生物分子后,有机溶剂易除去,缺点是易使酶和具有活性的蛋白质变性。故操作时要求条件比盐析严格。对于某些敏感的酶和蛋白质等生物分子,使用有机溶剂沉淀尤其要小心。

5.2.4 影响有机溶剂沉淀效果的因素

1. 温度

多数蛋白质等生物分子在乙醇-水混合液中的溶解度随着温度的降低而降低,其他物质大致也是如此。同时,大多数生物分子在有机溶剂中对温度反应特别敏感,温度稍高即发生变性。因此,加入的有机溶剂都必须预先冷却至较低温度,并且操作要在冰浴中进行。加入有机溶剂必须缓慢并不断搅拌,避免局部过浓。有机溶剂沉淀一些小分子物质如核苷酸、氨基酸及糖类等,其温度要求没有生物大分子那样苛刻。这是由于小分子物质结构相对稳定,不易受到破坏。整体来讲,低温对于提高沉淀效果仍是有利的。

2. 有机溶剂的种类及用量

不同的有机溶剂对相同的溶质分子产生的沉淀作用大小有差异,其沉淀能力与介电常数相关。一般情况下,介电常数越低的有机溶剂,其沉淀能力就越强。同一种有机溶剂对不同的溶质分子产生的作用大小也不一样。在溶液中加入有机溶剂后,随着有机溶剂用量的加大,溶液的介电常数逐渐下降,溶质的溶解度会在某个阶段出现急剧降低的现象,从而沉淀析出。不同溶质分子的溶解度发生急剧变化时所需的有机溶剂用量是不同的。因此,沉淀反应的操作过程中应该严格控制有机溶剂的用量,否则会造成有机溶剂浓度过低而无沉淀或沉淀不完全,或者因有机溶剂浓度过高导致溶液中其他组分一起被沉淀出来。

总之,通过选择有机溶剂且控制其用量可以使不同的溶质分子分别从溶液中沉淀析出,从而达到分离的目的。部分溶剂的相对介电常数见表1-5-7。

表 1-5-7　某些溶剂的相对介电常数

溶 剂 名 称	相对介电常数	溶 剂 名 称	相对介电常数
水	78	丙酮	21
甲醇	31	乙醚	9.4
甘油	56.2	乙酸	6.3
乙醇	26	三氯乙酸	4.6

3. 溶液 pH 值

在保证生物分子结构不被破坏、药物活性不丧失的 pH 值范围内,生物分子的溶解度是随着 pH 值的变化而变化的。为了达到良好的沉淀效果,常常把溶液的 pH 值调整到与生物分子的 pI(等电点)相同或相近。但并不是所有生物分子在其等电点时都是稳定的,因此,在控制溶液 pH 值时必须使溶液中大多数生物分子带有相同的电荷,而不要让目的物与主要杂质分子带相反的电荷,以避免出现严重的共沉淀现象。

4. 离子强度

较低的离子强度常常有利于生物分子的沉淀,甚至还具有保护蛋白质等生物分子、防止变性、减少水和有机溶剂互溶及稳定介质 pH 值的作用。用有机溶剂沉淀蛋白质等生物分子时,离子强度以 0.01~0.05 mol/L 为好。常用的助沉剂多为低浓度的单价盐,如氯化钠、乙酸钠等。但溶液中离子强度较高(0.2 mol/L 以上)时,往往须增加有机溶剂的用量才能使沉淀析出。介质中离子强度很高时,沉淀物中会夹杂较多的盐,因此若要用有机溶剂对盐析后的上清液进行沉淀,则必须先除去盐。

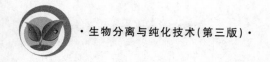

5. 样品浓度

与盐析较为相似,样品浓度较稀时,将增加有机溶剂的投入量和损耗,降低溶质的回收率,且易产生稀释变性,但稀的样品的共沉淀现象小,分离效果相对较好。反之,样品浓度大时,会增加共沉淀现象发生的概率,降低分辨率,但这减少了有机溶剂的用量,提高了回收率,使变性的危险性也小于稀溶液。一般认为,蛋白质等生物分子的初浓度以0.5%～2%为好,黏多糖则以1%～2%较为合适。

6. 某些金属离子的助沉作用

在用有机溶剂沉淀生物高分子时,还须注意到一些金属离子如 Zn^{2+}、Ca^{2+} 等可与某些呈阴离子状态的蛋白质等生物分子形成复合物。这种复合物的溶解度明显低于生物分子的溶解度,但不影响生物分子的活性,有利于沉淀的形成,并能降低有机溶剂的消耗量。采用阳离子辅助沉淀时须注意:①要考虑溶液及将要加入溶液中的各种缓冲液、酸碱溶液是否与选定的阳离子发生沉淀反应,若有沉淀反应,则必须改变沉淀体系;②沉淀反应完成后,应该尽量去除这些阳离子。

5.3 其他沉淀法

5.3.1 等电点沉淀法

等电点沉淀法主要利用两性电解质分子在电中性时溶解度最低,而各种两性电解质具有不同等电点进行分离的一种方法。

1. 原理及特点

两性电解质如蛋白质等生物分子在溶液 pH 值处于等电点(pI)时,分子表面净电荷为零,导致赖以稳定的双电层及水化膜的削弱或破坏,分子间引力增加,溶解度降低。调节溶液的 pH 值,使两性溶质溶解度下降,进而沉淀析出。

等电点沉淀法操作十分简单,试剂消耗量少,引入杂质少,是一种常用的分离与纯化方法。但由于其分辨率差,并且许多生物分子的等电点又比较接近,因此,很少单独使用等电点沉淀法作为主要的纯化产物的手段,常常与盐析、有机溶剂沉淀等方法联合使用。在实际工作中,普遍使用等电点法作为去杂手段。如工业上生产胰岛素时,在粗提液中先调 pH 8.0 去除碱性蛋白质,再调 pH 3.0 去除酸性蛋白质。

2. 等电点沉淀操作

在进行等电点操作时,需要注意以下几个问题。

1) 盐离子的影响

生物大分子的等电点易受盐离子的影响,当生物分子结合的阳离子(如 Ca^{2+}、Mg^{2+})多时,其等电点便升高;而结合的阴离子(如 Cl^-、SO_4^{2-})多时,其等电点则降低。自然界中许多蛋白质等生物分子较易结合阴离子,使等电点向酸性的方向发生偏移。

2）目的生物分子的稳定性

在使用等电点沉淀时，还应考虑目的物的稳定性。有些蛋白质等生物分子在等电点附近不稳定，如 α-糜蛋白酶（pI 为 8.1～8.6）、胰蛋白酶（pI 为 10.1），它们在中性或偏碱性的环境中由于自身或其他蛋白水解酶的作用而发生部分降解失活。因此，在实际操作中应避免溶液 pH 值超过 5.0。

3）等电点附近的盐溶作用

生物大分子在等电点附近的盐溶作用相当明显，所以无论是单独使用还是与溶剂沉淀法联合使用，都必须控制溶液的离子强度。

5.3.2 水溶性非离子型聚合物沉淀法

1. 基本原理

水溶性非离子型聚合物近年来逐渐广泛应用于核酸和酶的分离提纯。这类物质包括不同相对分子质量的聚乙二醇（PEG）、壬苯乙烯化氧（NPEO）、葡聚糖、右旋糖酐硫酸酯钠等，其中，应用最多的是聚乙二醇（PEG），其结构式为

$$HO—CH_2—(CH_2—O—CH_2)_n—CH_2—OH$$

PEG 的亲水性强，能溶于水和许多有机溶剂，对热稳定，有广范围的相对分子质量，在生物大分子制备中，采用较多的是相对分子质量为 6000～20000 的 PEG。

PEG 与生物大分子之间以氢键相互作用形成复合物，由于重力作用和空间位置排斥而形成沉淀析出。其优点如下：①操作条件温和，不易引起生物大分子变性；②沉淀效率高，水溶性非离子型聚合物使用量少，沉淀生物大分子的量多；③沉淀后水溶性非离子型聚合物容易去除。

一般认为，PEG 浓度在 3%～4% 时可沉淀免疫复合物，6%～7% 时可沉淀 IgM，8%～12% 时可沉淀 IgG，12%～15% 时可沉淀其他球蛋白，25% 时可沉淀白蛋白。最突出的应用是 3%～4% 的 PEG 沉淀免疫复合物，而未结合的抗原和抗体留在溶液中。

2. 操作方法

用水溶性非离子型聚合物沉淀生物大分子时，一般有两种方法。①选用两种水溶性非离子型聚合物组成液-液两相体系，使生物大分子在两相系统中不等量分配，从而造成分离。此方法是基于不同生物大分子表面结构不同，有不同的分配系数，并且有离子强度、pH 值和温度等的影响，从而增强了分离的效果。②选用一种水溶性非离子型聚合物，使生物大分子在同一液相中，由于被排斥而相互凝集沉淀析出。用该方法操作时应先离心除去大悬浮颗粒，调整溶液的 pH 值和温度，然后加入中性盐和聚合物至一定浓度，冷贮一段时间后，即形成沉淀。

3. 影响因素

PEG 的沉淀效果主要与其本身的浓度和相对分子质量有关，同时还受离子强度、溶液 pH 值和温度等因素的影响。

用 PEG 等水溶性非离子型聚合物沉淀生物分子，在沉淀中含有大量的非离子型聚合

物,这需要用吸附法、乙醇沉淀法或盐析法将目的物吸附或沉淀,而聚合物不被吸附、沉淀,从而将其去除,但在操作上具有一定的难度。

5.3.3 成盐沉淀法

生物大分子和小分子都可以生成盐类复合物沉淀,这种方法称为成盐沉淀法。此法一般可分为:①与生物分子的酸性基团相互作用形成的金属复合盐法(如铜盐、锌盐、钙盐、铅盐等);②与生物分子的碱性基团相互作用形成的有机酸复合盐法(如苦味酸盐、苦酮酸盐、鞣酸盐等);③无机复合盐法(如磷钼酸盐、磷钨酸盐等)。以上复合物盐类都具有很低的溶解度,极易沉淀析出。但需要注意的是,重金属、某些有机酸或无机酸和蛋白质等生物分子形成复合盐后,常使蛋白质等生物分子发生不可逆的沉淀,应用时必须谨慎。

1. 金属复合盐法

许多蛋白质等生物分子在碱性溶液中带负电荷,能与金属离子形成复合盐沉淀。沉淀中的金属离子可以通过加入 H_2S 使其变成硫化物而除去。根据它们与生物分子作用的机制,金属离子可分为三类:①包括 Zn^{2+}、Mn^{2+}、Fe^{2+}、Co^{2+}、Cu^{2+}、Cd^{2+}、Ni^{2+},它们主要作用于羧酸、胺及杂环等含氮化合物;②包括 Ca^{2+}、Ba^{2+}、Mg^{2+},这些金属离子也能与羧酸作用,但对含氮物质的配体没有亲和力;③包括 Hg^{2+}、Ag^{2+}、Pb^{2+},这类金属离子对含有巯基的化合物具有特殊的亲和力。蛋白质等生物分子中含有羧基、氨基、咪唑基和巯基等,均可以和上述金属离子作用形成复合物,但复合物的形式和种类则依各类金属离子和蛋白质等生物分子的性质、溶液离子强度和配体的位置等而有所不同。

蛋白质-金属离子复合物的重要性质是其溶解度对溶液介电常数非常敏感。调整水溶液的介电常数,即可沉淀多种蛋白质。但有时复合物的分解比较困难,并容易促使蛋白质等生物分子发生变性,应注意选择适当的操作条件。

2. 有机酸复合盐法

含氮有机酸如苦味酸、苦酮酸、鞣酸等,都能与生物分子的碱性基团形成复合物而沉淀。但这些有机酸与蛋白质等生物分子形成的盐复合物常常发生不可逆的沉淀反应,因此,工业上应用此法制备蛋白质等生物分子时,常采取较温和的条件,有时还需加入一定的稳定剂,以防止蛋白质等生物分子的变性。

单宁即鞣酸,广泛存在于植物界,是一种多元酚类化合物,分子上有羧基和多个羟基。由于蛋白质等生物分子中有许多氨基、亚氨基和羧基等,很容易与单宁分子间因形成氢键而结合在一起,从而生成巨大的复合颗粒沉淀下来。

单宁沉淀蛋白质等生物分子的能力与蛋白质种类、环境 pH 值及单宁本身的来源和浓度有关。由于单宁与蛋白质等生物分子的结合相对比较牢固,用一般方法不易将它们分开,故常采用竞争结合法使被结合的蛋白质等生物分子释放出来。选用的此类竞争性结合剂有聚氧化乙烯、聚乙二醇、山梨醇甘油酸酯等。

3. 无机复合盐法

磷钨酸、磷钼酸等能与阳离子形式的生物小分子形成溶解度极低的复合盐,从而使其沉淀析出。无机复合盐法一般用于小分子如氨基酸等的分离制备,而蛋白质、酶和核酸等生物大分子在分离提纯时则很少使用。其特点是常使蛋白质等生物大分子发生不可逆的沉淀,应用时必须谨慎。

5.4 结晶技术

结晶是溶质呈晶态从溶液中析出来的过程。很多生化物质利用形成晶体的性质进行分离与纯化。溶液中的溶质在一定条件下分子有规则排列而结合形成晶体,只有同类分子或离子才能排列形成晶体,故结晶过程具有高度的选择性。通过结晶,溶液中的大部分杂质会留在母液中,再通过过滤、洗涤等就可以得到纯度高的晶体。结晶法是生化物质进行分离与纯化的一种常用方法,广泛用于氨基酸、有机酸、抗生素等生物产物的分离与纯化过程中。

5.4.1 晶体的概念

固体物质分为结晶形和无定形两种状态。食盐、蔗糖、氨基酸、柠檬酸等都是结晶形物质,而淀粉、蛋白质、酶制剂、木炭、橡胶等都是无定形物质。它们的区别在于构成单位(原子、分子或离子)的排列方式不同,结晶形物质是三维有序规则排列的固体,而无定形物质是无规则排列的物质。晶体具有一定的熔化温度(熔点)和固定的几何形状,具有各向异性的现象,无定形物质不具备这些特征。当溶质从液相中析出时,不同的环境条件和控制条件下,可以得到不同形状的晶体,甚至是无定形物质。表 1-5-8 所示为光辉霉素在不同溶剂中的凝固状态。

表 1-5-8　光辉霉素在不同溶剂中的凝固状态

溶　剂	凝固状态	溶　剂	凝固状态
三氯甲烷浓缩液滴入石油醚	无定形沉淀	丙酮	长柱状晶体
乙酸戊酯	微粒晶体	戊酮	针状晶体

5.4.2 结晶的过程

结晶分为溶质溶解为分子扩散进入液体内部、溶质分子从液体中扩散到固体表面进行沉积两个过程。如果溶液浓度未达到饱和,则固体的溶解速率大于沉积速率;如果溶液的浓度达到饱和,则固体的溶解速率等于沉积速率,溶液处于一种平衡状态,不能析出晶体。当溶液浓度超过饱和浓度,达到一定的过饱和度时,溶液平衡状态被打破,固体的溶解速率小于沉积速率,这时才有晶体析出。最先析出的微小颗粒是结晶的中心,称为晶核。晶核形成以后,在良好的结晶环境中,继续成长为晶体。可见,结晶包括三个过程:过饱和溶液的形成;晶核的生成;晶体的生长。

1. 过饱和溶液的形成

结晶的首要条件是溶液的过饱和。溶液的过饱和度,与晶核生成速率和晶体生长速率都有关系,因而对结晶产品的粒度及其分布有重要影响。在低过饱和度的溶液中,晶体生长速率与晶核生成速率的比值较大,因而所得晶体较大,晶形也较完整,但结晶速率很慢。当过饱和度增大时,溶液黏度增高,杂质含量也增大,容易产生一些问题:成核速率过快,晶体细小;晶体生长速率过快,容易在晶体表面产生液泡,影响结晶质量;结晶壁产生晶垢,给结晶操作带来困难,产品纯度降低。因此,过饱和度与结晶速率、成核速率、晶体生长速率及结晶产品质量之间存在着一定的关系(图 1-5-4),应根据具体产品的质量要求,取最适宜的过饱和度。在工业结晶器内,过饱和度通常控制在介稳区内,此时结晶器具有较高的生产能力,又可得到一定大小的晶体产品。

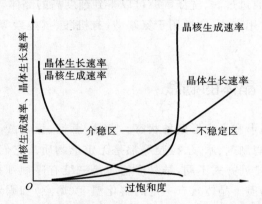

图 1-5-4 晶核生成速率、晶体生长速率与过饱和度的关系

过饱和溶液的制备一般有四种方法。

1) 饱和溶液冷却法

饱和溶液冷却法适用于溶解度随温度降低而显著减小的物质。例如,冷却 L-脯氨酸的浓缩液至 4 ℃左右,放置 4 h,L-脯氨酸结晶将大量析出。与此相反,对溶解度随温度升高而显著减少的场合,则应采用加温结晶。

2) 部分溶剂蒸发法

部分溶剂蒸发法是将溶液在加压、常压或减压下加热,蒸发除去部分溶剂达到过饱和的结晶方法。此法主要适用于溶解度随温度的降低而变化不大的物质。例如,灰黄霉素的丙酮萃取液真空浓缩除去部分丙酮后即有结晶析出。

3) 化学反应结晶法

此法是通过加入反应剂或调节 pH 值生成一个新的溶解度更低的物质,当其浓度超过它的溶解度时,就有结晶析出。例如:在头孢菌素 C 的浓缩液中加入乙酸钾,即析出头孢菌素钾盐;在利福霉素 S 的乙酸丁酯萃取浓缩液中加入氢氧化钠,利福霉素 S 即转为其钠盐而析出;四环素、氨基酸等水溶液,当其 pH 值调至等电点附近就会析出结晶或沉淀。

4) 解析法

解析法是向溶液中加入某些物质,使溶质的溶解度降低,形成过饱和溶液而结晶析出。这些物质称为抗溶剂或沉淀剂,它们可以是固体,也可以是液体或气体。抗溶剂最大的特点就是极容易溶解在原溶液的溶剂中。利用固体氯化钠作为抗溶剂使溶液中的溶质尽可能地结晶出来的方法称为盐析结晶法。如普鲁卡因青霉素结晶时加入一定量的食盐,可以使晶体容易析出。向水溶液中加入一定量亲水性的有机溶剂,如甲醇、乙醇、丙酮等,降低溶质的溶解度,使溶质结晶析出,这种结晶方法称为有机溶剂结晶法。例如,利用卡那霉素容易溶于水而不溶于乙醇的性质,在卡那霉素脱色液中加入95%的乙醇至微浑,加晶种并保温,即可得到卡那霉素的粗晶体。

在工业生产中,除了单独使用上述各法外,还常将几种方法合并使用。例如,制霉菌素结晶的制备就是并用饱和溶液冷却和部分溶剂蒸发两种方法。先将制霉菌素的乙醇提取液真空浓缩10倍,再冷至5 ℃放置2 h,即可得到制霉菌素结晶;维生素 B_{12} 的结晶原液中,加入5~8倍用量的丙酮,使结晶原液混浊,在冷库中放置3 d,就可得到紫红色的维生素 B_{12} 结晶。

2. 晶核的生成

晶核是在过饱和溶液中最先析出的微小颗粒,是以后结晶的中心。单位时间内在单位体积溶液中生成的新晶核数目,称为成核速率。成核速率是决定晶体产品粒度分布的首要因素。工业结晶过程要求有一定的成核速率,如果成核速率超过要求,必将导致细小晶体生成,影响产品质量。

1)成核速率的影响因素

成核速率主要与溶液的过饱和度、温度以及溶质种类有关。

在一定温度下,当过饱和度超过某一值时,成核速率则随过饱和度的增加而加快。但实际上成核速率并不按理论曲线进行变化,因为过饱和度太高时,溶液的黏度就会显著升高,分子运动减慢,成核速率反而减少。由此可见,要加快成核速率,就需要适当增加过饱和度,但过饱和度过高时,对成核速率并不利。实际生产中,常从晶体生长速率及所需晶体大小两个方面来选择适当的过饱和度。

在过饱和度不变的情况下,温度升高,成核速率也会加快,但温度又对过饱和度有影响,一般当温度升高时,过饱和度降低。所以温度对成核速率的影响要从温度与过饱和度相互消长的速率来决定。根据经验,一般成核速率开始随温度升高而上升,当达到最大值后,温度再升高,成核速率反而降低(图1-5-5)。

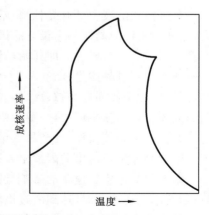

图 1-5-5 温度对成核速率的影响

成核速率与溶质种类有关。对于无机盐类,有下列经验规则:阳离子或阴离子的化合价越大,越不容易成核;在相同化合价下,含结晶水越多,越不容易成核。对于有机物质,一般结构越复杂,相对分子质量越大,成核速率就越慢。例如,过饱和度很高的蔗糖溶液,可保持长时间不析出。对于粒度小于某一最小值的晶体,其单个晶粒的接触成核速率接近零。粒度增大,接触频率及能量增大,单个晶粒成核速率增加,越过某一最大值后,晶粒与桨叶的接触频率降低,成核速率下降。当晶粒大于某一粒度的界限时,晶粒不再参与循环而沉于结晶器的底部。

2）晶核的生成方式

溶质从溶液中析出的过程,可分为晶核生成和晶体生长两个阶段,两个阶段的推动力都是溶液的过饱和度。晶核的生成有三种形式:初级均相成核、初级非均相成核及二次成核。在高过饱和度下,溶液自发地生成晶核的过程,称为初级均相成核;溶液在外来物(如大气中的灰尘)的诱导下生成晶核的过程,称为初级非均相成核;在含有溶质晶体的溶液中的成核过程,称为二次成核。二次成核也属于非均相成核过程,它是在晶体之间或晶体与其他固体(器壁、搅拌器等)碰撞时所产生的微小晶粒的诱导下发生的。

真正自动成核的机会很少,加晶种能诱导结晶,晶种可以是同种物质或相同晶形的物质,有时惰性的无定形物质也可作为结晶的中心,如尘埃也能导致结晶。添加晶种诱导晶核形成的常用方法如下。

（1）如有现成晶体,可取少量研碎后,加入少量溶剂,离心除去大的颗粒,再稀释至一定浓度(稍稍过饱和),使悬浮液中具有很多小的晶核,然后倒进待结晶的溶液中,用玻璃棒轻轻搅拌,放置一段时间后即有结晶析出。

（2）如果没有现成晶体,可取 1～2 滴待结晶溶液置于表面玻璃皿上,缓慢蒸发除去溶液,可获得少量晶体。或者取少量待结晶溶液置于一试管中,旋转试管使溶液在管壁上形成薄膜,使溶剂蒸发至一定程度后,冷却试管,管壁上即可形成一层结晶。用玻璃棒刮下玻璃皿或试管壁上所得的结晶,蘸取少量,接种到待晶的溶液中,轻轻搅拌,并放置一定时间,即有结晶形成。

在实训室中进行结晶操作时,人们较喜欢使用玻璃棒轻轻刮擦玻璃容器的内壁,刮擦时产生的玻璃微粒可作为异种的晶核。另外,玻璃棒蘸有溶液后暴露于空气中的那部分,很容易蒸发形成一层薄薄的结晶,再浸入溶液中便成为同种晶核。同时,用玻璃棒边刮擦边缓慢地搅动,也可以帮助溶质分子在晶核上定向排列,促进晶体的生长。

3. 晶体的生长

在过饱和溶液中已有晶核形成或加入晶种后,以浓度差为推动力,晶核或晶种将长大,这种现象称为晶体的生长。晶体的生长速率也是影响晶体产品粒度大小的一个重要因素。因为晶核形成后立即开始晶体生长过程,同时新的晶核还在继续形成,如果晶核生成速率大大超过晶体生长速率,则过饱和度主要用来生成新的晶核,因而得到细小的晶体,甚至成无定形固体颗粒;反之,如果晶体生长速率超过晶核生成速率,则得到粗大而均匀的晶体。在实际生产中,一般希望得到粗大而均匀的晶体,因为这样的晶体便于以后的过滤、洗涤、干燥等操作,且产品质量也较高。

影响晶体生长速率的因素主要有温度、过饱和度、搅拌和杂质等。

温度对晶体生长速率的影响要大于成核速率,当溶液缓慢冷却时,得到较粗大的颗粒;当溶液快速冷却时,达到的过饱和程度较高,得到的晶体较细小。

过饱和度增高一般会使结晶速率增大,但同时引起黏度增加,结晶速率增大受阻。

搅拌能促进扩散,加速晶体生长,同时也能加速晶核形成,但超过一定范围,效果就会降低,搅拌越剧烈,晶体越细。应确定适宜的搅拌速率,获得需要的晶体,防止晶簇形成。

杂质通过改变晶体与溶液之间的界面上液层的特性而影响溶质长入晶面,或通过杂质本身在晶面上的吸附,发生阻挡作用;如果杂质和晶体的晶格有相似之处,杂质能长入晶体内而产生影响。

5.4.3 影响结晶析出的主要条件

结晶时,在过饱和溶液中生成新相的过程涉及固液平衡,影响结晶操作和产品质量的因素很多。

1. 溶液浓度

溶质的结晶必须在超过饱和浓度时才能实现,所以目的物的浓度是结晶的首要条件,一定要予以保证。浓度高,结晶收率高,但溶液浓度过高时,结晶物的分子在溶液中聚集析出的速率太快,超过这些分子形成晶核的速率,便得不到晶体,只获得一些无定形固体颗粒;再者,溶液浓度过高,相应的杂质浓度也增大,容易生成纯度较差的粉末结晶;另外,溶液浓度过高,结晶壁容易产生晶垢,给结晶操作带来困难。因此,溶液的浓度应根据工艺和具体情况确定或调整,才能得到较好、较多的晶体。一般情况下,结晶操作应以最大过饱和度为限,在不易产生晶垢的过饱和度下进行。

2. 样品纯度

大多数情况下,结晶是同种物质分子的有序堆砌。无疑,杂质分子的存在是结晶物质分子规则化排列的空间障碍。因此,多数生物大分子需要相当的纯度才能进行结晶。一般来说,纯度越高,越容易结晶,结晶母液中目的物的纯度应接近或超过 50%。杂质的积累除了会影响产物结晶的纯度外,还会改变目标产物的溶解度,改变晶体的习性,影响目标产物结晶的理化性质(如导电性、催化反应活性)及生物活性(如抗生素药效)。

3. 溶剂

溶剂对于晶体能否形成和晶体质量的影响十分显著,故在结晶试验中挑选合适的溶剂时应考虑:所用溶剂不能和结晶物质发生任何化学反应;选用的溶剂应对结晶物质有较高的温度系数,以便利用温度的变化达到结晶的目的;选用的溶剂应对杂质有较大的溶解度,或在不同的温度下结晶物质与杂质在溶剂中应有溶解度的差别;所用溶剂为易挥发的有机溶剂时,应考虑操作方便、安全。工业生产上还应考虑成本高低、是否容易回收等。

4. pH 值

一般来说,两性生化物质在等电点附近溶解度低,有利于达到过饱和使晶体析出,所以生化物质结晶时的 pH 值一般选择在等电点附近。例如,溶菌酶的 5% 溶液,pH 值为 $9.5\sim10$,在 4 ℃放置过夜便析出晶体。

5. 温度

根据操作温度的不同,生成的晶形会发生改变,因此,结晶操作温度一般可控制在较小的温度范围内。从生物活性物质的稳定性而言,一般要求在较低的温度下结晶,这样不容易变性失活。另外,低温可使溶质溶解度降低而有利于溶质的饱和,还可避免细菌繁殖。因此,生化物质的结晶温度多控制在 $0\sim20$ ℃,对富含有机溶剂的结晶体系则要求更低的温度。但也有某些酶,如猪糜胰蛋白酶,需要在稍高的温度(25 ℃)下才能较好地析出晶体。另外,若温度过低,有时由于黏度高会使结晶生成变慢,可在低温下析出结晶后适当升温。通过降温促使结晶时,如果降温快,则结晶颗粒小;降温慢,则结晶颗粒大。

6. 搅拌与混合

增大搅拌速率可提高成核和生长速率,但搅拌速率过快会造成晶体的剪切破碎,影响结晶产品质量。为获得较好的混合状态,同时避免结晶的破碎,可采用汽提式混合方式,或利用直径或叶片较大的搅拌桨,降低桨的转速。

5.5 典型案例

案例1 盐析法纯化免疫球蛋白

1. 主要材料

(1)正常人混合血清、灭菌生理盐水。

(2)饱和硫酸铵溶液的配制:称取$(NH_4)_2SO_4$(分析纯)400~425 g,以50~80 ℃的蒸馏水 500 mL 溶解,搅拌 20 min,趁热过滤。冷却后用浓氨水调节 pH 值至 7.4。配制好的饱和硫酸铵溶液,瓶底应有结晶析出。

(3)奈斯勒试剂的配制:称取 HgI 11.5 g、KI 8 g,加蒸馏水至 50 mL,搅拌溶解后,再加入 20% NaOH 溶液 50 mL。

(4)0.02 mol/L pH 7.4 的磷酸盐缓冲液。

(5)0.1 mol/L pH 7.4 的磷酸盐缓冲液。

(6)20%磺基水杨酸。

2. 操作步骤

(1)取正常人混合血清,加等量生理盐水,于搅拌下逐滴加入与稀释血清等量的饱和硫酸铵溶液(终浓度为50%饱和度$(NH_4)_2SO_4$)。4 ℃条件下,静置 3 h 以上,使其充分沉淀。

(2)离心(3000 r/min)20 min,弃上清液,以生理盐水溶解沉淀至一定体积。

(3)再逐滴加入一半体积的饱和硫酸铵溶液,4 ℃条件下,静置 3 h 以上(此时$(NH_4)_2SO_4$的饱和度为33%)。

(4)重复步骤(2)数次。将末次离心后所得沉淀物以 0.02 mol/L pH 7.4 的磷酸盐缓冲液溶解至 X mL,装入透析袋。对磷酸盐缓冲液充分透析、除盐换液三次,至奈斯勒试剂测透析外液为黄色;将透析袋内样品取少许作适当倍数稀释后,用紫外分光光度计测量蛋白质含量。

案例2 PEG 沉淀法提纯病毒

操作步骤如下。

(1)用超声波或冻融的方法使细胞破碎,释放出病毒。

（2）慢慢搅动并加入 NaCl，使 NaCl 在溶液中最终浓度为 0.5 mol/L。再加入等体积的 10%PEG6000。

（3）4 ℃放置过夜。

（4）8000 r/min 离心 30 min，收集病毒沉淀。

（5）将病毒沉淀加入适量的磷酸盐缓冲液中，4 ℃过夜。

（6）10000 r/min 离心 60 min，沉淀即为浓缩的病毒。

案例 3　胰岛素分离纯化过程

由动物胰脏生产胰岛素的方法很多，目前被普遍采用的是酸醇法和锌沉淀法。

1. 工艺流程

1）粗制

冻胰块 --[刨碎]--> 胰片 --[提取] 乙醇、草酸 pH2.5～3.0, 13～15℃--> 酸醇提取液 --[碱化] 氨水 pH8.0～8.4--> 碱化液

溶液 <--[去脂] 速热速冷-- 浓缩液 <--[浓缩] 30℃以下-- 酸化液 <--[酸化] 硫酸 pH3.6～3.8--

溶液 --[盐析] 氯化钠--> 盐析物

2）精制

盐析物 --[除酸性蛋白] 水、丙酮、氨水 pH4.2～4.3--> 滤液 --[锌沉淀] 氨水、乙酸锌 pH6.2～6.4, 13～15℃--> 沉淀 --[除碱性蛋白、结晶] 柠檬酸、乙酸锌、丙酮、氨水 pH8.0,5℃以下，滤后调至pH6.0--> 结晶

结晶 --[洗涤] 水、丙酮、乙醚 干燥--> 精制品

2. 工艺过程及控制要点

（1）提取：取冻胰块 100 g，用刨胰机刨碎后加入 2.3～2.6 倍体积的 86%～88%（质量分数）乙醇和 5%草酸，在 13～15 ℃搅拌提取 3 h，离心。滤渣用 1 倍量（体积）68%～70%乙醇和 4%草酸提取 2 h，合并乙醇提取液。

（2）碱化、酸化：提取液在不断搅拌下加入浓氨水，调至 pH 8.0～8.4（液温 10～15 ℃），立即进行压滤或离心，除去碱性蛋白，滤液应澄清，并及时用硫酸酸化至 pH 3.6～3.8，降温至 5 ℃，静置时间不短于 4 h，使酸性蛋白及时沉淀。

（3）减压浓缩：吸上清液至减压浓缩锅内，30 ℃以下减压蒸去乙醇，浓缩至浓缩液相对密度为 1.04～1.06（体积为原体积的 1/10～1/9）为止。

（4）去脂、盐析：浓缩液转入去脂锅内，在 5 min 内加热至 50 ℃后，立即用冰盐水降温至 5 ℃，静置 3～4 h，分离出下层清液（脂层可回收胰岛素）。用盐酸调至 pH 2.0～2.5，于 20～25 ℃在搅拌下加入固体氯化钠（270 g/L），保温静置数小时。析出的盐析物

即为胰岛素粗晶。

(5) 精制:盐析物按干重计算,加入 7 倍量(质量)蒸馏水溶解,再加入 3 倍量(质量)冷丙酮,用 4 mol/L 氨水调至 pH 4.2～4.3,然后补加丙酮,使溶液中水和丙酮的比例为 7:3。充分搅拌后,低温(5 ℃以下)放置过夜,次日在低温下离心分离,得到滤液。

在滤液中加入 4 mol/L 氨水至 pH 6.2～6.4,加入 0.036 倍量(体积)乙酸锌溶液(浓度为 20%),再用 4 mol/L 氨水调至 pH 6.0,低温放置过夜,次日过滤,分离沉淀。

(6) 结晶:经丙酮脱水后按每克精品(干重)加冰冷 2%柠檬酸 50 mL、6.5%乙酸锌溶液 2 mL、丙酮 16 mL,并用冰水稀释至 100 mL,使其充分溶解,5 ℃以下,用 4 mol/L 氨水调至 pH 8.0,迅速过滤。滤液立即用 10%柠檬酸溶液调 pH 6.0,补加丙酮,使整个溶液体系保持丙酮含量为 16%。慢速搅拌 3～5 h,放入 4 ℃冰箱 72 h,使结晶析出。在显微镜下观察,结晶外形为似正方形或扁斜形六面体,离心收集结晶,并小心刷去上层灰黄色无定形沉淀,用蒸馏水或乙酸铵缓冲液洗涤,再用丙酮、乙醚脱水,离心后,在五氧化二磷真空干燥箱中干燥,即得到结晶胰岛素,效价应在 26 U/mg 以上。

(7) 回收:在上述各项操作中,应注意产品回收,从 pH 4.2 沉淀物中回收的胰岛素最多,占整个回收量的近一半,约为正品的 10%。从油脂盐析物中回收的胰岛素也可达正品的 5%左右。

案例 4　青霉素 G 盐的结晶工艺

青霉素 G 的澄清发酵液(pH 3.0)经乙酸丁酯萃取、水溶液(pH 7.0)反萃取和乙酸丁酯二次萃取后,向乙酸丁酯萃取液中加入乙酸钾的乙醇溶液,即生成青霉素 G 钾盐。因青霉素 G 钾盐在乙酸丁酯中溶解度很小,故从乙酸丁酯溶液中结晶析出,控制适当的操作温度、搅拌速率以及青霉素 G 的初始浓度,可得到粒度均匀、纯度达 90%以上的青霉素 G 钾盐结晶。将青霉素 G 钾盐溶于氢氧化钾溶液中,调节至中性,加入无水乙醇,进行真空共沸蒸馏操作,可获得纯度更高的结晶产品。在上述操作中,乙酸钠代替乙酸钾,即可获得青霉素 G 钠盐。

案例 5　四环素碱的结晶工艺

四环素碱的结晶工艺流程如下:

发酵液 →(酸化过滤)→ 滤洗液 →(连续结晶)→ 四环素碱结晶液 →(分离洗涤)→ 湿四环素碱

四环素发酵液经过预处理后,即可在酸性滤液中用碱化剂调节 pH 值至等电点,使四环素直接从滤液中结晶出来。在结晶过程中应注意以下几点。

1. 碱化剂的选择

碱化剂一般采用氢氧化钠、氢氧化铵、碳酸钠、亚硫酸钠等。目前,生产上多采用氨水(内含 2%～3% $NaHSO_3$ 或 Na_2CO_3 及尿素等)作为碱化剂,这样既能节约成本,又能起到抗氧脱色的作用,效果较好。

2. pH 值的控制

在连续结晶过程中,pH 值的高低对产量和质量都有一定的影响。四环素的等电点为 pH 5.4,当 pH 值控制在接近等电点时,结晶虽较完全些,收率亦高,但此时会有大量杂质(主要是蛋白质类杂质,其等电点与四环素的等电点相近)同时沉淀析出,影响产品的质量和色泽;若 pH 值控制得较低一些,对提高产品质量虽有好处(即上述蛋白质等杂质不同时析出,而残留在母液中),但结晶不够完全,收率要低些,影响产量。因此,在选择结晶的 pH 值时,就必须同时考虑到产量、质量的关系。根据在 pH 4.5~7.5,四环素游离碱在水中的溶解度几乎不变的特性,在正常情况下,工艺上控制 pH 值在 4.8 左右。若发现结晶质量较差,pH 值可控制得稍低些,以利于改善结晶质量。但不能低于 4.5,否则收率低,影响产量。

3. 其他条件的控制

为使四环素碱高产优质,所得晶体均匀,粒度大,易分离,便于过滤和洗涤等操作,除了严格控制 pH 值条件外,加碱化剂的速率、滤液质量、结晶温度、时间和搅拌转速等条件也必须加以控制。

 小结

1. 盐析法

利用生物分子溶解度的差异,向溶液中加入中性盐,达到分离的目的。优点:经济、安全、操作简便、不易引起蛋白质变性。缺点:分辨率不高。适合于生化物质粗提纯阶段。常用于蛋白质、酶、多肽、多糖和核酸等物质的分离与纯化。

2. 有机溶剂沉淀法

降低溶液介电常数,增加生物分子上电荷的引力,破坏生物分子水化膜,导致溶解度改变。优点:效率比盐析法高、沉淀不用脱盐。缺点:易引起变性失活,操作要求在低温下进行。常用于蛋白质、酶、核酸和多糖等生物分子的提取。

3. 其他沉淀法

等电点沉淀法:操作简单,试剂消耗量少,引入杂质少。

水溶性非离子型聚合物沉淀法:常用聚乙二醇(PEG);条件温和、效率高、易去除。

成盐沉淀法:金属复合盐法、有机酸复合盐法、无机复合盐法。

4. 结晶法

结晶是溶质呈晶态从溶液析出的过程。结晶包括三个过程:过饱和溶液的形成、晶核的生成和晶体的长大。溶液浓度、样品纯度、溶剂、温度、搅拌与混合等会影响结晶操作和产品质量。

同步训练

1. 名词解释

盐析法 共沉淀现象 有机溶剂沉淀法 等电点沉淀法 结晶法

2. 填空题

(1) 过饱和溶液的形成方法有_____、_____和_____。

（2）在结晶操作中,工业上常用的起晶方法有_____、_____和_____。

（3）晶体质量主要指_____、_____和_____三个方面。

（4）结晶的前提是_____,结晶的推动力是_____。

3. 判断题

（1）盐析法经济、安全、操作简便、不易引起蛋白质变性,但分辨率不高。　　（　　）

（2）多价阳离子的盐析作用一定比多价阴离子的强。　　（　　）

（3）有机溶剂沉淀蛋白质的作用比盐析的强,并且免去了后期脱盐的麻烦。　　（　　）

（4）工业上生产胰岛素,采用等电点沉淀时一般先去除酸性蛋白质,再调 pH 值去除碱性蛋白质。　　（　　）

（5）Pb^{2+} 不但可以和羧酸作用,也可以和含有巯基的化合物作用形成金属盐复合物。　　（　　）

（6）要增加目的物的溶解度,往往要在等电点附近进行提取。　　（　　）

（7）蛋白质变性后溶解度降低,主要是因为电荷被中和及水膜被去除。　　（　　）

（8）蛋白质类生物大分子在盐析过程中,最好在高温下进行,因为温度高会增加其溶解度。　　（　　）

（9）蛋白质为两性电解质,改变 pH 值可改变其电荷性质,pH＞pI 时蛋白质带正电。　　（　　）

（10）盐析是利用不同物质在高浓度的盐溶液中溶解度的差异,向溶液中加入一定量的中性盐,使原溶解的物质沉淀析出的分离技术。　　（　　）

（11）硫酸铵在碱性环境中可以使用。　　（　　）

（12）在低盐浓度时,盐离子能增加生物分子表面电荷,使生物分子水合作用增强,具有促进溶解的作用。　　（　　）

（13）丙酮沉淀作用小于乙醇。　　（　　）

（14）有机溶剂与水混合要在低温下进行。　　（　　）

（15）盐析作用反应完全需要一定时间,一般硫酸铵全部加完后,应放置 30 min 以上才进行固液分离。　　（　　）

（16）丙酮介电常数低,沉淀作用大于乙醇,所以在沉淀时选用丙酮较好。　　（　　）

（17）甲醇沉淀作用与乙醇相当,但对蛋白质的变性作用比乙醇、丙酮都小,所以应用广泛。　　（　　）

（18）盐析一般可在室温下进行,当处理对温度敏感的蛋白质或酶时,盐析操作要在低温下(如 0～4 ℃)进行。　　（　　）

4. 选择题

（1）不适合盐析用的盐是(　　)。

A. 硫酸钠　　　　B. 氯化钠　　　　C. 磷酸钠　　　　D. 碳酸钠

（2）下列离子中,盐析作用比较强的是(　　)。

A. IO_3^-　　　　B. PO_4^{3-}　　　　C. Al^{3+}　　　　D. Na^+

（3）下列不属于有机溶剂沉淀法的特点的是(　　)。

A. 降低水介电常数　　　　　　　B. 无毒

C. 破坏水化膜　　　　　　　　D. 变性蛋白

(4) 等电点法沉淀蛋白质,原因是(　　)。

A. 试剂耗量少　　　　　　　　B. 降低其溶解度

C. 稳定双电层　　　　　　　　D. 形成复合物

(5) 不影响 PEG 沉淀效果的因素是(　　)。

A. 试剂毒性　　　　　　　　　B. 离子强度

C. 溶液 pH 值和温度　　　　　D. 本身的浓度和相对分子质量

(6) 盐析法纯化酶类是根据(　　)进行纯化的。

A. 酶分子电荷性质的纯化方法　　B. 调节酶溶解度的方法

C. 酶分子大小、形状不同的纯化方法　D. 酶分子专一性结合的纯化方法

(7) 有机溶剂沉淀法中,可使用的有机溶剂为(　　)。

A. 乙酸乙酯　　B. 正丁醇　　C. 苯　　　D. 丙酮

(8) 等电点沉淀法是利用(　　)进行分离的。

A. 电荷性质　　B. 挥发性质　　C. 溶解性质　　D. 生产方式

(9) 在什么情况下得到粗大而有规则的晶体?(　　)

A. 晶体生长速率大大超过晶核生成速率

B. 晶体生长速率大大低于晶核生成速率

C. 晶体生长速率等于晶核生成速率

D. 以上都不对

(10) 盐析法与有机溶剂沉淀法比较,其优点是(　　)。

A. 分辨率高　　　　　　　　　B. 变性作用小

C. 杂质易除去　　　　　　　　D. 沉淀易分离

(11) 氨基酸的结晶纯化是根据氨基酸的(　　)性质。

A. 溶解度和等电点　　　　　　B. 相对分子质量

C. 酸碱性　　　　　　　　　　D. 生产方式

(12) 结晶过程中,溶质过饱和度大小(　　)。

A. 不仅会影响晶核的生成速率,而且会影响晶体的长大速率

B. 只会影响晶核的生成速率,不会影响晶体的长大速率

C. 不会影响晶核的生成速率,但会影响晶体的长大速率

D. 不会影响晶核的生成速率,而且不会影响晶体的长大速率

5. 简答题

(1) 简述中性盐沉淀蛋白质的原理。

(2) 简述有机溶剂沉淀法的原理。

(3) 简述有机溶剂沉淀过程中应注意的问题。

(4) 简述过饱和溶液形成的方法。

6. 应用题

(1) 影响盐析的因素有哪些?

(2) 如何选择与控制结晶条件?

第六单元

色谱分离技术

 知识目标

（1）熟悉色谱系统的组成。
（2）熟悉各种色谱法分离的原理。
（3）熟悉各种色谱法色谱介质的要求及作用。
（4）理解影响各种色谱法操作的因素。
（5）理解各种色谱法的操作要点和适用范围。
（6）理解不同色谱的流动相的选择。
（7）熟悉各种色谱法分离的应用。

 技能目标

（1）能针对不同的生物材料选用不同的色谱方法。
（2）在实训室能进行常见色谱的操作。
（3）能熟练使用常见的色谱设备。
（4）能够对色谱图进行定性分析。

 素质目标

养成按仪器说明书进行规范操作,爱护仪器的习惯。

色谱法是目前广泛应用的一种分离技术,早在 20 世纪初俄国植物学家 M. Tswett 就发现并使用了这一技术,证明了植物的叶子中不仅有叶绿素,还含有其他色素。现在色谱法已成为生物工程、生物化学、分子生物学及其他学科有效的分离及分析工具之一。

色谱系统由四个基本部分构成:固定相、流动相、泵系统及在线检测器。图 1-6-1 是基本色谱系统示意图,图 1-6-2 是色谱分离示意图。

检测器虽然置于色谱柱的末端,但应当被视为色谱过程的起点,因为如果我们不知道色谱分离过程所实现的分离是什么,那就等于没有实现任何分离。理想的检测方法应是

溶剂缓冲液
样品
泵
柱
计算机/
控制器
监测
pH
UV
记
录
器
废液
馏分收集器

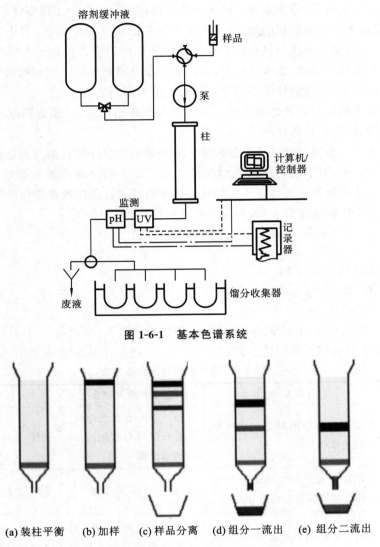

图 1-6-1　基本色谱系统

(a) 装柱平衡
(b) 加样
(c) 样品分离
(d) 组分一流出
(e) 组分二流出

图 1-6-2　色谱分离示意图

可以连续或在线使用的。目前,应用最普遍的是光吸收法。采用此项技术可以检测到多种类型的组分。该项技术在蛋白质分离中使用广泛,因为蛋白质具有光吸收,而缓冲液组分如盐等不产生光吸收,最低检测浓度可达 1 μg/mL。随着技术进步,目前的检测器可以快速地进行多波长扫描。操作者可以根据不同的目的,如提高灵敏度或者跟踪杂质而选择相应的吸收光波长。

将几种检测方法进行组合,对于色谱分离而言是非常重要甚至是非常关键的。可以采用离线分析的方法,如电泳、亲和色谱或生物分析等作为在线分析的补充,从而确定在特定的时间内是何种物质分离流出色谱柱。

色谱分离的第二个基本问题是选择固定相和流动相。表面积较大的固体或附着在固体上且不发生运动的液体称为固定相。无数的聚合物基质材料和丰富的化学修饰方法提供了丰富的固定相资源,可供选择。绝大多数色谱固定相由两个主要部分构成:①空间结构部分,它取决于聚合物骨架的组成,决定了固定相的尺寸和孔隙率;②化学或生物大分子功能性成分,它赋予介质与目标溶质特异性相互作用的能力。合适的固定相还要能够满足分离任务的其他要求,如样品体积、分离成本及分离速率等。固定相通常装在一个玻璃或不锈钢柱子中,不同的柱子高径比对分离效果有不同影响。

流动相是不断运动的气体或液体。流动相的选择比较复杂,需要根据不同的色谱方法、分离对象的性质进行选择。

泵使液体有一个恒定穿过柱子的流速。泵和泵头的制作材料都应该是惰性的。

在色谱分离中,对于不同规格大小的柱可以用统一的线性流速来表示其流动速率。已标准化的线性流速的定义为在给定的柱条件下溶液通过单位横截柱面的体积流速。而通常流速都是用体积流速来表示,两者的换算如下:

$$Y = \frac{F}{60 \times \pi \times r^2}$$

式中:Y——线性流速,cm/h;

$\quad\ F$——体积流速,mL/min;

$\quad\ r$——柱的内径,cm。

流动相线性流速大,相应的保留时间短,但保留体积不变。

表 1-6-1 简要总结了常用色谱方法的分离原理、色谱介质及设备、操作方法。

表 1-6-1　生物分离常用色谱方法

色谱方法	分离原理	色谱介质及设备	操作方法
吸附色谱	利用溶质与吸附剂之间的吸附力的差异而分离	非极性吸附剂有活性炭,极性吸附剂有氧化铝、硅胶和聚酰胺	装柱、上样、洗脱
分配色谱	利用被分离组分在固定相与流动相中的溶解度差别而分离	载体、固定相、流动相	装柱、上样、洗脱
离子交换色谱	以离子交换剂为固定相,依据流动相中的组分离子与交换剂上的平衡离子进行可逆交换时的结合力大小的差别而分离	疏水离子交换剂(阴、阳离子交换剂)、亲水性离子交换剂(离子交换纤维素、离子交换葡聚糖、离子交换琼脂糖)	离子交换剂选择、预处理及转型、上样、洗涤、洗脱、再生、保存
凝胶过滤色谱	依据混合物中各组分相对分子质量的差别而分离	葡聚糖凝胶、琼脂糖凝胶、聚丙烯酰胺凝胶	凝胶溶胀、装柱、上样、收集和鉴定、凝胶保存
亲和色谱	基于生物活性物质之间的特异亲和力实现分离	载体、特异性配体、连接臂	色谱柱选择、平衡、上样、洗涤、洗脱、保存
疏水色谱	基于蛋白质表面疏水区域与固定相上疏水配基之间的弱疏水性相互作用的差异实现分离	载体、疏水性配体	样品的制备、上样条件选择、上样、洗涤、洗脱、保存

续表

色谱方法	分离原理	色谱介质及设备	操作方法
高效液相色谱	利用物质在两相之间吸附或分配的微小差异而分离	高压输液系统、进样系统、分离系统、检测系统、记录系统	进样前的准备、样品处理、上样、洗脱、色谱柱的清洗和保存

6.1 吸附色谱

吸附色谱是应用最早的色谱方法,由于具有吸附剂来源丰富,价格低廉,易再生,装置简单、灵活,又有一定的分辨率等优点,至今仍广泛应用于各种天然化合物和微生物发酵产品等初级产品的分离制备,如尿激酶、绒毛膜促性腺激素等粗品的制备。

6.1.1 基本原理

吸附色谱是依靠溶质中不同组分与吸附剂之间的分子吸附力的差异而实现分离的色谱方法。混合物被流动相带入装有吸附剂的分离柱,在重力或压力差的作用下在柱中移动,各组分在固定相和流动相间不断地发生吸附、解吸、再吸附、再解吸……连续多次的吸附平衡的过程,使各组分随流动相移动的速率不同,从而达到各组分分离的目的。吸附力主要是范德华力、疏水作用等,有时也形成氢键或化学键。

6.1.2 分类

吸附色谱可以根据不同的标准分类。

(1) 根据吸附力的不同,可分为物理吸附、化学吸附和交换吸附。物理吸附与化学吸附可以并行发生,两者在一定条件下可以相互转化,例如低温时主要为物理吸附,在升温到一定程度后则可能转化为化学吸附。

(2) 根据吸附剂的不同,可分为无机基质吸附色谱(如硅胶色谱)、有机基质吸附色谱(如聚酰胺吸附色谱)。

(3) 根据操作方法不同,可分为柱吸附色谱和薄层吸附色谱。

6.1.3 影响吸附分离的因素

影响吸附分离的因素较多,主要有吸附剂、吸附质、洗脱剂或展层剂的性质以及吸附过程的具体条件等。

1. 吸附剂与吸附质的影响

吸附剂的表面积越大,孔隙度越大,则吸附容量越大;吸附剂的孔径越大,颗粒度越

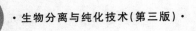

小,则吸附速度越大。一般吸附相对分子质量大的物质应选择孔径大的吸附剂;要吸附相对分子质量小的物质,则需要选择表面积大及孔径较小的吸附剂。

吸附剂与吸附质的极性也影响物质的吸附。对于极性化合物,需选择极性吸附剂;对于非极性化合物,应选择非极性吸附剂。如活性炭是非极性的,在水溶液中是一些有机化合物的良好吸附剂;氧化铝和硅胶是极性的,在有机溶剂中吸附极性物质较为适宜。

吸附质的极性大小主要取决于以下因素。

(1)功能基团极性。以极性增加的顺序排列如下:烷烃、烯烃、卤代烃、醚、硝基化合物、酯、酮、醛、酰胺、醇、酚、伯胺、羧酸。同一类化合物,极性基团越多,极性越大。

(2)分子的大小。如活性炭在水溶液中对同系列有机物的吸附量,随吸附物相对分子质量增大而增大。吸附脂肪酸时吸附量随碳链增长而加大,对多肽的吸附能力大于对氨基酸的吸附能力,对多糖的吸附能力大于对单糖的吸附能力。

2. 温度的影响

吸附一般是放热的,所以只要达到吸附平衡,升高温度会使吸附量降低。但在低温时,有些吸附过程往往在短时间内达不到平衡,而升高温度会使吸附速度增加,并出现吸附量增加的情况。

对蛋白质或酶类的分子进行吸附时,被吸附的高分子是处于伸展状态的,因此,这类吸附是吸热过程。在这种情况下,温度升高会增加吸附量。

生化物质吸附温度的选择还要考虑其热稳定性。如果是热不稳定的,一般在 0℃ 左右进行吸附;如果比较稳定,则可在室温操作。

3. 溶液的 pH 值的影响

溶液的 pH 值往往影响吸附剂或吸附质解离情况,进而影响吸附量。对蛋白质或酶类等两性物质,一般在等电点附近吸附量最大。各种溶质吸附的最佳 pH 值需通过试验确定。如有机酸溶于碱,胺类溶于酸,所以有机酸在酸性条件下,胺类在碱性条件下较易为非极性吸附剂所吸附。

4. 盐浓度的影响

盐类对吸附作用的影响比较复杂。有些情况下盐能阻止吸附,在低浓度盐溶液中吸附的蛋白质或酶,常用高浓度盐溶液进行洗脱。但在另一些情况下盐能促进吸附,甚至有些情况下吸附剂一定要在盐的作用下才能对某些吸附物质进行吸附。例如硅胶对某种蛋白质进行吸附时,硫酸铁的存在可使吸附量增加许多倍。

 6.1.4 吸附剂、展层剂及洗脱剂

1. 薄层吸附色谱的吸附剂与展层剂

(1)吸附剂:薄层吸附色谱中常用的吸附剂为氧化铝、硅胶和聚酰胺等。

(2)展层剂:在薄层吸附色谱中,组分展开过程涉及吸附剂、被分离化合物和溶剂三者之间的竞争,情况很复杂。展层剂一般由极性溶剂和非极性溶剂按一定比例配制,具体由试验确定。遵循的主要原则有以下两个方面:一是展层剂对被分离的组分有一定的解吸能力,但又不能太大;二是展层剂对被分离的物质有一定的溶解度,使解吸出来的物质能溶解于展层剂中,随展层剂向前移动。

2. 柱吸附色谱的吸附剂与洗脱剂

1) 吸附剂

一般来说,柱吸附色谱的吸附剂应有较大的比表面积和足够的吸附能力,它对欲分离的不同物质应该有不同的吸附能力,即有足够的分辨率;与洗脱剂及样品组分不会发生化学反应,且颗粒均匀,在操作过程中不会破裂。

柱吸附色谱的常用吸附剂为氧化铝、硅胶、活性炭和聚酰胺等。

大多数吸附剂能强烈地吸水,导致吸附剂的活性降低,因此吸附剂使用前一般要经过活化处理。吸附剂颗粒大小应当均匀。对于吸附剂而言,粒度愈小,比表面积愈大,吸附能力就愈大。但粒度太小时,溶剂的流速就太慢,因此应根据实际分离需要而定。

2) 洗脱剂

原则上要求所选的洗脱剂纯度合格,与样品和吸附剂不起化学反应,对样品的溶解度大,黏度小,容易流动,容易与洗脱的组分分开。常用的洗脱剂有饱和的碳氢化合物、醇、酚、酮、醚、卤代烷和有机酸等。选择洗脱剂时,可从样品的溶解度、吸附剂的种类和溶剂极性等方面来考虑。极性大的洗脱能力大,因此可先用极性小的作洗涤剂,使组分容易被吸附,然后换用极性大的作洗脱剂,使组分容易从吸附柱中洗出。

6.1.5 柱吸附色谱分离基本操作

1. 色谱柱的选择

色谱柱通常为玻璃柱,这样可以直接观察色带的移动情况;柱应该平直、内径均匀。柱的入口端应该有进料分布器,使进入柱内的流动相分布均匀。柱的底部可以用玻璃棉,也可用砂芯玻璃板或玻璃细孔板支持固定相,最简单的也可以用铺有滤布的橡皮塞。柱的出口管应该尽量短些,这样可以避免已分离的组分重新混合。

一般来说,柱的内径和长度之比为 1:(10~30),柱直径为 2~15 cm,柱径的增加可使样品负载量成平方地增加,但柱径大时,流动很难均匀,色带不规则,因而分离效果差;柱径太小时,进样量小,且使用不便,装柱困难,但适用于选择固定相和溶剂的小试验。实训室所用的柱,直径小的为几毫米。

色谱柱所需的长度与许多因素有关,包括色谱分离的方法,吸附剂的种类、粒度,填装的方法和填装的均匀度等。此外,设计柱长时还需考虑下列几点。

(1) 柱的最小长度取决于所要达到的分离程度,目标产物较难分离时,分辨率低,需要较长的色谱柱。

(2) 柱直径较大时需要较长的色谱柱。

(3) 柱越长,长度和内径比越大,就越难实现均匀的填装。就目前采用的匀浆填装技术而言,填装长度一般不超过 50 cm,而大多数色谱柱的长度在 25 cm 左右。直径大时,柱可长些。

2. 装柱

柱吸附色谱装柱分为干法装柱和湿法装柱两种。

（1）干法装柱：在柱下端加少许棉花或玻璃棉，再轻轻地撒上一层干净的沙粒，打开下口，然后将吸附剂经漏斗缓缓加入柱中。同时轻轻敲动色谱柱，使吸附剂松紧一致，最后小心沿壁加入色谱最初用洗脱剂，至刚好覆盖吸附剂顶部平面，关紧下口活塞。

（2）湿法装柱：将吸附剂加入适量的色谱最初用洗脱剂，调成稀糊状，先把放好棉花、沙子的色谱柱下口打开，然后徐徐将制好的糊浆灌入柱子。注意：整个操作要慢，不要将气泡压入吸附剂中，而且要始终保持吸附剂上有溶剂，切勿让其流干。最后让吸附剂自然下沉，当洗脱剂刚好覆盖吸附剂顶部平面时，关紧下口活塞。

3. 上样

上样分为湿法上样和干法上样两种。

（1）湿法上样：把被分离的物质溶在少量色谱最初用洗脱剂中，小心加在吸附剂上层，注意保持吸附剂上表面仍为一水平面。打开下口，溶液面正好与吸附剂上表面一致时，在上面撒一层细沙，关紧柱活塞。

（2）干法上样：在多数情况下，被分离物质难溶于色谱最初用洗脱剂，这时可选用一种对其溶解度大而且沸点低的溶剂，取尽可能少的溶剂将其溶解，在溶液中加入少量吸附剂，拌匀，挥干溶剂，研磨使之成松散均匀的粉末，轻轻撒在色谱柱吸附剂上面，再撒一层细沙。

4. 洗脱与收集

在装好吸附剂的色谱柱中缓缓加入洗脱剂，进行梯度洗脱，各组分先后被洗出。其基本要求如下。

（1）若用 50 g 吸附剂，一般每份洗脱液量为 50 mL，但当所用洗脱剂极性较大或各成分的结构很近似时，每份的收集量要小。

（2）为了及时了解洗脱液中各洗脱部分的情况，以便调节收集体积或改变洗脱剂的极性，可采用薄层色谱或纸色谱定性检查各流分中的化学成分组成，根据层析结果，可将相同成分合并或更换洗脱液。

（3）将洗脱液合并后，回收溶剂，得到某单一组分，含单一色点的部分用适合的溶剂析晶，对于仍为混合物的部分进一步寻找分离方法进行分离。

5. 注意事项

（1）整个操作过程中勿使吸附剂表面的溶液流干，即吸附剂上端要保持一层溶液。一旦柱面溶液流干，再加溶剂也不能得到好的效果，因为流干后再加溶剂，常使柱中产生气泡或裂缝，影响分离。

（2）应控制洗脱液的流速，流速不应太快。流速过快时，柱中交换来不及达到平衡，影响分离效果。

（3）由于吸附剂的表面活性较大，有时会使某些成分发生变化，因此应尽量在短时间内完成一个柱层析的分离，以避免样品在柱上停留时间过长，发生变化。

 # 6.1.6 吸附色谱的应用

吸附色谱在生物技术领域有比较广泛的应用，主要用于对生物小分子物质的分离。

生物小分子物质相对分子质量小，结构和性质比较稳定，操作条件要求不太苛刻，其中生物碱、萜类、苷类、色素等次生代谢小分子物质常采用吸附色谱法分离。

6.2 分配色谱

6.2.1 基本原理

分配色谱是利用被分离物质中各成分在两种不相混溶的溶剂之间的分配系数不同而使混合物得到分离的色谱技术，其中一种溶剂为固定相，另一种溶剂为流动相。固定相依靠涂布、键合、吸附等手段均匀地分布于色谱柱或者载体表面，用不同极性溶剂作流动相。分配色谱过程本质上是组分分子在固定相和流动相之间不断达到溶解平衡的过程。分配色谱包括固定相、流动相和载体等要素。

6.2.2 载体的选择

对载体的要求如下。

（1）惰性，没有化学吸附能力，能吸留较大量的固定相液体。

（2）纯净，颗粒大小均匀。

常用载体为硅胶、硅藻土和纤维素。

值得注意的是，在分配色谱中，固定相和流动相应事先相互饱和后再使用，至少流动相应先用固定相饱和，否则在后期展开时通过大量流动相，就会把载体中固定相逐渐溶掉，最后只剩下载体，这样就不能称为分配色谱了。

6.2.3 固定相与流动相的选择

（1）正相分配色谱：常用的固定相有水、各种缓冲溶液、酸的水溶液、甲酰胺、丙二醇等强极性溶液及其混合液，按一定比例与支持剂混匀后填装于色谱柱内，用被固定相饱和的有机溶剂作流动相，常用的流动相有石油醚、醇类、酮类、酯类、卤代烷类、苯类等，或者它们的混合物。分离时极性小的组分先流出，极性大的组分后流出。

（2）反相分配色谱：常用硅油、液体石蜡等极性较小的有机溶剂作固定相，常用水、各种水溶液（包括酸、碱、盐与缓冲液）、低级醇类等作流动相。分离时极性大的组分先流出，极性小的组分后流出。

总之，固定相和流动相的选择要根据被分离物中各组分在两相中的溶解度之比（即分配系数）而定，即在流动相中加入一些别的溶剂，以改变各组分被分离的情况与洗脱速率。

97

6.2.4　分配色谱的应用

分配色谱适用于分离极性比较大、在有机溶剂中溶解度小的成分，或极性很相似的成分，若分离的化合物的基团相同或相似，但非极性部分的大小及构型不同，或者所分离的各种化合物溶解度相差较大，或者所分离的化合物极性太强不适于吸附色谱分离，可考虑采用分配色谱。分配色谱多用于分离亲水性的成分，如苷类、糖及氨基酸类。

6.3　离子交换色谱

离子交换色谱（ion exchange chromatography，IEC）是以离子交换剂为固定相，依据流动相中的组分离子与交换剂上的平衡离子进行可逆交换时的结合力大小的差别而进行分离的一种色谱方法。1848 年，Thompson 等人在研究土壤碱性物质交换的过程中发现了离子交换现象。20 世纪 40 年代，出现了具有稳定交换特性的聚苯乙烯离子交换树脂。20 世纪 50 年代，离子交换色谱进入生物化学领域，应用于氨基酸的分析。离子交换色谱可以同时分析多种离子化合物，具有灵敏度高，重复性、选择性好，分离速率快等优点，目前仍是生物技术领域中常用的一种色谱方法，广泛应用于各种生化物质如氨基酸、蛋白质、糖类、核苷酸等的分离与纯化。

6.3.1　基本原理

离子交换色谱使用的分离介质为离子交换剂，离子交换剂为人工合成的多聚物，其上带有许多可解离基团，根据这些基团所带电荷的不同，可分为阴离子交换剂和阳离子交换剂。待分离的溶液通过离子交换柱时，各种离子即与离子交换剂上的荷电部位竞争性结合（图 1-6-3）。任何离子通过柱时的移动速率取决于与离子交换剂的亲和力、解离程度和溶液中各种竞争性离子的性质和浓度。

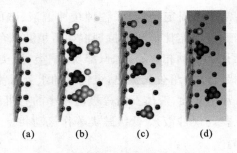

（a）　　　　（b）　　　　（c）　　　　（d）

图 1-6-3　离子交换色谱原理图

离子交换剂与水溶液中离子或离子化合物所进行的离子交换反应是可逆的。假定以 RA 代表阳离子交换剂，在溶液中解离出来的阳离子 A^+ 与溶液中的阳离子 B^+ 可发生可逆的交换反应:$RA+B^+ \rightleftharpoons RB+A^+$。该反应能以极快的速度达到平衡,平衡的移动遵循质量作用定律。

在离子交换色谱中,样品离子与离子交换剂上带固定电荷的活性交换基团之间发生离子交换,不同的样品离子对离子交换剂的亲和力不同,或者说相互作用不同。作用弱的溶质不易被保留,先从柱中被洗脱出来,反之,作用强的溶质保留时间较长,较晚被洗脱出来。

对于阳离子交换树脂,在常温常压的稀溶液中,交换量随交换剂离子所带电荷的增大而增大,如 $Na^+ < Ca^{2+} < Al^{3+} < Si^{4+}$。如离子价数相同,交换量则随交换离子的原子序数的增大而增大,如 $Li^+ < Na^+ < K^+ < Pb^{2+}$。在稀溶液中,强碱性阴离子交换树脂对各负电性基团的结合力的次序为:$CH_3COO^- < F^- < OH^- < HCOO^- < Cl^- < SCN^- < Br^- < CrO_4^{2-} < NO_2^- < I^- < C_2O_4^{2-} < SO_4^{2-} < $ 柠檬酸根。弱碱性阴离子交换树脂对各负电性基团结合力的次序为:$F^- < Cl^- < Br^- = I^- = CH_3COO^- < MoO_4^{2-} < PO_4^{3-} < AsO_4^{3-} < NO_3^- < $ 酒石酸根 $ < $ 柠檬酸根 $ < CrO_4^{2-} < SO_4^{2-} < OH^-$。两性离子如蛋白质、核苷酸、氨基酸等与离子交换剂的结合力,主要取决于它们的理化性质和特定条件下呈现的离子状态:当 pH<pI 时,能被阳离子交换剂吸附;反之,当 pH>pI 时,能被阴离子交换剂吸附。若在相同 pH 值的条件下,且 pI>pH 时,pI 越高,碱性就越强,就越容易被阳离子交换剂吸附。

如果是两性物质,为了成功地使用离子交换色谱,应该知道其等电点。两性物质的带电性在某种程度上可以通过选择适当的缓冲液条件来控制。

从离子交换介质上洗脱目标物质时,必须减弱它们之间的作用力。如洗脱目标蛋白质,一般通过提高盐离子强度(提高介电常数)或者改变 pH 值的方法(减少蛋白质的带电量)来实现。但如果蛋白质吸附在介质上很长时间(如过夜),洗脱会变得很困难,这可能是因为蛋白质构象发生了变化,致使对介质发生了额外的结合作用。

6.3.2 离子交换介质

离子交换色谱的介质通常用疏水材料或者亲水材料,有离子交换树脂、离子交换葡聚糖、离子交换琼脂糖、离子交换纤维素等。这里重点介绍离子交换树脂。离子交换树脂是一种不溶性的、具有立体网状结构的固态物质。

1. 离子交换树脂的分类

离子交换树脂是一种不溶于水及一般酸、碱和有机溶剂的高分子化合物,它的化学稳定性良好,并且具有离子交换能力,其活性基团一般是多元酸或多元碱。离子交换树脂的单元结构由三部分构成:①惰性不溶的、具有三维多孔网状结构的网络骨架(通常用 R 表示);②与网络骨架以共价键相连的活性基团(如 $-SO_3^-$、$-N^+(CH_3)_3$ 等,一般用 M 表示),又称功能基团,它不能自由移动;③与活性基团以离子键结合的可移动的活性离子(即可交换离子,如 H^+、OH^- 等),它在树脂骨架中可以自由进出,从而发生离子交换。活性离子决定着离子交换树脂的主要性能,当活性离子是阳离子时,称为阳离子交换树脂;当活性离子是阴离子时,称为阴离子交换树脂。

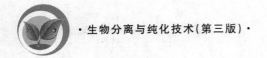

离子交换树脂的构造模型如图 1-6-4 所示。

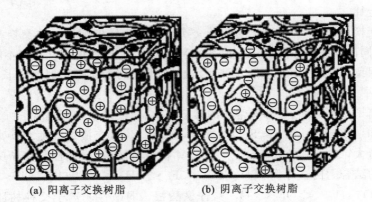

(a) 阳离子交换树脂　　　　(b) 阴离子交换树脂

图 1-6-4　离子交换树脂的构造模型

离子交换树脂可依据不同的分类方法进行分类。

(1) 按树脂骨架的主要成分不同,可分为:苯乙烯型树脂,如 001×7;丙烯酸型树脂,如 112×4;多乙烯多胺-环氧氯丙烷型树脂,如 330;酚-醛型树脂,如 122 等。

(2) 按制备树脂的聚合反应类型不同,可划分为:共聚型树脂,如 001×7;缩聚型树脂,如 122。

(3) 按树脂骨架的物理结构不同,可分为:凝胶型树脂,如 201×7,也称微孔树脂;大网格树脂,如 D-152,也称大孔树脂;均孔树脂,如 Zeolitep,也称等孔树脂。

(4) 按活性基团的性质不同,可分为含酸性基团的阳离子交换树脂和含碱性基团的阴离子交换树脂。阳离子交换树脂可分为强酸性和弱酸性两种,阴离子交换树脂可分为强碱性和弱碱性两种。此外,还有含其他功能基团的螯合树脂、氧化还原树脂以及两性树脂等。

①强酸性阳离子交换树脂。

这类树脂一般以磺酸基($-SO_3H$) 或次甲基磺酸基($-CH_2SO_3H$) 作为活性基团。如聚苯乙烯磺酸型离子交换树脂,它是以苯乙烯为母体,二乙烯苯为交联剂共聚后再经磺化引入磺酸基制成的,其化学结构如下:

磺酸基和次甲基磺酸基都是强酸性基团,其解离程度大且不受溶液 pH 值变化的影响,当 pH 值在 1～14 范围内时均能进行离子交换反应。

强酸型树脂与 H^+ 结合力弱,因此再生成氢型比较困难,故耗酸量较大,一般为该树脂交换容量的 3～5 倍。这类树脂主要用于软水和无盐水的制备,其次在氨基糖苷类抗生素提取中应用较多,如链霉素、卡那霉素、庆大霉素、巴龙霉素、新霉素、春雷霉素、青紫霉素、去甲基万古霉素以及杆菌肽等的分离。

②弱酸性阳离子交换树脂。

弱酸性阳离子交换树脂是指含有羧基(—COOH)、酚羟基(—C_6H_4OH)等弱酸性基团的离子交换树脂,其中以含羧基的离子交换树脂用途最广。弱酸性基团的解离程度受溶液 pH 值的影响很大,在酸性溶液中几乎不发生交换反应,其交换能力随溶液 pH 值的下降而减小,随 pH 值的升高而增大。以 101×4 树脂为例,其交换容量与溶液 pH 值的关系如表 1-6-2 所示。

表 1-6-2   101×4 树脂的交换容量与溶液 pH 值的关系

pH 值	5	6	7	8	9
交换容量/(mmol/g)	0.8	2.5	8.0	9.0	9.0

羧酸阳离子树脂在 pH>7 的溶液中才能正常工作;酸性更弱的酚羟基树脂,则在 pH>9 的溶液中才能进行反应。

此类弱酸性树脂在水中是不稳定的,易水解,不易洗涤到中性,一般洗到 pH 9.0～9.5 即可,并且洗水量不宜过多。

与强酸性树脂不同,弱酸性树脂和 H^+ 结合力很强,所以容易再生成氢型且耗酸量少。在制药过程中常用弱酸性树脂(如 101×4 树脂)分离提取链霉素、正定霉素、溶菌酶及尿激酶,用 122 树脂进行链霉素的脱色及从庆大霉素废液中提取维生素 B_{12} 等。

③强碱性阴离子交换树脂。

这类树脂是以季铵为活性基团,有两种:三甲氨基(—$N^+(CH_3)_3$)称为强碱Ⅰ型,二甲基-β-羟基乙氨基(—$N^+(CH_3)_2(C_2H_4OH)$)称为强碱Ⅱ型。Ⅰ型树脂的热稳定性、抗氧化性、机械强度、使用寿命均好于Ⅱ型树脂,其用途更广泛,但再生较困难。强碱性树脂活性基团的解离程度大,在 pH 1～14 范围内都可以显示离子交换功能。

这类树脂的氯型较羟型更稳定,耐热性更好,故商品大多数是氯型。这类树脂与 OH^- 结合力较弱,再生时耗碱量较大。常用的如 201×4 树脂用于卡那霉素、庆大霉素、巴龙霉素、新霉素的精制脱色,201×7 树脂用于无盐水的制备等。

④弱碱性阴离子交换树脂。

弱碱性阴离子交换树脂是以伯氨基(—NH_2)、仲氨基(—NHR)、叔氨基(—NR_2)以及吡啶(—C_6H_5N)为活性基团的离子交换树脂。基团的解离程度小,仅在中性及酸性(pH<7)的介质中才显示离子交换功能,即交换容量受溶液 pH 值的影响较大,pH 值愈低,交换能力愈大。

2. 离子交换树脂的命名

1997 年我国化工部颁布了新的规范化命名法,离子交换树脂的型号由三位阿拉伯数字组成。第一位数字(＊)表示树脂的分类,第二位数字(＊)表示树脂骨架的高分子化合物类型。常见树脂的分类、骨架代号见表 1-6-3。

表 1-6-3　离子交换树脂命名法分类、骨架代号

分　类	骨　架	代　号
强酸性	苯乙烯型	0
弱酸性	丙烯酸型	1
强碱性	酚-醛型	2
弱碱性	环氧型	3
螯合性	乙烯吡啶型	4
两性	脲醛型	5
氧化还原性	氯乙烯型	6

第三位数字(＊)表示顺序号;"×"表示连接符号;"×"之后的数字(＊)表示交联度,交联度是聚合载体骨架时交联剂(一般为二乙烯苯(DVB))用量的质量百分比,它与树脂的性能有密切的关系,在表达交联度时,去掉"％",仅把数值写在编号之后;对于大孔型离子交换树脂,在三位数字型号前加"大"字汉语拼音首位字母"D",表示为"D＊＊＊"。如图 1-6-5 所示。

图 1-6-5　离子交换树脂型号表示法示意图

例如"001×7"树脂,第一位数字"0"表示树脂的分类属于强酸性,第二位数字"0"表示树脂的骨架是苯乙烯型,第三位数字"1"表示顺序号,"×"后的数字"7"表示交联度为7％。因此,"001×7"树脂表示凝胶型苯乙烯型强酸性阳离子交换树脂。

3. 离子交换树脂的理化性质

1) 外观和粒度

树脂的颜色有白色、黄色、黄褐色及棕色等;有透明的,也有不透明的。为了便于观察交换过程中色带的分布情况,多选用浅色树脂,用后的树脂色泽会逐步加深,但对交换容量影响不明显。大多数树脂为球形颗粒,少数呈膜状、棒状、粉末状或无定形状。球形的优点是液体流动阻力较小,耐磨性能较好,不易破裂。

树脂颗粒在溶胀状态下直径的大小即为其粒度。商品树脂的粒度一般为 16～70 目(1.19～0.2 mm),特殊规格为 200～325 目(0.074～0.044 mm)。制药过程一般选用 16～60 目占 90％ 以上的球形树脂。大颗粒树脂适用于高流速及有悬浮物存在的液相,而小颗粒树脂则多用于色谱柱和含量很少的成分的分离。粒度越小,交换速度越快,但流体阻力也会增加。

2）膨胀度

当把干树脂浸入水、缓冲溶液或有机溶剂后,树脂上的极性基团强烈吸水,高分子骨架则吸附有机溶剂,使树脂的体积发生膨胀,此为树脂的膨胀性。

此外,树脂在转型或再生后用水洗涤时也有膨胀现象。用一定溶剂溶胀 24 h 之后的树脂体积与干树脂体积之比称为该树脂的膨胀系数,用 $K_{膨胀}$ 表示。一般情况下,凝胶树脂的膨胀度随交联度的增大而减小。另外,树脂上活性基团的亲水性愈弱,活性离子的价态愈高,水合程度愈大,膨胀度愈低。在确定树脂装柱量时,应考虑其膨胀性能。

3）交联度

离子交换树脂中交联剂的含量即为交联度,通常用质量分数表示。如 001×7 树脂中交联剂(二乙烯苯)占合成树脂总原料的 7%。一般情况下,交联度愈高,树脂的结构愈紧密,溶胀性愈小,选择性愈高,大分子物质愈难被交换。应根据被交换物质分子的大小及性质选择适当交联度的树脂。

4）含水率

每克干树脂吸收水分的质量称为含水率,一般为 0.3～0.7 g。树脂的交联度愈高,含水率愈低。干燥的树脂易破碎,故商品树脂常以湿态密封包装。干树脂初次使用前应用盐水浸润后,再用水逐步稀释,以防止暴胀破碎。

5）真密度和视密度

单位体积的干树脂(或湿树脂)的质量称为干(湿)真密度。当树脂在柱中堆积时,单位体积的干树脂(或湿树脂)的质量称为干(湿)视密度,又称堆积密度。树脂的密度与其结构密切相关,活性基团愈多,湿真密度愈大;交联度愈高,湿视密度愈大。一般情况下,阳离子树脂比阴离子树脂的真密度大,凝胶树脂比相应的大孔树脂视密度大。

6）交换容量

单位质量(或体积)干树脂所能交换离子的量,称为树脂的质量(体积)交换容量,表示为 mmol/g(干树脂)或 mmol/mL(干树脂)。交换容量是表征树脂活性基团数量或交换能力的重要参数。一般情况下,交联度愈低,活性基团愈多,则交换容量愈大。在实际应用过程中,常遇到三个概念:理论交换容量、再生交换容量和工作交换容量。理论交换容量是指单位质量(或体积)树脂中可以交换的化学基团总数,故也称总交换容量。工作交换容量是指实际进行交换反应时树脂的交换容量,因树脂在实际交换时总有一部分不能被完全取代,所以工作交换容量小于理论交换容量。再生交换容量是指树脂经过再生后所能达到的交换容量,因再生不可能完全,故再生交换容量小于理论交换容量。一般情况下,再生交换容量为总交换容量的 0.5～1.0 倍,工作交换容量为再生交换容量的 0.3～0.9 倍。

7）稳定性

(1) 化学稳定性:不同类型的树脂,其化学稳定性有一定的差异。一般阳离子树脂比阴离子树脂化学稳定性更好,阴离子树脂中弱碱性树脂最差。如苯乙烯型强酸性阳离子树脂对各种有机溶剂、强酸、强碱等稳定,可长期耐受饱和氨水、0.1 mol/L KMnO$_4$、0.1 mol/L HNO$_3$ 及温热 NaOH 等溶液而不发生明显破坏;羟型阴离子树脂稳定性较差,故以氯型存放为宜。

（2）热稳定性：干燥的树脂受热易降解破坏。强酸、强碱的盐型比游离酸（碱）型稳定，苯乙烯型比酚-醛型稳定，阳离子树脂比阴离子树脂稳定。

8）机械强度

树脂床层过高或溶液流速过大，会使树脂磨损；如果液相浓度变化过快，会产生过大的渗透压，使树脂破碎。机械强度是指树脂抵抗破碎的能力。一般用树脂的耐磨性能来表达树脂的机械强度。测定时，将一定量的树脂经酸、碱处理后，置于球磨机或振荡筛中撞击、磨损一定时间后取出过筛，以完好树脂的质量百分率来表示。在药品分离中，对商品树脂的机械强度一般要求在95%以上。

9）孔度、孔径、比表面积

孔度是指每单位质量或体积树脂所含有的孔隙体积，以 mL/g 或 mL/mL 表示。

树脂的孔径差别很大，与合成方法、原料性质等密切相关，凝胶树脂的孔径取决于交联度。孔径的大小对离子交换树脂选择性的影响很大，对吸附有机大分子尤为重要。

比表面积是指单位质量的树脂所具有的表面积，以 m^2/g 表示。在合适孔径的基础上，选择比表面积较大的树脂，有利于提高吸附量和交换速率。

4. 离子交换树脂的选择

在工业应用中，对离子交换树脂的要求如下：①具有较高的交换容量；②具有较好的交换选择性；③交换速度快；④具有在水、酸、碱、盐、有机溶剂中的不可溶性；⑤具有较高的机械强度，耐磨性能好，可反复使用；⑥耐热性好，化学性质稳定。离子交换树脂的选用，一般应从以下几个方面考虑。

（1）被分离物质的性质和分离要求：包括目标物质和主要杂质的解离特性、相对分子质量、浓度、稳定性、酸碱性的强弱、介质的性质以及分离的要求等，其关键是保证树脂对被分离物质与主要杂质的吸附力有足够大的差异。当目标物质有较强的碱性（或酸性）时，应选用弱酸性（或弱碱性）的树脂，这样可以提高选择性，利于洗脱。

当目标物质是弱酸性（或弱碱性）的小分子时，可以选用强碱性（或强酸性）树脂。例如：氨基酸的分离多用强酸性树脂，以保证有足够的结合力，有利于分步洗脱；赤霉素为弱酸，pK_a 为3.8，可用强碱性树脂进行提取。对于大多数蛋白质、酶和其他生物大分子的分离，采用弱碱性或弱酸性树脂，以减少生物大分子的变性，有利于洗脱，并提高选择性。一般说来，对弱酸性和弱碱性树脂，为使树脂能离子化，应采用钠型或氯型。而对强酸性和强碱性树脂，可以采用任何类型。但若抗生素在酸性、碱性条件下易破坏，则不宜采用氢型和羟型树脂。对于偶极离子，应采用氢型树脂吸附。

（2）树脂可交换离子的类型：由于阳离子型树脂有氢型（游离酸型）和盐型（如钠型），阴离子型树脂有羟型（游离碱型）和盐型（如氯型）可供使用，为了增加树脂活性、离子的解离度，提高吸附能力，弱酸性和弱碱性树脂应采用盐型，而强酸性和强碱性树脂则可根据用途任意使用。对于在酸性、碱性条件下不稳定的物质，不宜选用氢型或羟型树脂。盐型适用于硬水软化、特定离子的去除、交换及抽提，但不适用于 Cl^- 与 SO_4^{2-} 的交换、脱色及抽提等。游离酸型或游离碱型的应用，除与盐型树脂有相同的作用外，还有脱盐的作用。

（3）合适的交联度：多数药物的分子较大，应选择交联度较低的树脂，以便于吸附。

但交联度过低,会影响树脂的选择性,其机械强度也较差,使用过程中易造成破碎流失。所以选择交联度的原则为:在不影响交换容量的条件下,尽量提高交联度。

(4) 洗脱难易程度和使用寿命:离子交换过程仅完成了一半分离过程,洗脱是非常重要的另一半分离过程,往往关系到离子交换工艺技术的可行性。从经济角度考虑,交换容量、交换速度、树脂的使用寿命等都是非常重要的选择参数。

总之,应根据目标物质的理化性质及具体分离要求,综合考虑多方面因素来选择树脂。

6.3.3　离子交换色谱流动相的选择

离子交换色谱中缓冲液(流动相)的选择很重要。它们的选择取决于目标产物的pI、离子交换剂的类型和是否需要挥发性缓冲液。如果纯化的样品要被冻干,则挥发性缓冲液是有用的,尤其是目标产物浓度很低时。

一种好的缓冲液应该具有在工作pH值条件下有高的缓冲能力、高的溶解性、高纯度及廉价等特点。缓冲液的盐也应该有高的缓冲能力,而且不应对电导率有很大干扰,不会与介质发生作用。缓冲液的浓度通常为$10\sim50$ mmol/L。

常用于阳离子交换色谱的缓冲液见表1-6-4,常用于阴离子交换色谱的缓冲液见表1-6-5,挥发性缓冲液见表1-6-6。

表 1-6-4　常用于阳离子交换色谱的缓冲液

成　　分	pK_a	工作 pH 值	成　　分	pK_a	工作 pH 值
柠檬酸	3.1	$2.6\sim3.6$	MOPS	7.2	$6.7\sim7.7$
乳酸	3.8	$3.4\sim4.3$	磷酸盐	7.2	$6.8\sim7.6$
乙酸	4.74	$4.3\sim5.2$	HEPES	7.5	$7.0\sim8.0$
MES	6.1	$5.6\sim6.6$	bicine	8.3	$7.6\sim9.0$
ADA	6.6	$6.1\sim7.1$			

说明:MES——2-[N-吗啉代]乙磺酸;ADA——N-[2-乙酰氨基]-2-亚氨基二乙酸;MOPS——3-[N-吗啉代]丙磺酸;HEPES——N-[2-羟乙基]-哌嗪-N′-[2-乙磺酸];bicine——N,N-二[2-羟乙基]甘氨酸。

表 1-6-5　常用于阴离子交换色谱的缓冲液

成　　分	pK_a	工作 pH 值	成　　分	pK_a	工作 pH 值
N-甲基哌嗪	4.75	$4.25\sim5.25$	Tris	8.1	$7.6\sim8.6$
哌嗪	5.68	$5.2\sim6.2$	N-甲基二乙醇胺	8.5	$8.0\sim9.0$
Bis-Tris	6.5	$6.0\sim7.0$	二乙醇胺	8.9	$8.4\sim9.4$
Bis-Tris 丙烷	6.8	$6.3\sim7.3$	乙醇胺	9.5	$9.0\sim10.0$
三乙醇胺	7.8	$7.25\sim8.25$	1,3-二乙醇丙烷	10.5	$10.0\sim11.0$

表 1-6-6　挥发性缓冲液

成　分	pK_a	工作 pH 值	带相反电荷的离子	成　分	pK_a	工作 pH 值	带相反电荷的离子
甲酸	3.8	3.3～4.3	NH_4^+	N-乙基吗啉	7.7	7.2～8.2	CH_3COO^-
乙酸	4.7	4.3～5.2	NH_4^+	铵	9.25	8.7～9.7	CH_3COO^-
吡啶/乙醇	5.35/4.74	4.3～5.9	CH_3COO^-	三甲胺	9.8	9.3～10.3	CH_3COO^-

1. 缓冲液缓冲能力

为了获得好的缓冲能力,缓冲剂的 pK_a 不能与工作 pH 值相差 0.5 以上。

2. 缓冲液离子强度

二价盐缓冲液(如磷酸盐)能和一价盐缓冲液(如乙酸盐)有相同的缓冲能力,但没有同样低的离子强度。如果必须是低离子强度的,那就要选择一价盐缓冲液。

3. 缓冲液与介质相互作用

应该避免选择能与介质相互作用的缓冲盐类,如磷酸盐缓冲液和阴离子交换剂共同使用,这时磷酸基团就会结合到柱子上,平衡会被破坏,导致 pH 值的变化而使目标产物被解吸。

4. 温度和离子强度对缓冲液 pH 值的影响

温度和离子强度都会影响 pK_a,最后影响溶液的 pH 值。例如,HEPES 的 $d(pK_a)/dT$ 是 -0.014,为了让其在 4 ℃时的 pH 值为 7.6,在 25 ℃时必须调成 7.3。离子强度同样也影响 pK_a。当离子强度增加时,带正电荷物质的 pK_a 增大,带负电荷物质的 pK_a 减小。

5. 缓冲液的浓度

缓冲液的浓度是由其平衡离子交换剂所需要的时间、需要的缓冲能力和允许的缓冲液的离子强度三个因素决定的。一个高浓度的缓冲液会减少平衡所需的时间,特别是当弱离子交换剂在一个它不必完全解离的 pH 值下工作时。在工作 pH 值和缓冲盐的 pK_a 之间有较大的差距,高浓度的缓冲液也提高了其缓冲能力。但是,高浓度的缓冲盐会增加离子强度,可能与试验条件不符。如果工作 pH 值和缓冲盐的 pK_a 相差 1,缓冲盐离子的浓度就必须提高 10 倍来保持相同的缓冲能力。

6. 没有缓冲能力的盐类

这类盐的加入通常是为了帮助洗脱吸附在离子交换剂上的目标物质。各种盐类的替代能力是不一样的。通过改变盐类就可能影响到目标物质的分离和选择性(洗脱顺序),但是,并非所有的目标物质都会被相同的方式影响,至少在从阴离子柱上替代小分子的过程中,多价阴离子相对单价离子来说是更好的替代剂(在相同的离子强度下)。

离子在阳离子交换剂中的滞留能力是按照下面的顺序排列的:

$$Ba^{2+} > Ca^{2+} > Mg^{2+} > NH_4^+ > K^+ > Na^+ > Li^+$$

对一个强阴离子交换剂来说,离子滞留能力的顺序是

$$SO_4^{2-} > HSO_4^- > I^- > NO_3^- > Br^- > Cl^- > HCO_3^- > HSiO_3^- > F^- > OH^-$$

蛋白质的滞留时间受离子交换剂上带电基团对蛋白质离子竞争性的影响,同时也受其他离子的影响。有研究表明,阴离子对溶菌酶、胰凝乳蛋白酶原 A、α-胰凝乳蛋白酶和

细胞色素 c 在阳离子交换剂上滞留时间的影响顺序如下：

MOPS＜乙酸盐＜氯化物＜硫酸盐＜磷酸（钠）盐

7. 缓冲液的制备

缓冲液可以通过不同的方式制备，但也会使其在浓度上有微小的差异。因此，需要经常地检查缓冲液的电导率和 pH 值。一般缓冲液盐离子浓度在 $10\sim50$ mmol/L 就足够了。如果可能的话，尽量减少缓冲液中盐离子的种类。例如，溶液中有钾离子，那么就用 KOH 调节 pH 值，而不要用 NaOH。下面提供了对于固定浓度缓冲液（对于各种盐成分浓度是确定的缓冲液）的最常用的配制方法。

（1）称出对应于目标浓度适量的缓冲液盐类。

（2）用最终体积 30％的液体溶解（有时为了盐完全溶解，需要加入更多的水）。

（3）加入添加剂（如去垢剂或者蛋白酶抑制剂）。

（4）调节液体量到最终体积的 80％。

（5）用 10 倍于缓冲液盐离子浓度的酸或者碱调节其 pH 值。

（6）用水调节至终体积。

8. 离子交换色谱中使用的去垢剂

使用温和的两性去垢剂和非离子去垢剂对于溶解完整的膜蛋白是必需的，它不会改变离子交换色谱的程序。然而，离子去垢剂会破坏离子交换剂与蛋白质之间的库仑力，使得这项技术变得无用。

6.3.4　离子交换色谱的应用

离子交换色谱的应用范围很广，主要有以下几个方面。

1. 水处理

离子交换色谱是一种简单而有效的去除水中的杂质及各种离子的方法，聚苯乙烯树脂广泛应用于高纯水的制备、硬水软化以及污水处理等方面。纯水的制备可以用蒸馏的方法，但这样要消耗大量的能源，而且制备量小、速度慢，也得不到高纯度。用离子交换色谱方法可以大量、快速地制备高纯水。一般是将水依次通过氢型强阳离子交换剂，去除各种阳离子及与阳离子交换剂吸附的杂质，再通过羟型强阴离子交换剂，去除各种阴离子及与阴离子交换剂吸附的杂质，即可得到纯水。之后通过弱阳离子和阴离子交换剂进一步纯化，就可以得到纯度较高的纯水。离子交换剂使用一段时间后可以通过再生处理重复使用。

2. 分离与纯化小分子物质

离子交换色谱也广泛地应用于无机离子、有机酸、核苷酸、氨基酸、抗生素等小分子物质的分离与纯化。例如对氨基酸的分析，使用强酸性阳离子聚苯乙烯树脂，将氨基酸混合液在 pH $2\sim3$ 条件下上柱。这时氨基酸都结合在树脂上，再逐步提高洗脱液的离子强度和 pH 值，这样各种氨基酸将以不同的速度被洗脱下来，可以进行分离鉴定。1958 年，以离子交换色谱为机理，设计了氨基酸自动分析色谱仪，对多种氨基酸成分进行分离分析。

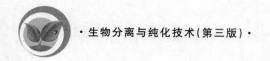

3. 分离与纯化生物大分子物质

离子交换色谱也用于分离与纯化蛋白质等生物大分子物质。如用 DEAE-纤维素离子交换色谱法分离与纯化血清蛋白。在离子交换色谱中，基质是由带有电荷的纤维素组成的。当血清蛋白处于一定的 pH 值条件下时，各蛋白质带电状况也不同。阴离子交换基质结合带有负电荷的蛋白质，所以这类蛋白质被留在柱子上，然后通过提高洗脱液中的盐浓度等措施，将吸附在柱子上的蛋白质洗脱下来。结合较弱的蛋白质首先被洗脱下来。反之，阳离子交换基质结合带有正电荷的蛋白质，结合的蛋白质可以通过逐步增加洗脱液中的盐浓度或是提高洗脱液的 pH 值洗脱下来。

6.4 凝胶过滤色谱

分子筛(molecular sieving)在 20 世纪 40 年代已经被用于物质的分离，但直到 1955 年才首次被报道用于生物分子的分离。将混合物注入由膨胀的玉米淀粉填充的柱子中，各成分就会按相对分子质量递减的顺序被洗脱出来。之后，Porath 和 Flodin(1959 年)通过更加系统的研究发现，在电泳中作为稳定介质的交联葡聚糖拥有对不同相对分子质量的物质进行分离的作用。他们还发现，将葡聚糖和表氯醇(1-氯-2,3-环氧丙烷)交联，可以形成一种稳定性很好的大分子网状结构，由此促进了商品化交联葡聚糖(Sephadex)的产生，被用来分离不同大小的分子。Arne Tiselius 最初提出用凝胶过滤(gel filtration)作为这项新技术的名称，被广泛接受。后来，尺寸排阻色谱(size-exclusion chromatography, SEC)和分子筛也被用来形容这项利用相对分子质量的不同来分离生物分子的技术。

在色谱分离技术中，SEC 是唯一利用分子大小差别作为分离依据的方法。与传统的过滤方法不同的是，蛋白质最后不会被保留在 SEC 柱中。易降解的蛋白质可以在生理适宜的缓冲液中被分离和纯化。但是，另一方面，由于其缺少与柱子的作用，蛋白质在 SEC 中弱的滞留性是其主要的弱点。由于不能结合到柱子上，限制了色谱的分离精度。

6.4.1 基本原理

凝胶是多相系统，其中连续的流动相(主要为液体水)存在于凝胶介质连续的固定相孔隙中。凝胶空隙的大小严格决定了其分离范围，使其对某一范围大小的分子具有选择性。

含有尺寸大小不同分子的样品进入色谱柱后，较大的分子由于空间的阻碍作用，不能进入凝胶内部而沿凝胶颗粒间的空隙流出，因此大分子停留时间较短，即大分子首先从柱中被洗脱。分子大小的差别使其进入凝胶内部的程度也不同，较小的分子可以通过部分孔道，更小的分子可通过任意孔道扩散进入凝胶颗粒内部，从而使得小分子在柱中移动的速度最慢，在凝胶颗粒中停留的时间也就最长，中等分子次之，尺寸大小不同的分子按先后顺序流出色谱柱，达到分离的目的(图 1-6-6)。洗脱体积取决于待分析物质流体动力学体积的大小和 SEC 凝胶颗粒空隙的相对大小。

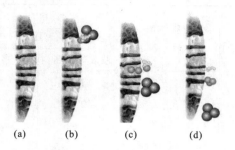

(a)   (b)   (c)   (d)

图 1-6-6　凝胶过滤原理图

影响凝胶色谱分辨率的因素如下。

1）凝胶颗粒的大小

凝胶颗粒越小，洗脱峰越尖锐，分离效果越好。并且与大颗粒相比较，小颗粒可以用较高的洗脱速率，而不用担心拖尾，可以缩短洗脱时间。

2）洗脱流速

过快的流速会引起不完全的分离，造成洗脱峰过宽。这种现象对大分子尤其明显。相反，过慢的流速对小分子影响较为明显，因为此时柱的轴向扩散作用不可忽略。

3）柱长

在 SEC 中增加柱长可以增强分离效果，但是并非线性地增加。分辨率以 1.414 倍增加。

4）样品体积

在利用 SEC 时，不同于离子交换色谱和其他吸附技术，样品在上样过程中在柱中会有稀释现象，因此样品的体积对分辨率有较大的影响。不同的凝胶颗粒，影响的大小也不同。一般来说，小颗粒介质对上样体积的增加更为敏感。对于分级分离来说，若为 $10~\mu m$ 的凝胶颗粒，一般用 0.5% 柱体积样品量；若为 $100~\mu m$ 的凝胶颗粒，一般用 2%～5% 柱体积样品量。

5）黏度

由于样品的黏度比洗脱液要高，会使样品在柱中的分布变宽而且不均匀，因此，样品的高黏度往往是限制高浓度生物样品使用的主要因素。为了取得理想的效果，样品的浓度最好在 70 mg/mL 以下。

 ## 6.4.2　凝胶过滤色谱介质

理想的凝胶过滤色谱介质应具有以下条件：介质本身为惰性物质，不与溶质、溶剂分子发生任何作用；应尽量减少介质内含的带电离子基团，以减少非特异性吸附，提高目标产物的收率；介质内孔径大小要分布均匀，即孔径分布较窄；凝胶珠粒大小均匀；介质要有良好的物理化学稳定性及较高的机械强度，易于消毒。

目前，常用的有葡聚糖凝胶、琼脂糖凝胶、聚丙烯酰胺凝胶等，其主要性质及种类见表 1-6-7 至表 1-6-9。

109

表 1-6-7　葡聚糖凝胶(G 类)的性质

凝胶型号	吸水量/ [mL/(g(干凝胶))]	膨胀体积/ [mL/(g(干凝胶))]	分离范围(相对分子质量) /10³		溶胀时间/h	
			肽或球状蛋白	多糖	20 ℃	100 ℃
G-10	1.0±0.1	2～3	约0.7	约0.7	3	1
G-15	1.5±0.2	2.5～3.5	约1.5	约1.5	3	1
G-25	2.5±0.2	4～5	1～5	0.1～5	3	1
G-50	5.0±0.3	9～11	1.5～30	0.5～10	3	1
G-75	7.5±0.5	12～15	3～70	1～50	24	3
G-100	10±0.1	15～20	4～150	1～100	72	5
G-150	15±1.5	20～30	5～400	1～150	72	5
G-200	20±2.0	30～40	5～800	1～200	72	5

表 1-6-8　琼脂糖凝胶的性质

商 品 名 称	琼脂糖浓度/(%)	分离范围(蛋白质的相对分子质量)
Sepharose 6B	6	$1\times10^4\sim4\times10^6$
Sepharose 4B	4	$6\times10^4\sim2\times10^7$
Sepharose 2B	2	$7\times10^4\sim4\times10^7$
Bio-Gel A-0.5m	10	$1\times10^4\sim5\times10^5$
Bio-Gel A-1.5m	8	$1\times10^4\sim1.5\times10^6$
Bio-Gel A-5m	6	$1\times10^4\sim5\times10^6$
Bio-Gel A-15m	4	$4\times10^4\sim1.5\times10^7$
Bio-Gel A-50m	2	$1\times10^5\sim5\times10^7$
Bio-Gel A-150m	1	$1\times10^6\sim1.5\times10^8$
Sagavac 10	10	$1\times10^4\sim2.5\times10^5$
Sagavac 8	8	$2.5\times10^4\sim7\times10^5$
Sagavac 6		$5\times10^4\sim2\times10^6$
Sagavac 4	4	$2\times10^5\sim1.5\times10^7$
Sagavac 2	2	$5\times10^4\sim1.5\times10^8$

表 1-6-9　聚丙烯酰胺凝胶的性质

聚丙烯酰胺凝胶 (Bio-Gel P)	吸水量/ [mL/(g(干凝胶))]	膨胀体积/ [mL/(g(干凝胶))]	分离范围 (相对分子质量) /10³	溶胀时间/h	
				20 ℃	100 ℃
P-2	1.5	3.0	0.1～1	4	2
P-4	2.4	4.8	0.8～4	4	2

续表

聚丙烯酰胺凝胶 (Bio-Gel P)	吸水量/ [mL/(g(干凝胶))]	膨胀体积/ [mL/(g(干凝胶))]	分离范围 (相对分子质量) /10³	溶胀时间/h	
				20 ℃	100 ℃
P-6	3.7	7.4	1～6	4	2
P-10	4.5	9.0	1.5～20	4	2
P-30	5.7	11.4	2.5～40	12	3
P-60	7.2	14.4	10～60	12	3
P-100	7.5	15.0	5～100	24	5
P-150	9.2	18.4	15～150	24	5
P-200	14.7	29.4	30～200	48	5
P-300	18.0	36.0	60～400	48	5

1. 葡聚糖凝胶

市售商品名称为 Sephadex 的凝胶即是葡聚糖凝胶,它是一种珠状凝胶,含有大量的羟基,很容易在水和电解质溶液中溶胀。G 型的葡聚糖凝胶有各种不同的交联度,因此它们的溶胀度和分级分离范围也不同,如表 1-6-8 所示。葡聚糖凝胶的溶胀度基本上不因盐和洗涤剂的存在而受影响。

葡聚糖凝胶有不同的粒度。超细级的葡聚糖凝胶用于需要极高分辨率的柱色谱和薄层色谱。粗级和中级的凝胶用于制备性色谱过程,可在较低的压力下获得较高的流速。另外,粗级凝胶也可用于批量工艺。

葡聚糖凝胶不溶于一切溶剂(除非被化学降解)。它在水、盐溶液、有机溶剂、碱和弱酸性溶液中都是稳定的,在强酸中凝胶骨架的糖苷键被水解。长期接触氧化剂将破坏凝胶,因而应避免这种情况。葡聚糖凝胶不熔融,可以在湿态、中性条件下进行灭菌,在高压灭菌器 120 ℃下处理 30 min 不影响它的色谱性质。干态的凝胶加热至 120 ℃以上将开始焦糖化。葡聚糖凝胶的机械强度取决于它的交联度。

市售葡聚糖凝胶有 Sephadex G10～G200。G 后的数字为凝胶吸水量的 10 倍,如G-25 的吸水量为 2.5 mL/(g(干凝胶)),反映凝胶的交联程度、膨胀程度和分步范围。

2. 琼脂糖凝胶

市售商品名称为 Sepharose(瑞典)、Bio-Gel A(美国)或 Sagavac(英国)的凝胶是琼脂糖凝胶,它是从琼脂中除去带电荷的琼脂胶后,剩下的不含磺酸基团、羧酸基团等带电荷基团的中性部分,结构是链状的聚半乳糖及其衍生物,易溶于沸水,冷却后可依靠糖基间的次级键如氢键维持网状结构的凝胶。凝胶的网孔大小和凝胶的机械强度取决于琼脂糖浓度。

一般情况下,它的结构是稳定的,可以在许多条件下使用(如水,pH 4～9 范围内的盐溶液)。琼脂糖凝胶颗粒的强度较低,弹性小。在 40 ℃以上开始融化,能高压消毒灭菌处理。这种凝胶的优点是孔径大,排阻极限高,适于用 Sephadex 不能分级分离的大分子的凝胶过滤,若使用 5%以下浓度的凝胶,也能够分级分离细胞颗粒、病毒等。

3. 聚丙烯酰胺凝胶

聚丙烯酰胺凝胶的商品名称为 Bio-Gel P,它是一种人工合成的凝胶,以丙烯酰胺为单位,由 N,N′-甲叉双丙烯酰胺交联而成,经干燥粉碎或加工成形制成粒状,控制交联剂的用量可制成各种型号的凝胶。

在聚丙烯酰胺凝胶的合成过程中,单体和交联剂的配比可以任意改变。以 T 表示 100 mL 凝胶溶液中含有的单体和交联剂总质量(g),称为凝胶浓度。交联剂占单体和交联剂总量的百分比称为交联度,以 C 表示。交联度越大,网孔越小;交联度越小,则网孔越大。聚丙烯酰胺凝胶全是由碳-碳骨架构成,稳定性较好,适合于做凝胶色谱的载体。只有在极端 pH 值的条件下酰胺键才被水解为羧基,使凝胶带有一定的离子交换基团,故一般只在 pH 2~11 的范围内使用。

6.4.3 凝胶过滤色谱操作方法

以葡聚糖凝胶过滤法测定蛋白质相对分子质量为例说明。

1. 溶胀凝胶

取 Sephadex G-100 15 g,加 200 mL 蒸馏水,沸水浴中溶胀 5 h。待溶胀平衡后,倾去上清液,包括细颗粒,然后放些蒸馏水搅乱,静置使凝胶下沉,再倾去上清液,至无细颗粒为止。溶胀平衡和漂洗净的凝胶经减压抽气除去气泡,即可准备装柱。

2. 装柱

色谱柱必须粗细均匀,柱管大小可根据实际需要选择。一般柱直径(内径)为 1 cm,如果样品量比较多,最好用直径 2~3 cm 的柱。通常柱越长,分离效果越好,但柱过长,试验时间长而且样品稀释度大,易扩散,反而分离效果不好。当用于脱盐时,柱高度为 50 cm 比较合适;在进行分级分离时,100 cm 高度就够了。

装柱时,将柱垂直于铁架上。在柱中加约 1/3 柱容积的洗脱液,并赶净滤板下方的气泡,使支持滤板底部完全充满液体,然后将柱的出口关闭。把已经溶胀好的凝胶调成薄浆,倾入柱内,胶粒逐渐扩散下沉。当沉积的胶床至 2~3 cm 高时,打开柱的出口,并注意控制操作压使流速均匀不变,直到胶装完为止。柱装好后,在床的上面盖上一张大小略小于柱内径的滤纸片,以防止样品中一些不溶物质混入床中和加样时凝胶被冲起。再以洗脱液平衡柱层,直至色谱的胶床高不变为止。装柱是否均匀,可用蓝色的葡聚糖上柱检验。如果色带均匀下移,说明柱子已装好,可以使用。

3. 上样

称取 0.5 mg 蓝色葡聚糖 2000(相对分子质量为 200 万以上)四份,分别放在称量瓶中,再称取标准蛋白牛血清白蛋白(相对分子质量为 67000)、卵清蛋白(相对分子质量为 43000)、胰凝乳蛋白酶原(相对分子质量为 25000)、细胞色素 c(相对分子质量为 12800)各 10 mg,分别放在称量瓶中;各瓶加入 N-乙酰酪氨酸乙酯饱和溶液 0.5 mL,使混合物溶解后分别上柱。

样品上柱是试验成败的关键之一,若样品稀释或上柱不均,则区带会扩散,影响色谱效果。上样时,应尽量保持床面的稳定。先打开柱的出口,待柱中洗脱液流至距床表面

1～2 mm 时,关闭出口,用滴管(最好用带有一根适当粗细塑料管的针筒或下口较大的滴管)将样品慢慢地加至柱床表面,打开出口并开始计算流出体积,当样品渗入床中接近床表面 1 mm 时关闭出口,同加样品时一样小心地加入少量洗脱液,再打开柱的出口,使床表面的样品也全部渗入柱内。这时样品已加好,在床的表面再小心地加洗脱液,使高出床表面 3～5 cm。

4. 收集和鉴定

色谱开始,在柱的出口处以试管分管收集流出液,流速为 0.4 mL/min,每管 4 mL,收集液在 280 nm 处测吸光度值。最高的一个吸光度时的体积即为吸收峰的洗脱体积 V_e。当 N-乙酰酪氨酸乙酯洗脱峰出现后(此峰洗脱体积不必记录),停止收集(见图 1-6-7);按同样的方法进行第二个标准蛋白质样品的上柱,操作方法和步骤同前。

将各标准蛋白质测得的洗脱体积 V_e 对它们的相对分子质量对数作图,应获得一线性的标准曲线。

未知相对分子质量的蛋白质在相同条件下的色谱,根据其洗脱体积即可在标准曲线上求得相对分子质量(图 1-6-8)。

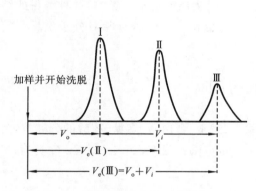

图 1-6-7　三个不同分子大小的组分上柱
洗脱曲线示意图

Ⅰ—完全排阻的大分子(蓝色葡聚糖);Ⅱ—中等分子;
Ⅲ—完全渗透小分子(N-乙酰酪氨酸乙酯)

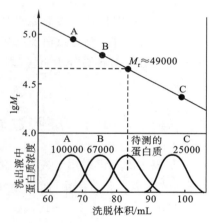

图 1-6-8　洗脱体积与相对分子
质量的关系示意图

5. 凝胶的保存方法

凝胶用完后,可用以下方法保存。

(1)膨胀状态:在水相中保存。将用过的凝胶洗净后悬浮于蒸馏水或缓冲液中,加入一定量的防腐剂或加热灭菌后于低温保存。常用的防腐剂有 0.02% 的叠氮化钠、0.02% 的三氯叔丁醇、氯己定、硫柳汞、乙酸苯汞等。

(2)半收缩状态:用完后用水洗净,然后用 60%～70% 乙醇洗,则凝胶体积缩小,于低温保存。

(3)干燥状态:用水洗净后,加入含乙醇的水洗,并逐渐加大含醇量,最后用 95% 乙醇洗,则凝胶脱水收缩,再用乙醚洗去乙醇,抽滤至干,于 60～80 ℃ 干燥后保存。

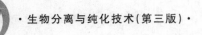
这三种方法中，以干燥状态保存为最好。

6. 注意事项

（1）根据色谱柱的容积和所选用的凝胶溶胀后的柱床容积，计算所需凝胶干粉的质量，以使其充分溶胀。

（2）色谱柱粗细必须均匀，柱管大小可根据试剂需要选择。一般来说，细长的柱分离效果较好。若样品量多，最好选用内径较粗的柱，但此时分离效果稍差。柱管内径太小时，会发生"管壁效应"，即柱管中心部分的组分移动慢，而靠近管壁的移动快。柱越长，分离效果越好，但柱过长，试验时间长，样品稀释度大，分离效果反而不好。

脱盐的柱一般是短而粗的，柱长（L）/直径（D）＜10；对分级分离用的柱，L/D值可以比较大，对很难分离的组分，可以达到$L/D=100$，一般选用内径 1 cm，柱长 100 cm 的柱就够了。

（3）装柱要均匀，不要过松，也不要过紧，最好在要求的操作压下装柱，流速不宜过快，避免因此而压紧凝胶，但也不要过慢，使柱装得太松，导致色谱过程中，凝胶床高度下降。

（4）始终保持柱内液面高于凝胶表面，否则水分挥发，凝胶变干。

（5）用此方法测量蛋白质的相对分子质量时，受蛋白质形状的影响，并且测得的结果可能是聚合体的相对分子质量，因而还需用电泳等方法进一步验证相对分子质量测定的结果。

 ## 6.4.4 凝胶过滤色谱的应用

凝胶过滤色谱适用于各种生化物质，如肽类、激素、蛋白质、多糖、核酸的分离与纯化、脱盐、浓缩以及分析测定等。分离的相对分子质量范围也很宽，如 Sephadex G 类为 $10^2 \sim 10^5$，Sepharose 类为 $10^5 \sim 10^8$。

1. 脱盐

高分子（如蛋白质、核酸、多糖等）溶液中含有的低相对分子质量的杂质，可以用凝胶色谱法除去，这一操作称为脱盐。凝胶色谱脱盐操作简便、快速，蛋白质和酶类等在脱盐过程中不易变性。脱盐操作适用的凝胶为 Sephadex G-10、Sephadex G-15、Sephadex G-25 或 Bio-Gel P-2、Bio-Gel P-4、Bio-Gel P-6。柱长与直径之比为 5～15，样品体积可达柱床体积的 25%～30%。为了防止蛋白质脱盐后溶解度降低形成沉淀吸附于柱上，一般用乙酸铵等挥发性盐类缓冲液使色谱柱平衡，然后加入样品，再用同样的缓冲液洗脱，收集的洗脱液用冷冻干燥法除去挥发性盐类。

2. 去热原

热原是指某些能够致热的微生物菌体及其代谢产物，主要是细菌内毒素。注射液中如含热原，可危及病人的生命安全，因此，除去热原是注射药物生产的一个重要环节。用 Sephadex G-25 凝胶色谱可除去氨基酸中的热原性物质。用 DEAE-Sephadex G-25 可制备无热原的去离子水。

3. 用于分离提纯

分离相对分子质量差别大的混合组分。如分离相对分子质量大于 1500 的多肽和相对分子质量小于 1500 的多糖,可选用 Sephadex G-15 凝胶色谱。

纯化青霉素等生物药物:可用凝胶色谱分离青霉素中存在的一些高分子杂质,如青霉素聚合物,或青霉素降解产物青霉烯酸与蛋白质相合而形成的青霉噻唑蛋白。

蛋白质降解产物粗分:蛋白质如果通过一些特异的酶或化学方法进行降解,则会生成相当复杂的肽混合物。采用凝胶色谱,可以对降解产物进行预分级分离。

4. 测定高分子物质的相对分子质量

将一系列已知相对分子质量的标准品放入同一凝胶柱内,在同一色谱条件下,记录每一种成分的洗脱体积,并以洗脱体积对相对分子质量的对数作图,在一定相对分子质量范围内可得一直线,即相对分子质量的标准曲线。测定未知物质的相对分子质量时,可将此样品加在测定了标准曲线的凝胶柱内洗脱后,根据物质的洗脱体积,在标准曲线上查出它的相对分子质量。

5. 高分子溶液的浓缩

通常将 Sephadex G-25 或 50 干胶投入稀的高分子溶液,这时水分和低相对分子质量的物质就会进入凝胶粒子内部的孔隙中,而高分子物质则排阻在凝胶颗粒之外,再经离心或过滤,将溶胀的凝胶分离出去,就得到浓缩的高分子溶液。

6.5 亲和色谱

6.5.1 基本原理

亲和色谱是利用共价键连接有特异配体的色谱介质,分离蛋白质混合物中能特异结合配体的目标蛋白质或其他分子的色谱技术(图 1-6-9)。

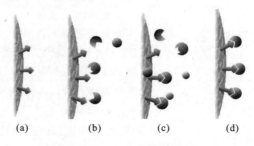

(a)　　　(b)　　　(c)　　　(d)

图 1-6-9　亲和色谱原理图

在生物分子中,有些分子的特定结构部位能够同其他分子相互识别并结合,如酶与底物的识别结合、受体与配体的识别结合、抗体与抗原的识别结合。这种特异性结合是基于在特定空间结构和范围内的静电或者疏水相互作用、范德华力和(或)氢键作用,这种结合既是特异的,又是可逆的,改变条件可以使这种结合解除。亲和色谱就是根据这样的原理设计的分离与纯化方法。

1. 亲和色谱的载体

理想的载体应具有下列基本条件:①不溶于水,但高度亲水;②惰性物质,非特异性吸附少;③具有相当量的化学基团可供活化;④理化性质稳定;⑤机械性能好,具有一定的颗粒形式以保持一定的流速;⑥通透性好,最好为多孔的网状结构,使大分子能自由通过;⑦能抵抗微生物和醇的作用。

可以作为固相载体的有皂土、玻璃微球、石英微球、羟磷酸钙、氧化铝、聚丙烯酰胺凝胶、淀粉凝胶、葡聚糖凝胶、纤维素和琼脂糖。在这些载体中,皂土、玻璃微球等吸附能力弱,且不能防止非特异性吸附。纤维素的非特异性吸附强。聚丙烯酰胺凝胶是目前的首选优良载体。

2. 亲和色谱的配体

亲和色谱的关键在于配体的选择上,只有找到合适的配体,才可进行亲和色谱。一个理想的配体应具备以下性质:①应当仅仅识别被纯化的目标物,而不发生与其他杂质的交叉结合反应;②配体应有足够大的亲和力;③配体与相应目标物之间的结合应具有可逆性;④具有与载体共价结合的基团,能够通过化学反应偶联在载体上;⑤某些配基键合反应的条件可能比较强烈,要求配体具有足够的稳定性,能够耐受反应条件以及清洗和再生等条件;⑥配体的分子大小必须合适。这样配体既可以专一性地结合目标物,且在色谱的初始阶段抵抗吸附缓冲液的流洗而不脱落,又可在随后的洗脱中不会因为结合太牢固而无法解吸。

一些常用的亲和配体的种类及其分离与纯化对象:底物类似物、抑制剂、辅酶常用作酶纯化的亲和配体;抗体常用作抗原、病毒和细胞纯化的亲和配体;凝集素常用作糖蛋白纯化的亲和配体;核酸互补碱基序列常用作核酸多聚酶、核酸结合蛋白质纯化的亲和配体;金属离子常用作聚组氨酸融合蛋白,表面含有组氨酸、半胱氨酸和(或)色氨酸残基的蛋白质纯化的亲和配体。常用的亲和作用体系见表1-6-10。

表1-6-10 常用的亲和作用体系

特 异 性	亲 和 体 系
高特异性	抗原-单克隆抗体
	荷尔蒙-受体蛋白
	核酸-互补碱基链段、核酸结合蛋白
	酶-底物、产物、抑制剂
群特异性	免疫球蛋白-A蛋白、G蛋白
	酶-辅酶
	凝集素-糖蛋白、细胞、细胞表面受体
	酶、蛋白质-肝素
	酶、蛋白质-活性色素(染料)
	酶、蛋白质-过渡金属离子(Cu^{2+}、Zn^{2+}等)
	酶、蛋白质-氨基酸(组氨酸等)

3. 亲和色谱的连接臂

当配体的相对分子质量较小时,将其固定在载体上,会由于载体的空间位阻,配体与生物大分子不能发生有效的亲和吸附作用,如果在配体与载体之间引入适当长度的连接臂,可以增大配体与载体之间的距离,使其与生物大分子发生有效的亲和结合(图 1-6-10)。

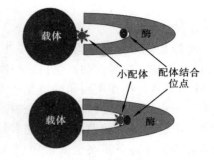

图 1-6-10　亲和色谱引入连接臂示意图

常用的"手臂"化合物如下。

乙二胺　　$H_2N-CH_2-CH_2-NH_2$

己二胺　　$H_2N-CH_2-CH_2-CH_2-CH_2-CH_2-CH_2-NH_2$

6-氨基己酸　$NH_2-CH_2-CH_2-CH_2-CH_2-CH_2-COOH$

环氧氯丙烷　$Cl-CH_2-\underset{\underset{O}{\diagdown\diagup}}{CH}-CH_2$

1,4-丁二醇缩水甘油醚　$CH_2-\underset{\underset{O}{\diagdown\diagup}}{CH}-CH_2-CH_2-O-CH_2-CH_2-\underset{\underset{O}{\diagdown\diagup}}{CH}-CH_2$

4. 载体的活化与偶联

载体由于其相对的惰性,往往不能直接与配基连接,偶联前一般需先活化,不同的载体活化需要不同的活化剂。

常用的活化剂有溴化氰(CNBr)、环氧氯丙烷、1,4-丁二醚、戊二醛、高碘酸盐、苯醌等。

如溴化氰活化法制备亲和色谱柱:

$$gel\Big\langle\begin{matrix}OH\\OH\end{matrix}+CNBr\xrightarrow{\text{活化}}gel\Big\langle\begin{matrix}O\\O\end{matrix}\Big\rangle C=NH+RNH_2\xrightarrow{\text{偶联}}gel\Big\langle\begin{matrix}OH\\O-\underset{\underset{NH}{\parallel}}{C}-NHR\end{matrix}$$

5. 亲和色谱操作条件的选择

1) 吸附条件

(1) 吸附反应条件选择。吸附反应条件主要是指缓冲液中盐的种类、浓度、pH 值等。最好是自然状态下配体与目的分子之间反应的最佳条件。如金黄色葡萄球菌蛋白 A 和 IgG 之间的结合主要是疏水作用,可以通过增大盐浓度、调节 pH 值来增强吸附作用。

(2) 控制流速。流速也是影响吸附的一个因素,流速不能太快,否则吸附效率降低。

(3) 控制吸附时间。延长吸附时间可促进吸附。

(4) 进样量。减小进样量,将体积较大的原料分次进样,可提高吸附效果。

2) 洗涤条件

洗涤是将非特异性蛋白质从柱床中清洗脱落的过程。洗涤缓冲液的强度应介于目标分子吸附条件和目标分子洗脱条件之间。如其酶在 0.1 mol/L 的磷酸盐缓冲液中吸附,洗脱条件是 0.6 mol/L 的 NaCl 溶液,则可考虑用 0.2～0.3 mol/L 的 NaCl 溶液洗涤。

　　3）洗脱条件

　　洗脱是使目标物与配体解吸并进入流动相流出柱床的过程,洗脱条件可以是特异性的,也可以是非特异性的。蛋白质与配体之间的作用力主要包括静电作用、疏水作用和氢键,任何导致此类作用减弱的情况都可用来作为非特异性洗脱的条件。选择洗脱条件还要考虑蛋白质的耐受性,过强的洗脱剂会使蛋白质变性。在实际操作过程中,应该在洗脱强度和耐受程度之间做好平衡,尤其是当配体与目标物之间的解离常数很小时更应如此。特异性洗脱条件是指在洗脱液中引入目标物的竞争性结合物,使目标分子与配体解吸。由于特异性洗脱通常在低浓度、中性条件下进行,因此不至于发生蛋白质变性。

6.5.2　亲和色谱的操作

　　1. 样品的制备

　　一般来说,杂质的非特异性吸附量与其浓度、性质、载体材料、配基固定化方法以及流动相的离子强度、pH 值和温度等因素有关。亲和色谱样品预处理的主要程序:①颗粒、细胞碎片、膜片段等的去除;②样品的浓缩及除去蛋白酶或抑制剂。

　　2. 配基与目标物结合条件的选择

　　配基与目的物的特异性结合需要最适的 pH 值、缓冲液盐浓度和离子强度。pH 值不仅能调节配基的电荷基团,也能调节目的物的电荷基团。中等盐浓度的缓冲液能稳定溶液中蛋白质并防止由于离子交换所引起的非特异性相互作用。

　　3. 柱操作

　　柱的大小取决于吸附剂的容量和所需纯化的蛋白质的量。一般来说,高的容量可以用于粗的短柱。在大多数情况下,可以采用一次性的塑料小柱和 1.5 mL 凝胶。

　　4. 流速的控制

　　提高流速可提高分离速率,但柱效降低。因此,吸附操作要在适当的流速下进行,既要保证高速率,又要保证高效率。为了使纯化蛋白能够得到好的洗脱峰、最小的稀释度和最大的回收率,最好使用低流速。

　　5. 清洗

　　清洗过度会使目标产物的损失增多,而清洗不充分则使洗脱回收的目标产物纯度降低。具体操作是样品吸附在柱上之后,必须用几倍体积的起始缓冲液对柱清洗以除去不结合的所有物质。

　　6. 洗脱

　　特异性洗脱是将与亲和配基或目标产物具有亲和作用的小分子化合物溶液作为洗脱剂,通过与亲和配基或目标产物的竞争性结合,洗脱目标产物。非特异性洗脱是通过调节洗脱液的 pH 值、离子强度、离子种类或温度等理化性质降低目标产物的亲和吸附作用,是较多采用的洗脱方法。

　　7. 柱的再生

　　具体操作是用几倍体积的起始缓冲液进行再平衡,一般足以使亲和柱再生,但一些未知的杂质往往仍结合在柱上,必须用苛刻的条件才能除去。根据载体材料的不同、配基的性质以及与载体连接方式的不同酌情处理。

6.5.3 几种重要的亲和色谱

1. 免疫亲和色谱

抗原与抗体的作用具有高度的专一性,并且它们的结合亲和力极强。因此用适当的方法将抗原或抗体结合到吸附剂上,便可以有效地分离和纯化免疫物质。大规模生产单抗体技术的建立和不断完善,以及偶联与新的合成基质化合物的出现,使免疫亲和色谱吸附剂的价格不断降低。

2. 金属离子亲和色谱(IMAC)

该方法利用固定在基质上的过渡态金属离子和蛋白质表面的组氨酸、半胱氨酸、色氨酸等残基的配位作用来实现对金属离子有亲和力的蛋白质分离。其中,组氨酸是与金属离子作用较强的氨基酸,含有多个组氨酸的蛋白质可在 IMAC 中有效保留,故多聚组氨酸已成为最常用的蛋白质纯化标签。

IMAC 中的固定相由基质、配位剂和金属离子三部分组成。基质为固体,用以担载金属螯合配体。常用的基质有大孔硅胶、交联琼脂糖和交联葡聚糖等。配位剂的作用是将金属离子固定在基质上。IMAC 常用的配位剂有亚氨基二乙酸(IDA)、N,N,N-三羧甲基乙烯二胺(TED)等。其中 IDA 应用最广,这是由于 IDA 是一种三齿配位剂,它既能同金属离子形成稳定的金属螯合物,防止色谱过程金属离子的泄漏,又使金属离子在螯合后留下足够能与蛋白质强烈结合的配位点。IDA 适中的亲水性为蛋白质的分离提供了温和的环境。固定金属常为过渡金属,如 Cu^{2+}、Ni^{2+}、Co^{2+}、Zn^{2+}、Fe^{2+} 等,它们与配位剂形成可与蛋白质结合的金属螯合配体。

和传统亲和色谱相比,固定化金属离子亲和色谱具有以下优点:配体稳定性高,不易脱落;金属离子配体价格低廉,再生成本低;可在高盐浓度下操作,从而省去了脱盐的预处理步骤,而且可以减少非特异性吸附;蛋白质洗脱比较容易,采用较低 pH 值或采用竞争性物质如咪唑、EDTA,便可将吸附蛋白质解吸下来;蛋白质负载量高,容易放大和工业化。

6.5.4 亲和色谱的应用

1. 各种生物大分子的分离、纯化

1) 抗体与抗原的纯化

抗体与抗原结合具有高度专一性,Sepharose 是这一类亲和色谱较佳的载体。由于抗原-抗体复合物的解离常数很低,因此抗原在固定化抗体上被吸附后,要尽快将它洗出。冲洗液通常控制 pH 值至 3 以下,成分为乙酸、盐酸、Tris-HCl 缓冲液、20% 甲酸或 1 mol/L丙酸,也有使用尿素这一类的蛋白质变性剂作为洗出用的溶液。如金黄色葡萄球菌蛋白 A(Protein A)能够与免疫球蛋白 G(Ig G)结合,可以用于分离各种 Ig G。

2) 核酸及多种酶的纯化

因为 DNA 与 RNA 之间具有专一性的亲和力,所以亲和色谱可应用于核酸的研究。例如从大肠杆菌的 RNA 混合物中分离出专一于噬菌体 T4 的 RNA,可将 T4 的 DNA 以共价键结合方式接于 cellulose 材质的管柱中,再将所要的 RNA 分离出。此外,根据核酸与蛋白质之间交互作用的原理,可以将单股 DNA 接在 Sepharose 上,纯化 DNA 聚合酶或 RNA 聚合酶。

利用 poly-U 作为配体可以分离 mRNA 以及各种 poly-U 结合蛋白。poly-A 可以分离各种 RNA、RNA 聚合酶以及其他 poly-A 结合蛋白。以 DNA 作为配体可以分离各种 DNA 结合蛋白、DNA 聚合酶、RNA 聚合酶、核酸外切酶等多种酶类。

3) 激素和受体蛋白的纯化

激素的受体是细胞膜上与特定激素结合的成分,属于膜蛋白,利用去污剂溶解后的膜蛋白往往具有相似的物理性质,难以用通常的色谱技术分离。但去污剂溶解通常不影响受体蛋白与其对应激素的结合,所以利用激素和受体蛋白间的高亲和力,进行亲和色谱分析是分离受体蛋白的重要方法。目前,已经用亲和色谱方法纯化出了大量的受体蛋白,如乙酰胆碱、肾上腺素、甲状腺素、生长激素、吗啡、胰岛素等多种激素的受体。

4) 酶和酶的抑制剂的纯化

使用亲和色谱法纯化酶,可以得到相当好的效果。例如,要分离猪和牛的胰蛋白酶,可以连接鸡卵黏蛋白(胰蛋白酶的抑制剂)与 Sepharose 4B 当作色谱柱材质,用它纯化出来的胰蛋白酶相当于 5 次重结晶的纯度。

除了使用抑制剂当配体,也可以反过来用酶作为配体来纯化抑制剂。例如,将胰蛋白酶接到 Sepharose 上,能有效分离与纯化大肠杆菌中的胰蛋白抑制剂 Ecotin。

5) 生物素和亲和素的纯化

生物素(biotin)和亲和素(avidin)之间具有很强而特异的亲和力,可以用于亲和色谱。如用亲和素分离含有生物素的蛋白,可以选择生物素的类似物作洗脱剂,如 2-亚氨基生物素等降低与亲和素的亲和力,这样可以在较温和的条件下将其从亲和素上洗脱下来。另外,可以利用生物素和亲和素之间的高亲和力,将某种配体固定在基质上。例如,将生物素酰化的胰岛素与以亲和素为配体的琼脂糖作用,通过生物素与亲和素的亲和力,胰岛素就被固定在琼脂糖上,可以用于亲和色谱分离与胰岛素有亲和力的生物大分子物质。这种非共价键的间接结合比直接将胰岛素共价结合在 CNBr 活化的琼脂糖上更稳定。很多种生物大分子可以用生物素标记试剂(如生物素与 NHS 生成的酯)结合上的生物素,并且不改变其生物活性,这使得生物素和亲和素在亲和色谱分离中有更广泛的用途。

6) 凝集素和糖蛋白的纯化

凝集素是一类具有多种特性的糖蛋白,几乎都是从植物中提取。它们能识别特殊的糖,因此可以用于分离多糖、各种糖蛋白、免疫球蛋白、血清蛋白甚至完整的细胞。用凝集素作为配体的亲和色谱是分离糖蛋白的主要方法。如伴刀豆球蛋白 A 能结合含 β-D-吡喃甘露糖苷或 β-D-吡喃葡萄糖苷的糖蛋白,麦胚凝集素可以特异地与 N-乙酰氨基葡萄糖或 N-乙酰神经氨酸结合,可以用于血型糖蛋白 A、红细胞膜凝集素受体等的分离。洗脱时,只需用相应的单糖或类似物,就可以将待分离的糖蛋白洗脱下来。如洗脱伴刀豆球蛋白 A 吸附的蛋白,可以用 β-D-甲基甘露糖苷或 β-D-甲基葡萄糖苷洗脱。同样,用适当的糖蛋白或单糖、多糖作为配体也可以分离各种凝集素。

2. 用于各种生化成分的分析检测

亲和色谱技术在生化物质的分析检测上也已广泛应用。例如,利用亲和色谱可以检测羊抗 DNP 抗体。又如,用单克隆免疫亲和色谱法测定小麦中 DON 毒素。样品通过聚乙二醇-水提取,提取液用 DON 毒素单克隆免疫亲和柱净化,Symmetry C18 色谱柱分离,紫外检测器检测和外标法定量。

6.6 疏水色谱

6.6.1 基本原理

疏水性相互作用色谱(HIC)简称疏水色谱,是指利用表面偶联弱疏水基团(疏水性配体)的吸附剂为固定相,根据蛋白质与疏水性吸附剂之间的疏水性相互作用的差别进行蛋白质类生物大分子分离与纯化的色谱法。蛋白质表面均含有一定数量的疏水基团,疏水性氨基酸(如酪氨酸、苯丙氨酸等)含量较多的蛋白质疏水性强。尽管在水溶液中蛋白质将疏水基团折叠在分子内部而表面显露极性和荷电基团的作用,但是总有一些疏水基团或疏水部位暴露在蛋白质表面。这部分疏水基团可与亲水性固定相表面偶联的短链烷基、苯基等弱疏水基团发生作用,被固定相所吸附(图 1-6-11)。

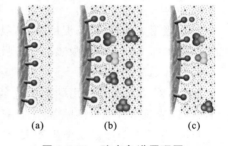

图 1-6-11　疏水色谱原理图

根据蛋白质盐析沉淀原理,在离子强度较高的盐溶液中,蛋白质表面疏水部位的水化层被破坏,露出疏水部位,疏水相互作用增大。因此,蛋白质的吸附(进料)需在高浓度盐溶液中进行,洗脱则主要采用降低流动相离子强度的线性梯度洗脱法或阶段洗脱法。

一般的凝胶过滤介质经偶联疏水性配体后均可用作疏水性吸附剂。常用的疏水性配体主要有苯基、短链烷基($C_3 \sim C_8$)、烷氨基、聚乙二醇和聚醚等。

ω-氨基烷基型疏水性吸附剂:—NH—R—NH$_2$

烃基型疏水性吸附剂:—NH—R (R=$(CH_2)_nCH_3$,n 为 2~7,或 R= ⬡)

醚键型疏水性吸附剂:—O—CH$_2$CHCH$_2$O—R (R=$(CH_2)_nCH_3$,n 为 2~7,
　　　　　　　　　　　　　 |
　　　　　　　　　　　　　 OH

或 R= ⬡)

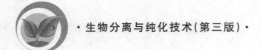
影响疏水性吸附的因素如下。

1. 离子强度及离子种类

蛋白质的疏水性吸附作用随离子强度提高而增大。除离子强度外,离子的种类也影响蛋白质的疏水性吸附。高价阴离子的盐析作用较大,因此 HIC 分离过程中主要利用硫酸铵、硫酸钠和氯化钠等盐溶液为流动相,在略低于盐析点的盐浓度下进料,然后逐渐降低流动相的离子强度进行洗脱分离。

2. 破坏水化作用的物质

SCN^-、ClO_4^- 和 I^- 等离子半径较大、电荷密度低的阴离子具有减弱水分子之间相互作用,即破坏水化的作用,称为离液离子。在离液离子存在下疏水性吸附减弱,蛋白质易于洗脱。

3. 降低表面张力的化学物质

表面活性剂可以与蛋白质的疏水部位结合,从而减弱蛋白质的疏水性吸附。根据这一原理,难溶于水的膜蛋白可以添加一定量的表面活性剂使其溶解,利用 HIC 进行洗脱分离。但是,选用的表面活性剂种类和浓度应当适宜,浓度过小,则膜蛋白不溶解,过大则抑制蛋白质的吸附。

此外,一些有机溶剂等加入流动相,可以改变体系的表面张力,也可以改变蛋白质的吸附与解吸行为。

4. 温度

一般吸附为放热过程,温度越低,吸附结合常数越大。但疏水性吸附与一般吸附相反,蛋白质疏水部位的失水是吸热过程。吸附结合作用随温度升高而增大,有利于疏水性吸附。

5. pH 值

pH 值对疏水相互作用的影响比较复杂,主要是因为 pH 值会改变蛋白质的空间结构,可能造成疏水性氨基酸残基在蛋白质表面分布的变化,使蛋白质的疏水性增强或减弱。

HIC 主要用于蛋白质类生物大分子的分离与纯化。如果方法适当,HIC 和 IEC 具有相近的分离效率。由于在高浓度盐溶液中疏水性吸附作用较大,因此 HIC 可直接分离盐析后的蛋白质溶液;通过调节疏水性配体链长和密度调节吸附力,可根据目标产物的性质选择适宜的吸附剂;疏水性吸附剂的种类很多,选择余地大,价格与离子交换剂的相当。

 ## 6.6.2 疏水色谱的应用

用疏水色谱分离、纯化的蛋白质种类很多,其相对分子质量从 6000 左右的胰岛素到 10 万以上的红细胞和淋巴细胞,实例如表 1-6-11 所示。

表 1-6-11 疏水色谱对一些生物大分子分离和纯化的实例

名 称	来 源	柱 型	盐 种 类
γ-干扰素	基因工程	XDF-GM	$(NH_4)_2SO_4$
单克隆抗体	鼠	TSK-gel-Phenyl-5pw	$(NH_4)_2SO_4$
白介素-2	基因工程	Phenyl-Sepharose CL 4B	$(NH_4)_2SO_4$

续表

名　称	来　源	柱　型	盐　种　类
铁传递蛋白	鸡血清	Phenyl-Sepharose	$(NH_4)_2SO_4$
细菌外源凝集素	枯草杆菌	Butyl-PA-Silica	$(NH_4)_2SO_4$
免疫球蛋白G	动物血液、腹水等	Butyl, Phenyl, Octyl-Sepharose	$(NH_4)_2SO_4$
己糖激酶	兔网织红细胞	Toyopearl-Phenyl 650S	$(NH_4)_2SO_4$
成熟糖蛋白	鼠精液	Propylaspartamide HIC	$(NH_4)_2SO_4$
溶菌酶	牛乳	Phenyl-Sepharose 6FF	Tris-HCl
大豆球蛋白	大豆	Phenyl-Sepharose	$(NH_4)_2SO_4$
细菌毒素	基因工程	Butyl-Sepharose	$(NH_4)_2SO_4$
克隆激发因子	基因工程	Phenyl-Sepharose	$(NH_4)_2SO_4$
前列腺特效抗原	人精液	Phenyl-Sepharose	$(NH_4)_2SO_4$
淀粉状蛋白	血清	Octyl-Sepharose CL-4B	NaCl
脂肪酶	基因工程	Phenyl-Sepharose CL-4B	Triton X-100
胎盘蛋白12	人羊水	Phenyl-Sepharose	$(NH_4)_2SO_4$
脂肪氧合酶	鼠皮肤	Hexylamide-Sepharose	$(NH_4)_2SO_4$
磷酸核酮糖激酶	植物	Phenyl-Sepharose	$(NH_4)_2SO_4$

6.7　高效液相色谱

6.7.1　基本原理

高效液相色谱(high performance liquid chromatography,HPLC)是利用物质在两相之间吸附或分配的微小差异达到分离目的的色谱技术。当两相作相对移动时,被测物质在两相之间进行反复多次的分配,这样使原来微小的差异产生很大的分离效果,达到分离、检测的目的。

1. 高效液相色谱的特点

高效液相色谱法有"四高一广"的特点。

(1)高压:流动相为液体,流经色谱柱时,受到的阻力较大,为了能迅速通过色谱柱,必须对载液加高压,供液压力和进样压力都很高,一般是 $10\sim30$ MPa。

(2)高速:载液在色谱柱内的流速较经典液体色谱法快得多,可达 $1\sim10$ mL/min,通常分析一个样品需时 $15\sim30$ min。

（3）高效：新型固定相的出现，使每米柱效可达到 5000 塔板以上，分离效能高，有时一根柱子可以分离 100 个以上的组分。

（4）高灵敏度：采用基于光学原理的检测器，如紫外检测器灵敏度可达 10^{-7} mg/mL 数量级，荧光检测器的灵敏度可达 10^{-10} mg/mL 数量级。

（5）应用范围广：70％以上的有机化合物可用高效液相色谱分析，特别是在高沸点、大分子、强极性、热稳定性差化合物的分离分析中显示出优势。

2. 影响高效液相色谱分离效果的因素

高效液相色谱分离条件的选择主要是改变流动相的性质和组成以调节溶质保留值，提高分离选择性。流动相不仅携带样品在柱内流动，更重要的是在与溶质分子作用的同时，也与填料表面作用。它们之间相互作用的大小直接决定了色谱的选择性和分离度。

1）流动相的选择

选择流动相时须考虑以下几个方面。

（1）流动相应不改变填料的任何性质。低交联度的离子交换树脂和排阻色谱填料有时遇到某些有机相会溶胀或收缩，从而改变色谱柱填床的性质。在液-固色谱中，碱性流动相不能用于硅胶柱系统，酸性流动相不能用于氧化铝、氧化镁等吸附剂的柱系统。

（2）纯度高。色谱柱的寿命与大量流动相通过有关，当溶剂所含杂质在柱上积累时更是如此。所以高效液相色谱流动相使用的试剂要求为色谱纯的，水要用超纯水。

（3）必须与检测器匹配。使用紫外检测器时，所用流动相在检测波长下应没有吸收或吸收很小；当使用示差折光检测器时，应选择折光系数与样品差别较大的溶剂作流动相，以提高灵敏度。

（4）黏度要低。高黏度溶剂会影响溶质的扩散、传质，降低柱效，还会使柱压降增加，使分离时间延长。最好选择沸点在 100℃ 以下的流动相。

（5）对样品的溶解度要适宜。如果溶解度欠佳，样品会在柱头沉淀，不但影响纯化分离，且会使柱子情况变糟。

（6）样品易于回收，挥发性的溶剂是溶质回收的最好溶剂。

2）流动相的处理和脱气

高效液相色谱要求使用超纯水，所用流动相必须采用滤膜进行过滤处理。

高效液相色谱所用流动相必须预先脱气，否则容易在系统内逸出气泡，影响泵的工作。气泡还会影响柱的分离效率，影响检测器的灵敏度、基线稳定性，甚至导致无法检测。此外，溶解在流动相中的氧还可能与样品、流动相甚至固定相反应。溶解的气体还会引起溶剂 pH 值的变化，给分离或分析结果带来误差。常用的脱气方法有加热煮沸、抽真空、超声波处理、吹氮等，对混合溶剂，超声波处理比较好。

3）样品的溶解

溶解样品的溶剂，可采用流动相本身，也可采用与流动相不同的溶剂。一般尽量选择流动相或接近流动相组成的溶剂。

4）进样量

样品在柱子上的载量取决于柱体积、填料类型和分离的需要。在实际分离操作中，要根据原料的特点进行摸索。

5) 其他条件

色谱柱温、流动相流速及柱效也有一定影响,但可变范围较小,远不如建立合适的色谱分离条件重要。一般来说,改变液相色谱流动相比较简单,易于建立合适的操作条件。

6.7.2　高效液相色谱设备配置和操作方法

1. 设备配置

高效液相色谱仪由高压输液系统、进样系统、分离系统、检测系统和记录系统等五大部分组成,高压输液泵将溶剂贮存器中的流动相以稳定的流速(或压力)输送至分析体系,在色谱柱之前通过进样器将样品导入,流动相将样品依次带入预过滤柱、色谱柱,在色谱柱中各组分被分离,并依次随流动相流至检测器,检测到的信号送至工作站记录、处理和保存。

(1) 高压输液系统:由溶剂贮存器、高压输液泵、梯度洗脱装置和压力表等组成。

①溶剂贮存器:一般用玻璃、不锈钢或塑料制成,容量为 1 L 到 2 L,用来贮存足够数量、符合要求的流动相。

②高压输液泵:高压输液泵是高效液相色谱仪的关键部件之一,其功能是将溶剂贮存器中的流动相以高压形式连续不断地送入液路系统,使样品在色谱柱中完成分离过程。对泵的要求是输出压力高,流量范围大,流量恒定、无脉动,流量精度和重复性好,此外,还应耐腐蚀,密封性好。

③梯度洗脱装置:梯度洗脱就是在分离过程中使用两种或两种以上的洗脱液,按一定程序连续改变它们之间的比例,从而使流动相的强度、极性、pH 值或离子强度相应地变化,达到提高分离效果、缩短分析时间的目的。

(2) 进样系统:包括进样口、注射器和进样阀等,其作用是把分析试样有效地送入色谱柱进行分离。目前高效液相色谱一般采用耐高压的六通阀进行进样。

(3) 分离系统:包括色谱柱、柱温箱和连接管等部件。色谱柱一般用内部抛光的不锈钢制成,其内径为 2~6 mm,柱长为 5 ~30 cm,柱形多为直形,内部充满固定相微粒。柱效高、选择性好、分析速度快是对色谱柱的一般要求,安装和更换色谱柱时一定要使流动相按箭头所指方向流动。一般要求在色谱柱前安装保护柱,起到保护及延长分析柱寿命的作用。有些物质的分离条件要求有一定的温度,因此给色谱柱配一个柱温箱也是非常有必要的。

(4) 检测系统和记录系统:检测器是高效液相色谱仪的关键部件之一,它其实就是一个转换器,把化合物的理化性质转换成电信号。要求检测器灵敏度高、重复性好、线性范围宽、死体积小以及对温度和流量的变化不敏感等。在高效液相色谱中,有两种类型的检测器:一类是溶质性检测器,它仅对被分离组分的理化特性有响应,不反映流动相的变化,如紫外、荧光、电化学检测器等;另一类是总体检测器,它对试样和流动相总的理化性质进行响应,如示差折光、蒸发光散射检测器等。

2. 操作方法

（1）进样前的准备工作：首先，要求使用的溶剂具有较高的纯度，有机溶剂要用色谱纯的，使用前用 $0.45\mu m$ 滤膜过滤，水要使用超纯水，经膜过滤后使用，各种溶剂一般要新鲜配制，使用前进行脱气处理。加入样品前，必须用流动相充分洗柱，确保柱内残留杂质全部冲洗干净后才能进样。

（2）样品处理：在某些生物样品中，常含有较多的蛋白质、脂肪及糖类等物质，它们的存在将影响待测组分的分离测定，同时容易污染和堵塞色谱柱，使柱效降低，所以需对试样进行预处理。样品预处理方法很多，如溶剂萃取、吸附、离心、超滤等。

（3）洗脱：按照事先设定的程序进行洗脱。当样品中各组分较难分离时，采用梯度洗脱方法（包括改变溶液极性、pH 值或离子强度），可获得较好的分离效果。流动相的流速，可选择恒速或变速。

（4）色谱柱的清洗和保存：分离完毕后，应用溶剂彻底清洗色谱柱，密封保存。

 ## 6.7.3 　高效液相色谱法的应用

（1）在生化领域的应用：高效液相色谱技术目前已成为生物化学家和医学家在分子水平上研究生命科学、遗传工程、临床化学、分子生物学等必不可少的工具，其在生化领域的应用主要集中于以下两个方面。

①低相对分子质量物质，如氨基酸、有机酸、有机胺、类固醇、卟啉、糖类、维生素等的分离和测定。

②高相对分子质量物质，如多肽、核糖核酸、蛋白质和酶（各种胰岛素、激素、细胞色素、干扰素等）的纯化、分离和测定。在生化领域经常要求从复杂的混合物基质，如培养基、发酵液、体液、组织中对感兴趣的物质进行有效而又特异的分离，要求检测限达一定级别并且重复性好、快速、自动检测、制备分离回收率高且不失活，在这些方面，高效液相色谱具有明显的优势。

（2）在食品分析中的应用：主要有以下几个方面。

①食品营养成分分析，如分析蛋白质、氨基酸、糖类、色素、维生素、香料、有机酸（邻苯二甲酸、柠檬酸、苹果酸等）、有机胺、矿物质等营养成分。

②食品添加剂分析，如分析甜味剂、防腐剂、着色剂（合成色素如柠檬黄、苋菜红、靛蓝、胭脂红、日落黄、亮蓝等）、抗氧化剂等食品添加剂。

③食品污染物分析，如分析霉菌毒素（黄曲霉毒素、黄杆菌毒素、大肠杆菌毒素等）、有毒元素、多环芳烃等。

（3）在环境分析中的应用：如分析多环芳烃（特别是稠环芳烃）、农药残留等。

（4）在医学检验中的应用：高效液相色谱在医学检验中可用于体液中代谢物测定、药代动力学研究、临床药物（如抗生素等）的监测等。

6.8 典型案例

案例1 离子交换色谱法分离猪血粉中的氨基酸

猪血粉 $\xrightarrow[\text{6 mol/L HCl}]{\text{回流14 h,过滤}}$ 水解液 $\xrightarrow{\text{赶酸}}$ 赶酸液 $\xrightarrow[\text{活性炭,90 ℃,2 h}]{\text{调pH4.5}}$ 脱色液

$\xrightarrow[\text{过滤,除酪氨酸等}]{\text{浓缩后静置1~2天}}$ 滤液 $\xrightarrow[\text{滤液稀释,调pH2.0}]{\text{阳离子交换树脂}}$ 上样 $\xrightarrow[\text{0.1 mol/L pH8.5 NH}_3\text{-NH}_4\text{Cl}]{\text{洗脱开始}}$ Asp (pH3.0) Glu (pH4.0)

$\xrightarrow[\text{0.1 mol/L 氨水}]{\text{洗脱}}$ Ala (pH4.5~6.0) Val (pH5.0~6.5) Leu (pH5.5~7.0) $\xrightarrow[\text{1 mol/L 氨水}]{\text{洗脱}}$ His (pH6.8~9.5) Lys (pH9.5~11.0) $\xrightarrow[\text{2 mol/L 氨水}]{\text{洗脱}}$ Arg (pH11.0~12.0)

案例2 酵母表达的重组人血清白蛋白的纯化

酵母表达的重组人血清白蛋白(rHSA),发酵培养结束后,存在于细胞外,其分离与纯化工艺属于胞外蛋白质纯化工艺类型。

人血清白蛋白是血浆中最丰富的蛋白质,占血浆总蛋白的 60% 左右,生物学作用主要包括维持血液的正常渗透压,运输脂肪酸等营养物质等。工业生产的 rHSA 在临床上用作血容量扩充剂,并补充蛋白质,用于治疗失血性休克、脑水肿、流产等引起的白蛋白缺乏、肾病等。

人血清白蛋白是由 585 个氨基酸组成的单链无糖基化的蛋白质,相对分子质量为68000,分子呈心形。单条多肽链由大约 17 个二硫键交叉连接,每个分子只含有一个游离的—SH,等电点为 4.7~4.9。在本例中 rHSA 由 *Pichia pastoris* 表达,并分泌到发酵液中。

1. 基本工艺

发酵结束时,得到 1000 L 发酵液,加入辛酸钠(终浓度 10 mmol/L)作保护剂,调节 pH 值至 6,加热处理(68 ℃,30 min),使发酵过程中酵母分泌的蛋白酶失活,再快速冷却至 15 ℃,发酵液稀释 2 倍得到约 2000 L 稀释液,以降低离子强度,稀释后电导率小于 10 mS。再用乙酸溶液调节 pH 值至 4.5。

膨胀床阳离子交换色谱:用 pH 值为 4.5 的乙酸缓冲液(含 50 mmol/L NaCl)(介质150 L)装柱平衡,随后使平衡缓冲液由下至上通过色谱床层。然后将稀释液边搅拌边直接上到色谱柱上,上样速度为 100~250 cm/h。上样后,色谱柱用 2.5 倍床层体积的平衡缓冲液充分冲洗,洗掉各杂质,以流速 100 cm/h 冲洗 1 h,再以流速 300 cm/h 冲洗 30 min,然后以流速 50~100 cm/h 进行洗脱,洗脱缓冲液为 pH 9,含 300 mmol/L NaCl 的 100 mmol/L 磷酸盐缓冲液。

二次热处理:向色谱柱得到的 rHSA 粗溶液中加入辛酸钠、半胱氨酸和盐酸氨基胍,终浓度分别为 5 mmol/L、10 mmol/L、10 mmol/L,调 pH 值至 7.5,加热处理(60 ℃,60 min)。

疏水性色谱:预先用 pH 值为 6.8 的含 150 mmol/L NaCl 的 50 mmol/L 磷酸盐缓冲液平衡,含二次热处理后的 rHSA 粗溶液上到疏水色谱柱上,此时大部分杂质被吸附,rHSA 在该条件下不被吸附,而直接随平衡缓冲液流下来,得到的 rHSA 流出液用截流相对分子质量为 30000 的超滤膜超滤,浓缩。通过透析将 rHSA 粗溶液的缓冲液置换为 pH 值为 6.8 的 50 mmol/L 磷酸盐缓冲液。

阴离子交换色谱:填料为 DEAE-Sepharose FF,预先用 pH 值为 6.8 的 50 mmol/L 磷酸盐缓冲液平衡。经疏水色谱、膜浓缩和透析置换缓冲液的料液上至该柱子上。与前类似,此时大部分杂质被吸附,rHSA 在该条件下不被吸附,而直接随平衡缓冲液流下来。得到的 rHSA 流出液用截流相对分子质量为 30000 的超滤膜超滤,浓缩。通过透析将 rHSA 粗溶液的缓冲液置换为蒸馏水。

硼酸盐沉淀:调整上步得到的 rHSA 溶液浓度达到 0.2%,电导率达到 1 mS 以下。加入四硼化钠,使其浓度达到 100 mmol/L。接着加入 100 mmol/L 氯化钙,溶液 pH 值控制为 9.5。静置 10 h,离心弃去沉淀,收集上清液,用截流相对分子质量为 30000 的超滤膜超滤,浓缩。通过透析将 rHSA 粗溶液的缓冲液置换为磷酸盐缓冲液。由此可得到纯 rHSA。

2. 工艺讨论及分析

由于血清白蛋白的生物功能是运送脂肪酸,因此辛酸作为一种脂肪酸,可以与血清白蛋白特异性结合,从而起到血清白蛋白保护剂的作用。类似地,蛋白质的生物亲和配体、酶的底物、竞争性抑制剂或辅基都可以作为蛋白质的稳定剂。

由于酵母在繁殖过程中会向培养基中分泌蛋白酶,因此发酵结束后,要尽快进行加热处理,使蛋白酶失活。尽早除去目标蛋白质的分解变性因素,是在蛋白质纯化工艺设计中必须牢记的一点。

本工艺采用了膨胀床离子交换色谱分离工艺,直接处理发酵液,省去了菌体细胞分离步骤,缩短了生产周期。

该工艺中使用的疏水色谱和阴离子交换色谱,在分离过程中都是使杂质吸附在介质上,而目标蛋白质本身并不吸附,这种操作方式处理样品量大大增加,且没有洗脱过程,而直接进行洗涤再生,操作周期缩短,在达到纯化要求的前提下,不失为一个很好的选择。

 小结

色谱技术是利用混合物中各组分的物理化学性质的差别来进行分离的方法。色谱系统由四个基本部分构成,即固定相、流动相、泵系统及在线检测器。

常见的有吸附色谱、分配色谱、离子交换色谱、凝胶过滤色谱、亲和色谱、疏水色谱以及高效液相色谱。

吸附色谱是靠溶质中不同组分与吸附剂之间吸附力的差异而进行分离的色谱技术。

分配色谱是利用被分离物质中各成分在两种不相混溶的溶剂之间的分配系数不同而使混合物得到分离的色谱技术,分为正相分配色谱和反相分配色谱。

离子交换色谱是以离子交换剂为固定相,依据流动相中的组分离子与交换剂上的平衡离子进行可逆交换时结合力大小的差别而进行分离的色谱技术。

凝胶过滤色谱又称分子排阻色谱,它是使用有一定大小孔隙的凝胶作色谱介质(如葡聚糖凝胶、琼脂糖凝胶、聚丙烯酰胺凝胶等),利用凝胶颗粒对相对分子质量和形状不同的物质进行分离的色谱技术。

亲和色谱是利用共价键连接有特异配体的色谱介质分离蛋白质混合物中能特异结合配体的目标蛋白质或其他分子的色谱技术。

疏水色谱是使用表面偶联弱疏水基团疏水性配体的吸附剂作固定相,根据蛋白质与疏水性吸附剂之间的疏水性相互作用的差别进行蛋白质类生物大分子分离的色谱技术。

高效液相色谱是利用物质在两相之间吸附或分配的微小差异达到分离目的的色谱技术,有"四高一广"的特点。高效液相色谱仪由高压输液系统、进样系统、分离系统、检测系统和记录系统等五大部分组成。

同 步 训 练

1. 名词解释

CM-Sephadex G-50　　离子交换色谱　　亲和色谱　　疏水色谱　　反相分配色谱　　凝胶过滤色谱

2. 判断题

(1) 酸性、中性、碱性氨基酸在强碱性阴离子交换树脂柱上的吸附顺序是:碱性氨基酸＞中性氨基酸＞酸性氨基酸。　　　　　　　　　　　　　　　　　　(　　)

(2) 任何情况都优先选择较小孔隙的交换剂。　　　　　　　　　　　(　　)

(3) 凝胶柱色谱可进行生物大分子相对分子质量的测定。　　　　　　(　　)

(4) 在高浓度盐溶液中疏水性相互作用减小。　　　　　　　　　　　(　　)

(5) Sephadex LH-20 的分离原理主要是分子筛和正相分配色谱。　　(　　)

(6) 疏水柱色谱可直接分离盐析后或高盐洗脱下来的蛋白质、酶等生物大分子溶液。

(　　)

(7) 由于 pH 值可能对蛋白质的稳定性有较大的影响,故一般采用改变离子强度的梯度洗脱。　　　　　　　　　　　　　　　　　　　　　　　　　　　(　　)

(8) 凝胶过滤色谱会使得大分子物质后流出,小分子物质先流出。　　(　　)

3. 选择题

(1) 针对配体的生物学特异性的蛋白质分离方法是(　　　　)。

A. 凝胶过滤色谱　　　　　　　　　　B. 离子交换色谱

C. 亲和色谱　　　　　　　　　　　　D. 分配色谱

(2) 用于蛋白质分离过程中脱盐和更换缓冲液的色谱是(　　　　)。

A. 离子交换色谱　　　　　　　　　　B. 亲和色谱

C. 凝胶过滤色谱　　　　　　　　　　D. 吸附色谱

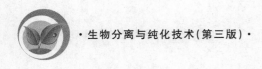

(3)凝胶过滤色谱分离的依据是(   )。

A. 固定相对各物质的吸附力不同

B. 各物质分子大小不同

C. 各物质在流动相和固定相中的分配系数不同

D. 各物质与专一分子的亲和力不同

(4)下列关于离子交换色谱洗脱的说法,错误的是(   )。

A. 对强酸性树脂一般选择氨水、甲醇及甲醇缓冲液等作洗脱剂

B. 弱酸性树脂用稀硫酸、盐酸等作洗脱剂

C. 强碱性树脂用盐酸-甲醇、乙酸等作洗脱剂

D. 若被交换的物质用酸、碱洗不下来,应使用更强的酸、碱

(5)下列关于正相分配色谱与反相分配色谱的说法,正确的是(   )。

A. 正相分配色谱是指固定相的极性低于流动相的极性

B. 正相分配色谱分析过程中非极性分子或极性小的分子比极性大的分子移动的速度慢

C. 反相分配色谱是指固定相的极性低于流动相的极性

D. 反相分配色谱分析过程中极性大的分子比极性小的分子移动的速度慢

(6)下列凝胶中孔径最小的是(   )。

A. Sephadex G-25   B. Sephadex G-50

C. Sephadex G-100   D. Sephadex G-200

(7)疏水色谱通常使用(   )。

A. 酸性溶液   B. 碱性溶液   C. 中性溶液   D. 高浓度盐溶液

(8)下列关于疏水色谱的说法,错误的是(   )。

A. 将疏水色谱柱装柱完毕后,通常要用含有高盐浓度的缓冲液进行平衡

B. 疏水色谱是利用蛋白质与疏水性吸附剂之间的弱疏水性相互作用的差别进行分离与纯化的色谱技术

C. 洗脱后的色谱柱再生处理,可用 8 mol/L 尿素溶液或含 8 mol/L 尿素的缓冲液进行洗涤,然后用平衡缓冲液平衡

D. 疏水柱色谱分辨率很高,流速慢,加样量小

(9)亲和色谱的洗脱过程中,在流动相中除去配体的洗脱方法称为(   )。

A. 阴性洗脱   B. 剧烈洗脱   C. 正洗脱   D. 负洗脱

(10)下面关于亲和色谱载体的说法,错误的是(   )。

A. 载体必须能充分功能化

B. 载体必须有较好的理化稳定性和生物亲和性,尽量减少非专一性吸附

C. 载体必须具有高度的水不溶性和亲水性

D. 理想的亲和色谱载体外观上应为大小均匀的刚性小球

4. 简述题

(1)在使用离子交换色谱时,应选择什么样的离子交换剂? 选择什么样的反离子? 选择什么样的骨架?

（2）在运用离子交换技术提取蛋白质时，为什么要使用多糖基离子交换剂？

（3）何谓免疫亲和色谱？简述免疫亲和色谱介质的制备过程。

（4）疏水柱色谱分离原理是什么？

（5）凝胶过滤色谱有哪些用途？

5. 技能题

（1）说明柱色谱法的基本操作过程。

（2）详细叙述利用混合柱生产无盐水的原理及操作方法。

第七单元

膜分离技术

知识目标

(1) 熟悉膜过程的分类及特点。

(2) 理解膜分离的原理。

(3) 熟悉膜及膜组件的组成与分类。

(4) 掌握微滤、超滤、反渗透、电渗析的基本原理、膜材料与工业应用。

(5) 了解膜的污染与清洗方法。

技能目标

(1) 能针对不同的处理对象选择不同的膜分离方法。

(2) 在理解膜分离基本原理的基础上,能正确进行各种膜分离操作。

(3) 能判断各种膜污染的原因,并能掌握常见的膜清洗的方法。

素质目标

养成按仪器说明规范操作、爱护仪器的习惯。

7.1 膜分离过程的分类和特点

膜是具有选择性分离功能的材料,利用膜的选择性实现料液的不同组分的分离、纯化、浓缩的过程称为膜分离。

膜分离技术出现于 20 世纪初,20 世纪 60 年代后迅速崛起。膜分离技术具有设备简单、常温操作、无相变及化学变化、选择性高及能耗低等优点,作为一种新型分离技术正日益受到重视。该技术目前已广泛应用于食品、医药、生物、环保、化工、冶金、能源、水处理、电子、仿生等领域,产生了巨大的经济效益和社会效益,已成为当今分离科学中最重要的手段之一。

7.1.1 膜分离过程的分类

膜分离过程是以选择性透过膜为分离介质,当膜两侧存在某种推动力(如压力差、浓度差、电位差、温度差等)时,原料侧组分选择性地透过膜,以达到分离、提纯的目的。不同的膜过程使用不同的膜,推动力也不同。目前,已经工业化的膜分离过程有微滤(MF)、超滤(UF)、纳滤(NF)、反渗透(RO)、渗析(D)、电渗析(ED)、气体分离(GS)、渗透汽化(PV)、乳化液膜(ELM)等。其中,反渗透、超滤、微滤、电渗析这四种过程在技术上已经相当成熟,已有大规模的工业应用,气体分离和渗透汽化是正在发展中的技术。除了以上多种已工业应用的膜分离过程外,还有许多正在研发中的新膜过程,如膜萃取、膜蒸馏、双极性膜电渗析、膜分相、膜吸收、膜反应、膜控制释放等。

几种主要的膜分离过程见表1-7-1。

表1-7-1 几种主要的膜分离过程

膜过程	主要膜材料	滤膜孔径	传递机理	透过物	膜类型	主要用途	被截留物质	产生时间
MF	再生纤维素、聚丙烯、聚氯乙烯、聚四氟乙烯、聚酰胺、陶瓷等	$0.05 \sim 2.0\ \mu m$	颗粒大小	溶剂、溶解物	多孔膜	以压力差为推动力,主要依靠机械筛分作用,滤除50 nm以上的颗粒	悬浮物、细菌类、大分子有机物	1925
ED	聚乙烯、聚丙烯、聚氯乙烯等的苯乙烯接枝聚合物	$0.05 \sim 0.15\ \mu m$	电解质离子的选择性传递	电解质离子	离子交换膜	以电位差为推动力,利用阴、阳离子交换膜的选择透过性,从溶液中脱除或富集电解质	无机、有机离子	1950
RO	乙酸纤维素、聚砜、聚酰胺及其改性膜	$<0.002\ \mu m$	溶剂的扩散传递	溶剂	非对称性膜、复合膜	以压力差为推动力,利用半透膜的选择透过性,使溶剂透过膜和溶质分开,即水中溶解盐类的脱除	无机盐、糖类、氨基酸、有机物等	1965

膜过程	主要膜材料	滤膜孔径	传递机理	透过物	膜类型	主要用途	被截留物质	产生时间
UF	乙酸纤维素、聚砜、聚丙烯腈、聚氯乙烯、聚偏氟乙烯、聚酰胺、陶瓷等	0.0015～0.02 μm	分子特性、大小、形状	溶剂、小分子	非对称性膜	以压力差为推动力,机械筛分过程,截留相对分子质量范围为1000～300000,滤除5～100 nm的物质	蛋白质、各类酶、细菌、病毒、胶体	1970
GS	聚酰亚胺、聚砜、聚二甲基硅氧烷、聚丙烯中空纤维、聚苯胺、陶瓷等	≥1.0 nm	气体(含蒸气)的扩散渗透	渗透性的气体(含蒸气)	匀相膜、复合膜、非对称性膜	以压力差为推动力,利用各组分渗透速率的不同,进行气体除湿、有机蒸气的回收、酸性气体的脱除等	不易透过液体	1980
PV	聚乙烯醇、聚丙烯酸、聚丙烯腈、壳聚糖类等	<0.5 nm	选择传递	易渗透的溶剂或溶质	匀相膜、复合膜、非对称性膜	以膜两侧蒸气压差为推动力,进行混合溶液中微量水的脱除、废水中有机污染的分离及溶液中有机组分的回收	液体、无机盐、乙醇	1990
NF	乙酸纤维素、聚砜和芳香族聚酰胺复合材料等	2 nm	离子大小及电荷	水、一价离子	复合膜	以压力差为推动力,膜截留相对分子质量范围为200～1000,依靠溶解扩散效应,实现低分子有机物脱盐、纯化和高价离子的脱除	无机盐、糖类、氨基酸、有机物等	1990

在生物技术中应用的膜分离过程,根据推动力的不同,可分为以下四类。

1. 以压力差为推动力的膜分离过程

以压力差为推动力的膜分离有四种,即微滤、超滤、纳滤和反渗透,它们在粒子或被分离的类型上具有差别。其中,微滤和超滤两种分离过程中使用的膜是微孔状,作用类似筛子，微滤中压力差为 0.01～0.1 MPa，超滤中压力差为 0.1～1 MPa。在特殊情况下，聚合物超滤膜的最高操作压力可达 35 MPa，而无机材料的微滤和超滤膜的操作压力通常是 0.15 MPa，它们在 4 MPa 的压力下会破裂。纳滤是以压力差为驱动力，用于脱除多价离子、部分一价离子和相对分子质量为 200～1000 的有机物的膜分离过程，当压力在 0.4～0.5 MPa 范围时，纳滤膜的分离效果更好，且通量更高。而反渗透膜则是溶剂从盐类、糖类等溶液中透过膜，因此渗透压较高，必须提高操作压力，打破溶剂的化学平衡，才能使反渗透过程进行，因此，反渗透过程中压力差为 0.2～10 MPa。

2. 以浓度差为推动力的膜分离过程

渗析时，在膜的两侧分别是原液和溶剂，溶质由原液侧根据扩散原理，而溶剂（如水）则由溶剂侧根据渗透原理相互移动，一般低分子比高分子扩散得快。渗析的目的就是借助这种扩散速度差，使原液中两组分以上的溶质得以分离。由此可知，渗析过程不是溶剂和溶质的分离（浓缩），而是原液中溶质与溶质之间的分离，浓度差（化学位差）是这种分离过程的唯一推动力。

渗析是一种扩散控制的，以浓度梯度为驱动力的膜分离方法。溶液中的低分子溶质可以从浓度较高的进料液侧，通过扩散透过膜，而进入浓度较低的透析液侧。渗析与超滤既有共同点，也有不同点。其共同点是两者都可以从高分子溶液中去除小分子溶质；两者的不同点是渗析的驱动力是膜两侧溶液的浓度差，而超滤为膜两侧的压力差。渗析过程透过膜的是小分子溶质本身的净流，而超滤过程透过膜的是小分子溶质和溶剂结合的混合流。正因为渗析过程的推动力是浓度梯度，故随着渗析过程的进行，其速度不断下降，因此必须提高被处理原液和渗析液的循环量，并且其渗析速度慢于以压力为驱动力的反渗透、超滤和微滤等过程。

3. 以蒸气分压差为推动力的膜分离过程

以蒸气分压差为推动力的膜分离过程有两种：膜蒸馏和渗透蒸发。

1）膜蒸馏

膜蒸馏是在不同温度下分离两种水溶液的膜过程，已经用于高纯水的生产、溶液脱水浓缩和挥发性有机溶剂的分离，如丙酮和乙醇等。膜蒸馏中使用的膜应是疏水性微孔膜，气相透过微孔膜而液相因膜的疏水特性被阻止通过。因两个温度而在溶液-膜界面上形成两个不同的蒸气分压，在这种情况下，水和挥发性有机溶剂蒸气在较高的溶剂蒸气压下，从温度高的流体一侧流向膜的冷侧并凝结成一个馏分。这个过程是在常压和比溶剂沸点低的温度下进行的。当处理高溶质浓度溶液时，在料液一侧存在着渗透压效应。

2）渗透蒸发

渗透蒸发是以蒸气分压差为推动力的过程，但是在过程中使用的是致密（无孔）的聚合物膜。液体扩散是否透过膜取决于它们在膜材料中的扩散能力。在膜的低蒸气压一侧，已扩散过来的组分通过蒸发和抽真空的方法或加入一种恰当的惰性气体流，从表面去除，用冷凝的方法回收透过物。当一个液体混合物的各组分在膜中的扩散系数不相同时，这个混合物就可以分离，这一过程不仅已取代共沸蒸馏法，用来分离共沸有机混合物，而且还用来从水溶液中分离如乙醇、丁醇、异丙酮、丙酮和乙酸之类的有机组分。

4. 以电位差为推动力的膜分离过程

离子交换膜电渗析,简称电渗析,是一个膜分离过程,在该过程中,离子在电位差的驱动下,透过选择性渗透膜,从一种溶液向另一种溶液迁移。用于该过程的膜,只有共价结合的阴或阳离子交换基团。阴离子交换膜只能透过阴离子,阳离子交换膜则只能透过阳离子,将离子交换膜浸入电解质溶液,并在膜的两侧通以电流时,则只有膜上固定电荷相反的离子才能通过。

 ## 7.1.2　膜分离过程的特点

膜分离过程与传统的化工分离方法,如过滤、蒸发、蒸馏、萃取、深冷分离等过程相比较,具有以下优点。

（1）膜分离过程的能耗通常比较低。

大多数膜分离过程都不发生相的变化;蒸发、蒸馏、萃取、吸收、吸附等分离过程都伴随着相的变化,而相变化的潜热是很大的。

（2）膜分离技术适用范围广。

不仅适用于有机物和无机物,从病毒、细菌到微粒的广泛分离,而且适用于许多特殊溶液体系的分离,如溶液中大分子与无机盐的分离,一些共沸点或近沸点物系的分离。

（3）膜分离效率高,分离效果好。

一般来说,分离效果只与膜孔径的大小有关,与原分离体系的成分以及运行条件无关,能够得到稳定可靠的分离结果,对于有些成分理论上能够达到100%的去除率,这是其他常规处理和深度处理所不能比拟的。

（4）膜分离装置简单紧凑,易于自动操作且易控制,便于维修。

膜装置一般由膜组件、进料系统及清洗系统组成,结构简单且操作方便。

膜分离的缺点如下:①产品被浓缩的程度有限;②有时其适用范围受到限制,因加工温度、物料成分、pH值、膜的耐药性、膜的耐溶剂性等的不同,有时不能使用膜分离;③规模经济的优势较低,一般需与其他工艺相结合。

7.2　膜材料与膜组件

 ## 7.2.1　膜材料

用来制备膜的材料主要分为有机高分子材料和无机材料两大类。

1. 有机高分子材料

目前,在工业中应用的有机高分子材料主要有乙酸纤维素类、聚砜类、聚酰胺类和聚丙烯腈等。

乙酸纤维素是由纤维素与乙酸反应而制成的,是应用最早和最多的膜材料,常用于反渗透膜、超滤膜和微滤膜的制备。乙酸纤维素膜的优点是价格便宜,分离和透过性能良好。缺点是使用的 pH 值范围比较窄,一般仅为 4～8,容易被微生物分解,且在高压下长时间操作时容易被压密而引起渗透通量下降。

聚砜类是一类具有高机械强度的工程塑料,具有耐酸、耐碱的优点,可用作制备超滤膜和微滤膜的材料。由于此类材料的性能稳定、机械强度好,因而也可作为反渗透膜、气体分离膜等复合膜的支撑材料,缺点是耐有机溶剂的性能较差。

用聚酰胺类制备的膜,具有良好的分离与透过性能,且耐高压、耐高温、耐溶剂,是制备耐溶剂超滤膜和非水溶液分离膜的首选材料,缺点是耐氯性能较差。聚丙烯腈也是制备超滤膜、微滤膜的常用材料,其亲水性能使膜的水通量比聚砜类膜的要大。

2. 无机材料

无机膜的制备多以金属、金属氧化物、陶瓷、多孔玻璃和新型氧化石墨烯(GO)为材料。

以金属钯、银、镍等为材料可制得相应的金属膜和合金膜,如金属钯膜、金属银膜或钯-银合金膜。此类金属及合金膜具有透氢或透氧的功能,故常用于超纯氢的制备和氧化反应,缺点是清洗比较困难。

多孔陶瓷膜是最具有应用前景的一类无机膜,常用的有 Al_2O_3、SiO_2、ZrO_2 和 TiO_2 膜等。此类膜具有耐高温和耐酸腐蚀的优点。玻璃膜可以很容易地加工成中空纤维,并且在 H_2-CO 或 He-CH_4 的分离过程中具有较高的选择性。

7.2.2 膜组件

所有膜装置的核心部分都是膜组件,即按一定技术要求将膜组装在一起的组合构件。膜组件一般包括膜、膜的支撑体或连接物、与膜组件中流体分布有关的流道、膜的密封装置、外壳以及外接口等。在开发膜组件的过程中,必须考虑以下几个基本要求:流体分布均匀,无死角;具有良好的机械稳定性、化学稳定性和热稳定性;装填密度大;制造成本低;易于清洗;压力损失小。

此外,在设计膜组件的结构时,还必须考虑传递阻力因素,应该注意传递阻力(特别是浓差极化和压力损失)在气态和蒸气体系中的重要程度完全不同于在液态体系中的重要程度。

1. 管式膜组件

管式膜组件(图 1-7-1)的结构特征是把膜和支撑体均制成管状,两者装在一起,或者把膜直接刮制在支撑管内,再将一定数量的管以一定方式连成一体,其外形类似于列管式换热器。要处理的溶液从管内流入,渗透液从管外流出。管式组件的形式较多,按其连接方式可分为单管式和管束式,按其作用方式可分为内压型管式和外压型管式。

1) 内压型单管式

这种膜被固定在一个多孔的不锈钢、陶瓷或塑料管内,膜管的末端做成喇叭形,然后以橡皮垫圈密封。管直径通常为 6～24 mm,每个膜组件中一般有 4～18 根膜管。处理

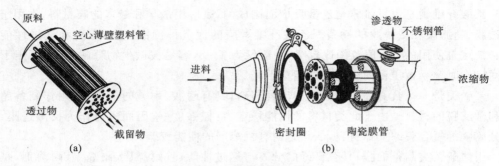

图 1-7-1　管式膜组件

液由管式组件的一端流入,而于另一端流出,淡水透过膜后,于支撑体中汇集,再由耐压管上的细孔中流出。这种管状膜的装填密度是很低的,一般低于 300 m^2/m^3。当然,为了进一步提高膜的装填密度,也可采用同心套管组装方式。

2)内压型管束式

在多孔性耐压管内壁上直接喷注成膜,再把许多耐压膜管装配成相连的管束,然后把管束装置在一个大的收集管内,即构成管束式淡化装置,原水由装配端进口流入,经耐压管内壁的膜管,于另一端流出。淡水透过膜后由收集管汇集。

3)外压型管式

它的结构和内压型管式的相反,反渗透膜被刮制在管的外表面上。水的透过方向由管外向管内。

管式膜组件的主要优点如下:能有效地控制浓差极化,流动状态好,可大范围地调节料液的流速;膜生成污垢后容易清洗;对料液的预处理要求不高,并可处理含悬浮固体的料液。其缺点是投资和运行费用较高,单位体积内膜的面积较低。

2. 板框式膜组件

板框式膜组件可用于反渗透、微滤、超滤和渗透汽化等膜过程。这种膜组件构型与实训室用的平板膜最接近。在所有的板框式膜组件结构中,基本的部件是平板膜、支撑膜的平盘与进料侧起流体导向作用的平盘。将这些部件以适当的方式组合堆叠在一起,就构成板框式膜组件。

另外一种形式是板框式膜堆。它是由两张膜一组构成夹层结构,两张膜的原料侧相对,由此构成原料腔室和渗透物腔室。在原料腔室和渗透物腔室中安装适当的间隔器。采用密封环和两个端板将一系列这样的膜组件安装在一起以满足一定的膜面积要求,这便构成板框式膜堆。

这类膜组件的装填密度为 $100\sim400$ m^2/m^3。图 1-7-2 为板框式膜组件流道示意图。为减少沟流即防止流体集中于某一特定流道,膜组件中设计了挡板。

板框式膜组件的一个突出优点是,每两片膜之间的渗透物都是被单独引出来的,因此,可以通过关闭各个膜组件来消除操作中的故障,而不必使整个膜组件停止运转。缺点是在板框式膜组件中需要个别密封的数目太多,另外内部压力损失也相对较高(取决于流体转折流动的情况)。

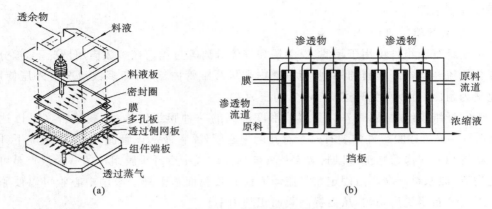

图 1-7-2　板框式膜组件

3. 螺旋卷绕式膜组件

膜组件中最重要的类型是螺旋卷绕式膜组件。它首先是为反渗透过程开发的，但目前也被用于超滤和气体分离过程。图 1-7-3 为螺旋卷绕式膜组件的构造示意图。

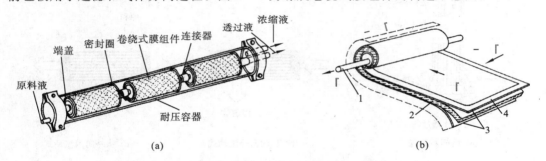

图 1-7-3　螺旋卷绕式膜组件的构造示意图

1—透过液集水管；2—透过液隔网，三个边界密封；3—膜；4—密封边界

从图 1-7-3 可以看出，螺旋卷绕式膜组件为双层结构，中间为多孔支撑材料，两边是膜，其中三边被密封而黏结成膜袋状，另一个开放边与一根有孔的中心产品水收集管密封连接，在膜袋外部的原水侧再垫一层网眼型间隔材料，也就是把膜—多空支撑体—膜—原水侧间隔材料依次叠合，绕中心产品水收集管紧密地卷起来形成一个膜袋，再装入圆柱形耐压容器里，就成为一个螺旋组件。要说明的是，进料边隔网并不只是起着使膜之间保持一定间隔的作用，至少还对物料交换过程有着重要的促进作用（在流动速度相对较低的情况下可控制浓差极化影响）。组件的装填密度比板框式膜组件高，但这也取决于流道宽度，而该宽度由原料侧和渗透物侧之间的隔网决定。螺旋卷绕式膜组件在应用中已获得很大程度的成功，因为它们不仅结构简单、造价低廉，而且相对来说不易污染。为了使装置达到较高的收率，常常需要将多个元件（可多达 6 个）安装在一个耐压外壳中。

螺旋卷绕式膜组件的特点如下：结构简单，造价低廉；装填密度相对较高；由于有进料分隔板，物料交换效果良好；能耗低；膜的更换及系统的投资较低。螺旋卷绕式膜组件的不足之处如下：渗透物侧流体流动路径较长；难以清洗；膜必须是可焊接和可黏结的；料液的预处理要求严格。

4. 中空纤维膜组件

中空纤维膜组件可用于超滤、反渗透和气体分离等过程。在多数应用情况下,被分离的混合物流经中空纤维膜的外侧,而渗透物则从纤维管内流出,即多数情况下外压使用。因此更为耐压,可以承受高达 10 MPa 的压力差。

中空纤维膜组件(图 1-7-4)是装填密度最高的一种膜组件构型,装填密度可以达到 30000 m²/m³。在膜组件中装有一个有孔的中心管,原料液从该管流入,这种情况下纤维呈环状排列并在渗透物侧予以封装。从外向内流动式中空纤维膜组件的一个缺点是可能发生沟流,即原料倾向于沿固定路径流动而使有效膜面积下降。采用中心管可以使原料液在腹内分布得更为均匀,从而提高膜面积利用率。

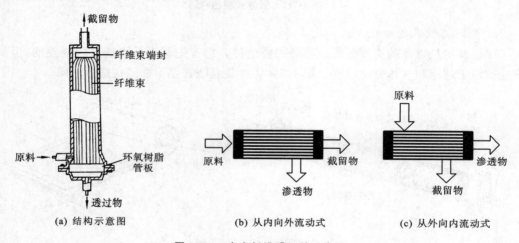

(a) 结构示意图   (b) 从内向外流动式   (c) 从外向内流动式

图 1-7-4　中空纤维膜组件示意图

中空纤维膜组件的开发成功有两项关键技术:一是制作能长期耐压的中空纤维并实现工业化生产;二是要使液体在纤维间均匀流动。组件的主要特点如下。

(1) 组件能做到非常小型化。由于不用支撑体,在组件内能装几十万到上百万根中空纤维,所以有极高的膜装填密度,一般为 16000～30000 m²/m³。

(2) 透过液体侧的压力损失大。透过膜的液体是由极细的中空纤维膜的中心部位引出的,压力损失能达数个大气压。

(3) 膜面污垢去除较困难,只能采用化学清洗而不能进行机械清洗。

(4) 中空纤维膜一旦损坏是无法更换的。

(5) 对进料液要求严格的预处理。

尽管中空纤维型组件存在一些缺点,但由于中空纤维膜生产的工业化,以及组件膜的高装填密度和高产量,因此它和螺旋卷绕式膜组件一样,是重点研究发展的类型之一。

7.3　影响膜过滤分离效果的因素

影响膜过滤分离效果的因素很多，主要有操作压力、操作方式、温度、料液浓度、膜面流速、操作时间、膜孔径和膜厚度等。

1. 操作压力

压力差（Δp）是膜分离过程的推动力，对渗透通量产生决定性的影响。如超滤膜，在对溶液进行超滤的过程中，压力差较小时，膜表面尚未形成浓度极化层，渗透通量与压力差成正比；当压力差逐渐增大时，开始产生浓差极化现象，渗透通量的增高速率逐渐减慢。所谓浓差极化，就是在膜分离过程中，水连同小分子透过膜，而大分子溶质则被膜阻拦并不断积累在膜表面上，当膜面上溶质浓度增加到一定值时，在膜面上会形成一层称为凝胶层的非动层，使溶质在膜表面处的浓度高于溶质在主体溶液中的浓度，从而在膜附近边界层内形成浓度差，促使溶质从膜表面向着主体溶液进行反向扩散，这种现象称为浓差极化。当压力差继续增大，膜面产生凝胶层时，由于凝胶层的厚度随着压力的增大而增大，渗透通量趋于定值，此后渗透通量不再随压力差而变化，此时的通量称为临界渗透通量。在实际超滤操作中，应在接近临界渗透通量的压力差条件下操作。

2. 操作方式

传统的过滤操作主要采用常规过滤方式，料液流向与膜面垂直，膜表面的滤饼阻力大，渗透通量很低。由于新型膜材料和膜组件的研究开发，目前的膜过滤操作主要采用错流过滤形式。错流过滤操作中，料液的流动方向与膜面平行，流动的剪切作用可大大减轻浓度极化现象或凝胶层厚度，使渗透通量维持在较高水平。

3. 温度

温度对膜分离过程的影响主要体现在温度对黏度的影响。温度上升时料液的黏度降低，扩散系数增加，减小了浓差极化的影响，使膜分离阻力减小，有利于提高膜渗透通量。温度升高，临界渗透通量增高。一般来说，在膜和料液及溶质的稳定范围内，应尽量选取较高的操作温度，使膜分离在较高的渗透通量下进行。

4. 料液浓度

料液浓度对分离效率也有很大的影响。膜分离过程是料液的浓缩过程，存在着浓缩的极限。当料液浓度较小时，膜面不易形成凝胶覆盖层；随着料液的浓度增加，黏度增大，浓度边界层增厚，膜面阻力增大，膜渗透通量显著降低，即浓差极化。

5. 膜面流速

膜面流速对渗透通量的影响反映在传质系数上，传质系数随膜面流速的增大而提高。因此，膜面流速增大，渗透通量亦增高，并会达到一个最大值，膜面流速再增加时膜渗透通量反而下降。一个原因是过高的膜面流速会增大背压（回压），使膜透过压力下降；另一个原因是过高的膜面流速使混合物中目标物离开膜的速率远大于目标物进入膜的速率，导致膜渗透通量下降。因此选择膜面流速时，并不是越大越好，当其超过临界值后，将不会

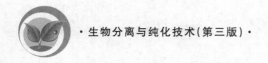

对膜分离效果有明显改善。

对于采用错流操作方式的膜分离过程,控制料液的流速使其处于湍流状态,可以保证较高的传质速率,同时可减轻膜的积垢。若增加料液流速,可有效减小浓差极化层的厚度,从而使渗透通量增高。

6. 操作时间

在膜分离过程中,随着时间的推移,由于浓差极化、凝胶层的形成和膜污染等,渗透通量将逐渐下降,下降速率随物料种类不同而有很大差别。因此在膜分离过程中,要注意渗透通量的衰减,合理确定操作周期,这样才能有效地降低生产成本,如发酵液的超滤过程,一般1周左右清洗一次。

7. 膜孔径和膜厚度

膜的孔径是膜的基本特性之一,一般认为孔径增加,膜渗透通量会大幅提高;孔隙率越大,膜渗透通量越高;膜孔的曲折率越小,膜渗透通量越高。

膜厚度对分离效率的影响具有双重作用。膜厚度的增加会降低膜渗透通量,但会使分离效率提高。因此,需要通过试验来选择膜的厚度,从而使膜的分离效率提高,同时渗透通量不降低。

8. 其他因素

溶液的 pH 值可对溶质的溶解特性、荷电性产生影响,同时对膜的亲疏水性和荷电性也有较大的影响,从而使膜与溶液中溶质间的相互作用发生变化,对渗透通量造成一定的影响。生物制药的料液常含有多种蛋白质、无机盐类等物质,它们的存在对膜污染产生重大影响。Fan 等实验证明,在等电点时,膜对蛋白质的吸附量最高,使膜污染加重,而无机盐复合物会在膜表面或膜孔上直接沉积而污染膜。由于各种膜的化学性质不同,各种蛋白质的特性差异较大,无机盐对膜的化学性质、待分离物质特性的影响复杂,使得它们对膜渗透通量的影响很难预测,需通过大量试验确定。

此外,研究表明膜制作过程、制膜添加剂的种类和用量、电解质以及表面活性剂等都会对膜分离过程产生影响。

7.4 膜污染及其控制措施

膜的使用过程中尽管操作条件保持不变,但渗透通量仍逐渐降低的现象称为膜污染。膜的渗透通量下降是一个重要的膜污染标志。在膜分离操作中,渗透通量不仅与操作压力差(推动力)、膜孔结构、溶液的黏度、操作温度等有关,还与料液流速、浓差极化现象及膜的污染程度有关。

1. 膜污染的原因

一般认为膜污染是膜与料液中某一溶质的相互作用,或吸附在膜上的溶质和其他溶质的相互作用引起的。

不同的膜分离过程,膜污染的程度和造成的原因不同。微滤膜的孔径较大,对溶液中的可溶物几乎没有分离作用,常用于截留溶液中的悬浮颗粒,因此膜污染主要由颗粒堵塞造成。超滤膜是有孔膜,通常用于分离大分子物质、胶体及乳液等,其渗透通量一般较高,而溶质的扩散系数低,受浓差极化的影响较大,所遇到的污染问题也是浓差极化造成的。反渗透膜是无孔膜,截留的物质大多为盐类,因为渗透通量较低,传质系数比较大,在使用过程中受浓差极化的影响较小,其膜表面对溶质的吸附和沉积作用是造成污染的主要原因。

2. 膜的清洗

膜污染后必须采取一定的清洗方法,使膜面或膜孔内污染物去除,达到恢复透水量,延长膜寿命的目的。

(1) 膜清洗时要考虑的因素。

在清洗程序设计中,通常要考虑下面两个因素。

①膜的化学特性:指耐酸(碱)性、耐温性、耐氧化性和耐化学试剂特性,它们对选择化学清洗剂类型、浓度以及清洗液温度等极为重要。膜生产厂家对其产品化学特性均给出简单说明,当要使用其说明书所述以外的化学清洗剂时,一定要慎重,先做小试验检测是否可能给膜带来危害。

②污染物特性:这里主要是指膜污染物在不同 pH 值溶液中、不同种类及浓度盐溶液中、不同温度下的溶解性、荷电性、可氧化性及可酶解性等,它有助于我们选择合适的清洗方法以达到最佳清洗效果。

(2) 清洗方法。

生产实践中,常用物理法、化学法或两者结合的方法进行清洗。

①物理清洗。

物理清洗是将海绵球通到管式膜中进行洗涤,或利用供给液本身间歇地冲洗膜组件内部,并利用其产生的剪切力来洗涤膜面附着层。一般采用清液,通过加大流速循环洗涤,称为正向清洗,也可采用空气、透过液或清洗剂进行反向冲洗。

通过物理清洗,一般能有效地清除因颗粒沉积造成的膜孔堵塞。在实际生产中,还常采用等压清洗(又称在线清洗)的方法,一般是每运行一个短的周期(如运转 2 h)以后关闭透过液出口,这时膜的内、外压力差消失,使得附着于膜面上的沉积物变得松散,在液流的冲刷作用下,沉积物脱离膜而随液流流走,达到清洗的目的。其他物理清洗方法有脉冲流动清洗、超声波清洗等。

物理清洗往往不能把膜面彻底洗净,特别是对于吸附作用造成的膜污染,或者由于膜分离操作时间长、压力差大而使膜表面胶层压实造成的污染。

②化学清洗。

化学清洗是选用一定的化学药剂,对膜组件进行浸泡,并应用物理清洗的方法循环清洗,以达到清除膜上污染物的目的。如抗生素生产中对发酵液进行超滤分离,每隔一定时间(如 1 周),要求配制 pH 值为 11 的碱液,对膜组件浸泡 15~20 min 后清洗,以除去膜表面的蛋白质沉淀和有机污染物。又如当膜表面被油脂污染以后,其亲水性能下降,透水性降低,这时可用热的表面活性剂溶液进行浸泡清洗,常用的化学清洗剂有酸、碱、酶、螯合剂、表面活性剂、过氧化氢、次氯酸盐、磷酸盐、聚磷酸盐等,主要利用溶解、氧化、渗透等

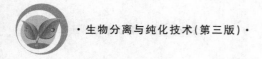

作用来达到清洗的目的。

3. 膜污染的预防

膜污染被认为是膜分离中最重要的问题,可采取以下方法减轻膜污染。

(1)预处理:预处理是预防膜污染的有效措施之一。将料液经过预过滤器,以除去较大的粒子,对中空纤维和螺旋卷式超滤器尤为重要。蛋白质吸附在膜表面上是形成污染的原因,调节料液的 pH 值使其远离等电点可使吸附作用减弱,但如吸附是由静电引力引起的,则应调节至等电点。盐类对污染也有很大影响。pH 值高,盐类易沉淀;pH 值低,盐类沉积较少。加入配位剂(如 EDTA 等)可防止钙离子等沉淀。

(2)改变膜表面性质:制膜时,改变膜的表面极性和电荷,常可减轻污染。也可以将膜先用吸附力较强的溶质吸附,则膜不会吸附蛋白质。例如,聚砜膜用大豆卵磷脂的乙醇溶液预先处理,乙酸纤维素膜用阳离子表面活性剂预先处理,可防止污染。此外,选择合适的膜材料和膜孔径,选择合适的膜结构和膜组件,控制合适的操作条件(pH 值、温度、压力、流速、溶液浓度等)也可以减轻膜污染的影响。

4. 膜的消毒与保存

大多数药物的生产过程须在无菌条件下进行,因此膜分离系统须进行无菌处理,有的膜(如无机膜)可以进行高温灭菌,而大多数有机高分子膜通常采用化学消毒法。常用的化学消毒剂有乙醇、甲醛、环氧乙烷等。需根据膜材料和微生物特性的要求选用和配制消毒剂,一般采用浸泡膜组件的方式进行消毒,膜在使用前需用洁净水冲洗干净。如果膜分离操作停止时间超过 24 h 或长期不用,则应将膜组件清洗干净后,选用能长期贮存的消毒剂浸泡保存。

7.5 常见的几种膜分离技术

 ## 7.5.1 微滤

1. 微滤的原理

微孔膜过滤技术简称为微滤,又叫精密过滤,是在流体压力差的驱动下,利用膜对被分离物料颗粒尺寸的选择性,将膜孔能截留的微粒以及大分子溶质截留,而让膜孔不能截留的微粒以及小分子溶质透过膜。微滤膜具有比较整齐、均匀的多孔结构,用于截留直径为 $0.02\sim10~\mu m$ 的微粒、细菌等,是目前应用最广泛的一种分离、分析微细颗粒和超净除菌的手段,也可用于超滤的预处理过程。

微孔滤膜的物理结构对分离效果起决定性作用,此外,吸附和电性能等因素对截留也有一定的影响。微孔滤膜的截留机理大体可分为以下四种。

1)机械截留作用

微孔滤膜可截留尺寸比膜孔径大或与膜孔径相当的微粒等杂质,即筛分作用。

2）物理作用或吸附截留作用

膜表面的吸附和电性能对截留起着重要的作用。

3）架桥作用

通过电镜可以观察到,在微孔滤膜孔的入口处,微粒因架桥作用也同样可以被截留。

4）网络型膜的网络内部截留作用

此种情况下微粒截留在膜的内部而不是在膜的表面。

由以上截留机理可见,机械作用对微孔滤膜的截留性能起着重要作用,但微粒等杂质与孔壁间的相互作用也不可忽视。

2. 微孔滤膜的结构及特点

1）微孔滤膜的分类

根据膜孔的结构,微孔滤膜可分为两大类:一类是具有毛细管状孔结构的筛网型微孔滤膜,它具有理想的圆柱形孔结构,对于尺寸大于其孔径的微粒具有绝对的过滤作用;另一类是具有曲孔的深度型微孔滤膜,其膜表面粗糙,分布着孔径小于分离粒子尺寸的微孔,即深度过滤型微孔滤膜不具有绝对过滤的作用,它可以去除尺寸小于其孔径的微粒。弯曲孔膜孔隙率一般为 $35\%\sim90\%$,柱状孔膜一般小于 10%。微孔滤膜的操作压力较低,一般小于 0.35 MPa。

2）微孔滤膜的特点

（1）分离效率高。

分离效率高是微孔滤膜最重要的特性之一,该特性受控于膜的孔径和微孔分布。微孔滤膜的微孔十分均匀,分布很好,由于微孔滤膜的孔径能严格控制,故可绝对截留尺寸大于孔径的任何微粒,分离效率接近 100%。

（2）渗透通量高。

微孔滤膜的表面有无数微孔,孔隙率一般可高达 80% 左右。膜的孔隙率越高,意味着过滤所需的时间越短,即渗透通量越高。一般来说,它比同等截留能力的滤纸至少快 40 倍。

（3）滤材薄。

与深层过滤介质相比,微孔滤膜的厚度只有它们的 1/10,甚至更小,在过滤某些含有高价值目标产物的悬浮液颗粒时,由于被过滤介质吸收而造成的损失也很小。其次,由于微孔滤膜很薄,所以很轻,易于贮藏。

（4）无介质脱落,不产生二次污染。

微孔滤膜为连续的整体结构,没有一般深层过滤介质产生的卸载和滤材脱落现象。因此,可用于对渗透液纯度要求较高的情况。

3. 微孔滤膜材料

微孔滤膜材料是影响膜性能的基本因素,因此材料的选择非常重要。一般来讲,材料的加工要求、耐污染能力和化学及热稳定性是主要考虑的因素。由于微孔滤膜的材质不同,微孔滤膜的品种较多,膜体孔径也不尽相同,简介如下。

1）硝酸纤维素膜（CN 膜）

制备成本低,亲水性好,耐热温度为 75 ℃,可以热压灭菌（120 ℃,30 min）,但由于易

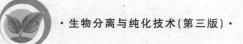

燃,使生产运输不安全,主要用于纯水制备,药品针剂水过滤、临床输液、果汁、酒类饮料过滤,还可用于环境尘粒、饮料、油类的检验分析。

2)乙酸纤维素膜(CA 膜)

膜强度高,成本较低,亲水性好,生产安全,耐低级醇类,热稳定性较好,使用温度为75 ℃,可以热压灭菌(120 ℃,30 min),主要用于除去微粒、无菌过滤及检验分析等,适用于烃类过滤、酒类和低级醇类过滤、医疗临床及无菌分析等。

3)混合纤维素膜(CN-CA)

膜性能较好,成本低,亲水性好,正常使用温度为 75 ℃,可热压灭菌(120 ℃,30 min),适用于烃类过滤,能够代替硝酸纤维素膜应用于制药工业及电子工业液体过滤,也可用于生物化学,微生物学,临床医疗诊断,水质、酒类、油料的检验分析等。

4)聚酰胺滤膜

膜性能好,成本较高,可在室温下使用,能耐碱,在酮、酯、醚及高分子醇类中不易被侵蚀,但不耐酸,可用于过滤弱酸、碱和一般有机溶剂,也可用于电子工业抗蚀剂的过滤。

5)聚氯乙烯疏水膜

膜原材料较便宜,但制膜溶剂较贵,故生产成本较高,适用于强酸和碱性液体的过滤,可用于化学工业的一般溶剂过滤,但不耐温,不便消毒。

6)再生纤维滤膜

膜强度高,耐溶剂性好,适用于非水溶剂的澄清或除菌过滤,主要用于过滤各种有机溶剂,可用蒸汽热压法或干热法消毒。

7)聚四氟乙烯强憎水性滤膜

膜热稳定性高(-180~250 ℃),化学稳定性高,耐强酸、强碱和各种有机溶剂,可用于蒸汽、各种有机溶剂、强酸、强碱及各种腐蚀性液体的过滤,适用面很广,但价格昂贵。

8)聚偏氟乙烯滤膜

聚偏氟乙烯滤膜具有极强的耐候性和化学稳定性,机械强度高,抗吸附污染性能好、耐紫外线老化、分离渗透通量高,可以在 140 ℃下高温灭菌和用 X 射线消毒等特点,可广泛应用于化工、环保、食品饮料、生化制药、医疗卫生及工业水净化处理等方面。

4.微滤的应用

微滤是膜过滤中应用最为普遍的一项技术,该技术已在污水处理、饮用水处理、医药、电子工业、食品等行业得到广泛的应用。

1)电子工业

微滤技术一直用于从生产半导体的液体中去除粒子。微滤在电子工业纯水制备中主要有两方面的作用:第一,在反渗透或电渗析前作为过滤器,用以去除细小的悬浮物;第二,在阴、阳或混合交换柱后,作为最后一级终端过滤手段,滤除树脂碎片或细菌等杂质。

2)制药工业

根据膜的性能,可以将其用于药液中微粒及细菌的滤除、抗生素的无菌检验等。用微孔滤膜过滤进行无菌检验,比常规法采样容量大、简便、快速、灵敏度高,并可避免抗生素本身的抑菌作用。微滤还可以用于选择性分析,如注射剂中不溶性异物检测、水中悬浮物和排气中粉尘的检测等。

3) 水处理

使用膜技术进行城市污水和工业废水处理,可生产出不同用途的再生水,如工业冷却水、绿化用水和城市杂用水,是解决水资源匮乏的重要途径。近年来,微滤作为水的深度处理技术得到快速发展。

4) 海水淡化

由于水资源严重匮乏,许多国家和城市特别是沿海城市开始利用膜技术进行海水淡化:一方面取得了淡水资源;另一方面可对海水进行有效的综合利用。微滤用于海水的深度预处理,去除海水中的悬浮物、颗粒以及大分子有机物,为反渗透提供原料水。

5) 食品、饮料工业

食品、酿酒业、麦芽酿造业及软饮料工业的生产过程需要大量水并产生大量的废水,经厌氧生物处理后的出水再经过连续微滤处理和消毒即可回用,可有效地脱除酿造行业产品(如啤酒、白酒以及酱油等)中的酵母、霉菌以及其他微生物,得到的滤液清澈、透明、保质期长,这是一个经济有效的解决方案,可实现零排放。

6) 油田采出水处理

国内大部分油井采出的表层原油大都是油、水共存的(有的油水比为 3∶7),经油、水分离后,采出水要回灌到地层深处,以防地壳下沉。对回灌水的要求是除去 $0.5~\mu m$ 以上的悬浮物及细菌。悬浮物(SS)小于 $1~mg/L$,含油量小于 $2~mg/L$。而采出水本身水质差,其中矿化度高,SS 含量高,含黑色原油,水温又高,很难处理。采用聚丙烯中空纤维微滤装置作为终端装置,其出口水完全达到回灌要求。

 ## 7.5.2 超滤

超滤是在压力差推动力作用下进行的筛孔分离过程,它介于纳滤和微滤之间,膜孔径范围为 $1~nm \sim 0.05~\mu m$。所分离组分直径为 $5~nm \sim 10~\mu m$,可分离相对分子质量大于 500 的大分子和胶体,这种液体的渗透压很小,可以忽略,因而采用的操作压力较小,一般为 $0.1 \sim 0.5~MPa$。所用的超滤膜多为非对称膜,膜的水渗透通量为 $0.5 \sim 5.0~m^3/(m^2 \cdot d)$。

超滤在小孔径范围与反渗透相重叠,在大孔径范围内与微孔过滤相重叠,它可以分离溶液中的大分子、胶体、蛋白质、微粒等。由于超滤的操作压力低、产水量大,近年来,在食品、医药、超纯水制备及生物技术等领域得到广泛的应用,可用于某些含有各种小相对分子质量的可溶性溶质和高分子物质(如蛋白质、酶、病毒等)溶液的浓缩、分离、提纯和净化。

1. 超滤机理

一般认为,超滤是一种筛分过程,在一定的压力差作用下,含有大、小分子溶质的溶液流过超滤膜表面时,溶剂和小分子物质(如无机盐类)透过膜,作为透过液被收集起来,而大分子溶质(如有机胶体)则被膜截留而作为浓缩液被回收。

超滤膜选择性表面层的主要作用是形成具有一定大小和形状的孔,它的分离机理主要是靠物理筛分作用。原料液中的溶剂和小的溶质粒子从高压料液侧透过膜到低压侧,一般称为滤液,而大分子及微粒组分被膜截留。实际应用中发现,膜表面的化学特性对大分子溶质的截留有着重要的影响,因此在考虑超滤膜的截留性能时,必须兼顾膜表面的化学特性。

2. 超滤膜材料

目前,已经商品化的超滤膜材料有十几种,而处于实训室研究阶段的膜材料更是种类繁多。从大的方面来分,超滤膜材料可分为有机高分子材料和无机材料两大类。

1) 有机高分子材料

(1) 纤维素衍生物。

最常用的纤维素衍生物有乙酸纤维素、三乙酸纤维素等,此类材料具有亲水性强、成孔性好、来源广泛、价格低廉等优点。乙酸纤维素超滤膜的孔径分布和孔隙率大小可通过改变铸膜液组成、凝固条件以及膜的后处理加以控制。

(2) 聚砜类。

聚砜是在乙酸纤维素之后发展较快的一类超滤膜材料,分子主链中含有砜基结构,结构中的硫原子处于最高价态,醚键改善了聚砜的韧性,苯环结构提高了聚合物的机械强度,因此聚合物具有良好的抗氧化性、化学稳定性和机械性能,不易水解,可耐酸、碱的腐蚀。应用于超滤膜的主要有双酚 A 型聚砜(PSF)及其磺化产物(SPSF)、聚芳醚砜(PES)和聚砜酰胺(PSA)等。

(3) 乙烯类聚合物。

乙烯类聚合物的主链上包含 $\left[\begin{array}{c}C-C\\H_2\ R_2\end{array}\right]$ 结构,用于超滤膜的材料主要有聚丙烯腈、聚氯乙烯、聚丙烯等。其中,聚丙烯腈作为超滤膜材料,仅次于乙酸纤维素和聚砜。

(4) 含氟类聚合物。

含氟材料主要是指由含有氟原子的单体经过共聚或均聚得到的有机高分子材料,用于膜材料的主要是聚偏氟乙烯(PVDF)和聚四氟乙烯(PTFE),其中聚偏氟乙烯由于氟原子的分布不对称而可溶于多种溶剂,有利于制备非对称多孔超滤膜。

2) 无机材料

无机材料主要分为致密材料和微孔材料两类。致密材料包括致密金属材料和氧化物电解质材料,其分离机理是通过溶解-扩散或离子传递机理进行,所以致密材料的特点是对某种气体具有较高的选择性。微孔材料主要包括多孔金属、多孔陶瓷和分子筛等材料。

(1) 多孔金属。

多孔金属膜主要采用 Ag、Ni、Ti 及不锈钢等材料,其孔径范围一般为 200～500 nm,厚度为 50～70 μm,孔隙率达 60%。

(2) 多孔陶瓷。

常用的多孔陶瓷材料主要有氧化铝、二氧化硅、氧化锆、二氧化钛等。它们的突出优点是耐高温、耐腐蚀。

(3) 分子筛。

分子筛是一种具有立方晶格的硅铝酸盐化合物,具有与分子大小相当且分布均匀的孔径、高温稳定性、优良的择优催化性,是理想的膜分离和膜催化材料。

3. 超滤的应用

超滤过程中没有相的转移,无须添加任何强烈化学物质,可以在低温下操作,过滤速率较快,便于作无菌处理等。这些优点可使分离操作简化,避免了生物活性物质的活性损失和变性。因此,超滤技术可用于:①大分子物质的脱盐和浓缩;②小分子物质的纯化;③大分子物质的分级分离;④生化制剂或其他制剂的除菌和去热原处理。

超滤常用于反渗透、电渗析、离子交换等的前处理。主要应用的领域有:纺织印染废水处理;造纸工业废水处理;电泳涂漆废水处理;含油废水处理;食品工业中乳品的灭菌及浓缩、乳蛋白的浓缩、乳清的回收与加工利用等,饮料行业中饮料的净化和澄清等;工业制药用水的制备、产物的浓缩、热原的去除、小分子杂质的去除、脱盐和缓冲溶液置换;电子工业高纯水的制备等。

7.5.3 纳滤

1. 纳滤膜的种类和特性

纳滤膜是 20 世纪 80 年代末问世的一种新型分离膜。纳滤用于分离溶液中相对分子质量为 200～2000 的物质,如抗生素、氨基酸等,允许水、无机盐、小分子有机物等透过,膜孔径为 1～2 nm,其分离性能介于超滤与反渗透之间。

目前国外已经商品化的纳滤膜大多是通过界面缩聚及缩合法在微孔基膜上复合一层具有纳米级孔径的超薄分离层。根据制备材料及条件的不同,有些纳滤膜还可以根据需要带一定的电荷,其表面分离层由聚电解质构成,因而对无机盐具有一定的截留率。用于生物分离的纳滤膜主要分为有机膜、无机膜及复合材料膜等三类。

(1) 无机膜材料:如二氧化锆、三氧化二铝、二氧化硅、二氧化钛等。

(2) 有机膜材料:如芳香酰胺、乙酸纤维素、壳聚糖、聚酰亚胺、聚乙烯醇、聚苯并咪唑酮、磺化聚砜、磺化聚醚砜等,聚砜和聚醚砜具有优良的机械和化学性能,热稳定性好,广泛用于膜的制备。

(3) 复合膜:将有机膜与其他荷电材料或无机膜材料共混制膜,从而增强膜的生物相容性及抗污染能力。

纳滤膜分离过程与微滤、超滤、反渗透等膜分离过程一样,是一个不可逆过程,膜内传递现象通常用非平衡热力学模型来表征。

2. 纳滤的应用

纳滤分离技术已越来越广泛地应用于食品、医药、生化行业的各种分离、精制和浓缩过程。

在实际应用中,由于纳滤的截留相对分子质量为 200～2000,因此其在分离小分子化合物方面具有巨大的优势,也可将相对分子质量相近的分子分开等。例如,在通过酶促反应来制备低聚糖时,低聚糖和原料蔗糖相对分子质量相差很小,很难分开,通常采用高效液相色谱法(HPLC)分离精制,但是 HPLC 处理量小、耗资大、后续浓缩能耗很高。而采用纳滤膜技术来处理,不仅可以达到 HPLC 相似的处理效果,而且可在很高的浓度区域实现三糖以上的低聚糖同葡萄糖、蔗糖的分离和精制,因而大大节约了成本。纳滤还用于果汁的浓缩,乳清蛋白的浓缩,牛乳中低聚糖的回收,牛乳的除盐、浓缩等。

此外,可利用有些纳滤膜的荷电特性,对某些荷电小分子进行有效分离。离子与荷电膜之间存在 Donnan 效应,即相同电荷排斥而相反电荷吸引的效应。氨基酸、多肽等两性小分子,当体系中 pH 值高于(或低于)等电点时带正电荷(或负电荷)。因此当氨基酸或多肽带有与膜相同性质的电荷时,其离子与膜之间产生静电排斥(即 Donnan 效应),从而以较高的截留率被截留,而当氨基酸或多肽处于等电点时,纳滤膜仅按照孔径大小或其截留相对分子质量进行截留,此时纳滤膜对氨基酸或小于截留相对分子质量的多肽的截留率几乎为零。

纳滤还常与超滤、反渗透联用于生物医药的分离、浓缩及精制等过程。如从大豆废水中提取低聚糖时,通过超滤法除去体系中大分子蛋白,再以反渗透除盐和纳滤精制法分离低聚糖,极大地提高了经济效益。在抗生素的生产中,纳滤技术受到很大的重视,将纳滤技术单独或与其他膜分离手段结合起来使用。抗生素的相对分子质量大都在 $300\sim1200$,纳滤可以用于对抗生素进行脱盐、去除大分子及浓缩等处理。

7.5.4　反渗透

反渗透膜是具有半透性能的薄膜。它能够在外加压力的作用下使水溶液中的某些组分选择性透过,从而达到水体淡化、净化的目的。它是苦咸水处理,海水淡化,除盐水、纯水、高纯水等制备的最有效方法之一。反渗透是目前最微细的过滤系统。反渗透膜可阻挡所有溶解的无机分子以及任何相对分子质量大于 100 的有机物,水分子可以自由通过薄膜成为纯净产物。对水中二价离子的去除率最高可达 99%,对一价离子的去除率也在95% 以上。

1. 反渗透的基本原理

反渗透膜分离过程是利用反渗透膜选择性地透过溶剂(通常是水)而截留离子物质的性质,以膜两侧的静压力差为推动力,克服溶剂的渗透压,使溶剂通过反渗透膜而实现对液体混合物进行分离的膜过程。因此,反渗透膜分离过程必须具备两个条件:一是具有高选择性和高渗透性的半透膜;二是操作压力必须高于溶液的渗透压。

2. 反渗透膜材料和分类

目前,主要的反渗透膜材料有乙酸纤维素类、芳香聚酰胺类和聚哌嗪酰胺类。乙酸纤维素反渗透膜为非对称膜,尽管在耐碱性、耐细菌性、产水量等方面不如聚酰胺膜,但因其具有优良的耐氯性、耐污染性,至今仍在使用。芳香聚酰胺可分为线性芳香聚酰胺与交联芳香聚酰胺,前者为非对称膜,后者为复合膜。这类膜因具有高交联度和高亲水性的特点,以及优良的脱盐率、产水量、耐氧化性、有机物去除率和二氧化硅去除率等优点,可用于对去除溶质性能要求高的超纯水制造、海水淡化等方面。聚哌嗪酰胺膜可分为线性聚哌嗪酰胺膜与交联聚哌嗪酰胺膜,后者已有产品上市。该膜具有产水量大、耐氯、耐过氧化氢的特点,可用于对脱盐性能要求高的净水处理和食品等方面。

3. 反渗透流程

反渗透装置的基本单元为反渗透膜组件,将反渗透膜组件与泵、过滤器、阀、仪表及管路等按一定的技术要求组装在一起,即成为反渗透装置。根据处理对象和生产规模的不同,反渗透装置主要有连续式、部分循环式和全循环式三种流程,下面介绍几种常见的工艺流程。

1)一级一段连续式

工作时,泵将料液连续输入反渗透装置,分离所得的透过水和浓缩液由装置连续排出。图1-7-5为典型的一级一段连续式工艺流程示意图。该流程的缺点是水的回收率不高,因而在实际生产中的应用较少。

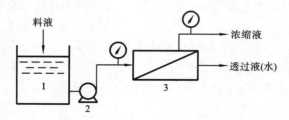

图1-7-5 一级一段连续式工艺流程

1—料液贮槽;2—泵;3—膜组件

2)一级多段连续式

当采用一级一段连续式工艺流程达不到分离要求时,可采用一级多段连续式工艺流程。图1-7-6为一级多段连续式工艺流程示意图。操作时,第一段渗透装置的浓缩液即为第二段的进料液,第二段的浓缩液即为第三段的进料液,以此类推,而各段的透过液(水)经收集后连续排出。此种操作方式的优点是水的回收率及浓缩液中的溶质浓度均较高,而浓缩液的量较少。一级多段连续式工艺流程适用于处理量较大且回收率要求较高的场合,如苦咸水的淡化以及低浓度盐水或自来水的净化等均可采用该流程。

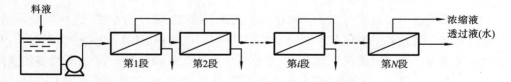

图1-7-6 一级多段连续式工艺流程

3)一级一段循环式

在反渗透操作中,将连续加入的原料液与部分浓缩液混合后作为进料液,而其余的浓缩液和透过液则连续排出,该流程即为一级一段循环式工艺流程,如图1-7-7所示。采用一级一段循环式工艺流程可提高水的回收率,但由于浓缩液中的溶质浓度要比原进料液中的高,因此透过水的水质有可能下降。一级一段循环式工艺流程可连续去除料液中的溶剂(水),常用于废液等的浓缩处理。

4. 反渗透在工业中的应用

反渗透膜分离过程可用于热敏感性物质的分离、浓缩,有效地去除无机盐和有机小分

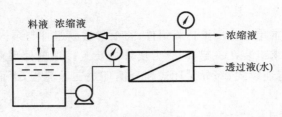

图 1-7-7　一级一段循环式工艺流程

子杂质,具有较高的脱盐率和较高的水回用率。分离过程要在高压下进行,因此需配备高压泵和耐高压管路。反渗透膜分离装置对进水指标有较高的要求,需对源水进行一定的预处理。分离过程中,易产生膜污染,为延长膜使用寿命和提高分离效果,要定期对膜进行清洗。

反渗透分离技术主要应用于海水和苦咸水的淡化,此外,在食品、医药、电子工业、电厂锅炉用水、环保等领域的应用日益扩大,用于纯水制备,生活用水、含油污水、电镀污水处理,以及乳品、果汁的浓缩,生化和生物制剂的分离和浓缩等。

 ### 7.5.5　电渗析

1. 电渗析原理

电渗析是一种专门用来处理溶液中的离子或带电粒子的膜分离技术,其原理是在外加直流电场的作用下,以电位差为推动力,使溶液中的离子作定向迁移,并利用离子交换膜的选择透过性,使带电离子从水溶液中分离出来。

电渗析所用的离子交换膜可分为阳离子交换膜(简称阳膜)和阴离子交换膜(简称阴膜),其中阳膜只允许溶液中的阳离子通过而阻挡阴离子,阴膜只允许溶液中的阴离子通过而阻挡阳离子。下面以盐水溶液中 NaCl 的脱除过程为例,简要介绍电渗析过程的原理。

电渗析系统由一系列平行交错排列于两极之间的阴膜、阳膜所组成,这些阴膜、阳膜将电渗析系统分隔成若干个彼此独立的小室,其中与阳极相接触的隔离室称为阳极室,与阴极相接触的隔离室称为阴极室,操作中离子减少的隔离室称为淡水室,离子增多的隔离室称为浓水室。如图 1-7-8 所示,在直流电场的作用下,带负电荷的阴离子即 Cl⁻ 向正极移动,但它只能通过阴膜进入浓水室,而不能透过阳膜,因而被截留于浓水室中。同理,带正电荷的阳离子即 Na⁺ 向负极移动,通过阳膜进入浓水室,并在阴膜的阻挡下截留于浓水室中。这样,浓水室中的 NaCl 浓度逐渐升高,出水为浓水,而淡水室中的 NaCl 浓度逐渐下降,出水为淡水,从而达到脱盐的目的。

2. 电渗析的应用

1) 水的纯化

电渗析法是用海水、苦咸水、自来水制备初级纯水和高级纯水的重要方法之一。由于能耗与脱盐量成正比,电渗析法更适合含盐量低的苦咸水淡化。但当原水中盐浓度过低时,溶液电阻大,不够经济,因此,一般采用电渗析与离子交换树脂组合的工艺。电渗析在

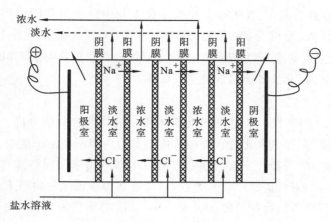

图 1-7-8 电渗析原理

流程中起前级脱盐的作用,离子交换树脂起保证水质的作用。组合工艺与只采用离子交换树脂相比,不仅可以减少离子交换树脂的频繁再生,而且对原水浓度波动的适应性强,出水水质稳定,同时投资少、占地面积小。但是,要注意电渗析法不能除去非电解质杂质。

2)海水、盐泉卤水制盐

电渗析浓缩海水(蒸发结晶制取食盐)在电渗析应用中占第二位。与常规盐田法比较,该工艺占地面积小,基建投资省,节省劳动力,不受地理气候限制,易于实现自动化操作和工业化生产,且产品纯度高。

3)废水处理

电渗析用于废水处理,兼有开发水源、防止环境污染、回收有用成分等多种意义。在电渗析应用中占第三位。电渗析用于废水处理,是以处理电镀废水为代表的无机系废水为开端,逐步向城市污水、造纸废水等无机系废水发展。如从电镀废水中回收铜、锌、镍、铬,从金属酸洗废水中回收酸与金属,从碱性溶液中回收 NaOH 等。

4)脱除有机物中的盐分

电渗析在医药、食品工业领域脱除有机物中的盐分方面也有较多的应用。例如:在医药工业中,葡萄糖、甘露醇、氨基酸、维生素 C 等溶液的脱盐;在食品工业中,牛乳、乳清的脱盐,酒类产品中脱除酒石酸钾等;另外,电渗析还可以脱除或中和有机物中的酸;可以从蛋白质水解液和发酵液中分离氨基酸等。

7.5.6 其他膜分离技术

1. 气体膜分离

(1)气体膜分离的原理:两种或两种以上的气体混合物通过高分子膜时,各种气体在膜的溶解和扩散系数不同,导致气体在膜中的相对渗透速率有差异。在驱动力即膜两侧压力差作用下,渗透速率相对较快的气体,如水蒸气(H_2O)、氢气(H_2)、二氧化碳(CO_2)和氧气(O_2)等优先透过膜而被富集;而渗透速率相对较慢的气体,如甲烷(CH_4)、氮气(N_2)和一氧化碳(CO)等则在膜的滞留侧被富集,从而达到混合气体分离的目的。

（2）气体膜分离的应用：气体膜分离技术在工业中应用的范围很广，如化学工业、石油精炼等的氢气回收，空气分离(富氮、富氧)，沼气、天然气脱碳与脱 H_2S，三次采油中 CO_2 分离与回收，空气脱湿，有机蒸气的净化及回收等。目前，应用最多的是氢气回收，潜力最大的是空气分离，而最具前途的是空气脱湿。

2. 渗透汽化

（1）渗透汽化（PV）的原理：渗透汽化技术用于液体混合物的分离。渗透汽化是具有相变化的膜分离过程，渗透汽化过程中的传质推动力为膜两侧的浓度差，或表现为两侧被渗透组分的分压差，任何能产生这种推动力的技术都可用来实现渗透汽化过程。渗透汽化的基本原理可以用溶解扩散理论来解释，该理论认为渗透汽化由以下三步组成：①原料混合物中各组分溶解于混合物接触的膜表层中；②溶解于膜表层的渗透组分以分子扩散的方式通过膜而到达膜的另一表面；③在膜的另一表面，膜中的渗透组分蒸发(汽化)解吸而脱离膜，从而达到分离和浓缩的目的。

（2）渗透汽化膜技术是节能和清洁生产技术，在面广量大的燃料醇生产，醇类、酮类、醚类脱水，酯化反应强化，有机溶剂中少量及微量水脱除，从工业废水中回收有机物，从有机混合物中分离甲醇，汽油脱硫，石脑油脱芳烃，芳烃、烷烃分离，烯烃、烷烃分离等方面有着重要的应用。

另外，还有亲和膜分离技术、乳化液膜分离技术等。

7.6 典型案例

案例1 糖化酶的超滤浓缩

生物酶提取一般采用盐析沉淀和真空浓缩等方法。根据膜法分离具有常温常压操作、无 pH 值和相态变化等特点，采用 CA 外压管式超滤膜，对黑曲霉糖化酶进行浓缩、提纯，采用 10 m^2 的膜组件，平均收率达 94.3%，平均浓缩倍数为 5.86，平均截留率为99.18%，平均通量为 63.13 L/(m^2·h)，平均成品酶液活性为 29240 U/mL，平均超滤液酶活性为 140 U/mL，菌液贮存时间达到原真空浓缩暂行部颁标准。

1. 膜及组件性能

超滤膜采用外压管式组件，有效膜面积为 10 m^2，共四个组件，采用"二并二串"组合形式。

2. 工艺流程

糖化酶超滤浓缩的工艺流程如图 1-7-9 所示。糖化酶发酵液加 2%酸性白土处理，经板框压滤，除去培养基等杂质，澄清的滤液经过滤器压入循环槽进行超滤浓缩。透过液由超滤器上端排出，循环液中糖化酶被超滤膜截留返回循环液贮槽，循环操作直至达到要求的浓缩倍数。

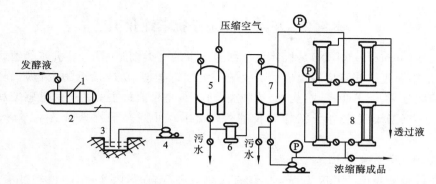

图 1-7-9　糖化酶超滤浓缩流程

1—板框压滤机；2—压滤液汇集槽；3—地池；4—离心泵；5—酶液贮槽；
6—泡沫塑料过滤器；7—循环液贮槽；8—超滤器

超滤过程的工艺参数如下。

(1) 原料液：pH 值为 3.5～4.0，糖化酶浓度约为 5000 U/mL，每次处理量为 3.5～4 t 压滤清液。

(2) 操作条件：超滤器进口压力为 0.54～0.59 MPa，中间压力为 0.31～0.34 MPa，出口压力为 0.098 MPa，操作温度低于 35 ℃，每批料液处理时间约为 5 h，糖化酶的浓缩倍数约为 6。

(3) 膜面清洗：每批料液处理结束后，立即用自来水对组件等系统进行清洗，清洗两次后测定水通量，再用自来水浸泡膜面 3 h 以上，一般可以恢复通量，但随着运转批数的增加，通量会随之下降。处理 6～7 批次后，采用 0.1％～0.5％漂白粉水溶液清洗膜面，然后用自来水清洗数次，以恢复水通量。

(4) 膜的保存：当运行间隔 1 周以上时，用 0.2％～1％甲醛溶液浸泡，以保护膜面使其不受污染。

3. 影响因素

(1) 压力。

在超滤过程中，通量随着操作压力的提高而增加，但过高的压力会使膜面压实而导致通量下降，影响清洗效果，因此应合理选择压力及组件排列方式。根据泵的特性曲线、压力和膜面流速的关系，组件以"二并二串"排列比较合理。

(2) 原料液的预处理。

由于贮槽中的酶液易受污染，因此在每次浓缩循环之前，贮槽中的料液必须经过泡沫塑料过滤器过滤。

(3) 膜面流速。

当膜面流速由 0.45 m/s 增大到 4 m/s 时，渗透通量增加，酶截留率和酶活力基本不变。这是因为，随着膜面流速的增大，膜表面的污染减小，延缓了浓差极化现象的出现，因而渗透通量增加，但是过高的流速会引起酶活力的下降，因此在该操作过程中膜面流速不宜大于 4 m/s。

案例2 基因工程 α-干扰素纯化工艺

干扰素(interferon,IFN)是机体免疫细胞产生的一类细胞因子,是机体受到病毒感染时,免疫细胞通过抗病毒应答反应而产生的一组结构类似、功能接近的生物调节蛋白,具有抑制细胞分裂、调节免疫、抗病毒、抗肿瘤等作用,是目前最主要的抗病毒感染和抗肿瘤生物制品。根据干扰素分子结构和抗原性的不同,可将人干扰素分为 α、β、γ、ω 四种类型。

1. α-干扰素分离纯化工艺流程

将通过发酵获得的基因工程 α-干扰素发酵液进行离心,收集菌体,再经过菌体裂解、离心、盐析、再离心等提取分离环节,获得粗 α-干扰素;粗 α-干扰素需要进行纯化,才能获得符合质量要求的 α-干扰素。其纯化工艺如图 1-7-10。

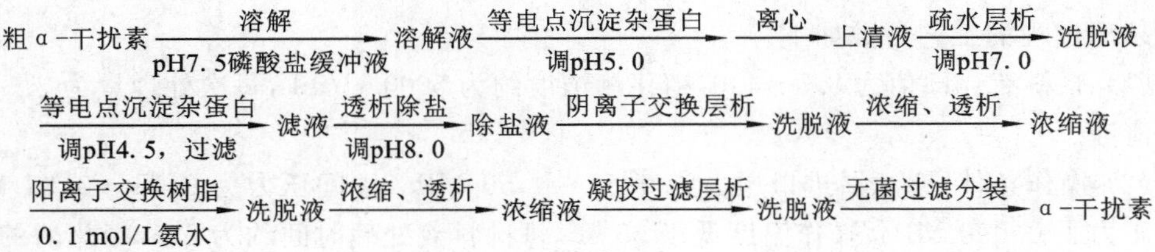

图 1-7-10 重组 α-干扰素纯化工艺

2. α-干扰素分离纯化操作过程

(1)溶解粗干扰素:在 2~10 ℃下将粗干扰素倒入匀浆器中,加 pH 7.5 磷酸盐缓冲液,匀浆,完全溶解。

(2)沉淀除杂:待粗干扰素完全溶解后,用磷酸将溶液调至 pH 5.0,等电点沉淀杂蛋白。将悬浮液在连续流离心机上于 16000 r/min 离心,收集上清液。

(3)疏水层析除非疏水性蛋白:用 NaOH 溶液调节上清液至 pH 7.0,并用 5 mol/L NaCl 溶液调节溶液电导值至 180 mS/cm,上样,进行疏水层析,利用干扰素的疏水性进行吸附。在 2~10 ℃下,用 0.025 mol/L 磷酸盐缓冲液(pH 7.0)和 1.6 mol/L NaCl 溶液进行冲洗,除去非疏水性蛋白,然后用 0.01 mol/L 磷酸盐缓冲液(pH 8.0)进行洗脱,收集洗脱液。

(4)沉淀、过滤除杂质:用磷酸调节洗脱液至 pH 4.5,调节洗脱液的电导值为 40 mS/cm,搅拌均匀后 2~10 ℃下静置过夜,进行等电点沉淀。然后进行过滤,在 2~10 ℃下收集滤液。

(5)透析除盐:调整溶液至 pH 8.0、电导值 5.0 mS/cm,通过截留相对分子质量 10^4 的超滤膜,在 2~10 ℃下,用 0.005 mol/L 磷酸盐缓冲液透析除盐。

(6)阴离子交换层析:先用 0.01 mol/L 磷酸盐缓冲液(pH 8.0)平衡 DEAE 阴离子交换树脂。上样后,用相同缓冲液洗涤。采用盐浓度线性梯度 5~50 mS/cm 进行洗脱,配合 SDS-PAGE 收集干扰素峰,在 2~10 ℃下进行。

(7)浓缩和透析:合并阴离子交换层析洗脱的有效部分,调整溶液至 pH 5.0、电导值 5.0 mS/cm,在截留相对分子质量 10^4 的超滤膜上,2~10 ℃下用 0.05 mol/L 乙酸缓冲液(pH 5.0)进行透析。

(8)阳离子交换层析纯化:先用 0.1 mol/L 乙酸缓冲液(pH 5.0)平衡 CM 阳离子交换树脂。上样后,用相同缓冲液洗涤。在 2～10 ℃下,采用盐浓度线性梯度 5～50 mS/cm 进行洗脱,配合 SDS-PAGE 收集干扰素峰。

(9)浓缩:合并阳离子交换层析洗脱的有效部分,在 2～10 ℃下,用截留相对分子质量 10^4 的超滤膜浓缩到 1 L。

(10)凝胶过滤层析:Sephacryl S-200 凝胶过滤柱层析。先用含有 0.15 mol/L NaCl 的磷酸盐缓冲液(pH 7.0)清洗层析系统,上样后,在 2～10 ℃下,用相同缓冲液进行洗脱。合并干扰素部分,最终蛋白质浓度应为 0.1～0.2 mg/mL。

(11)无菌过滤分装:用 0.22 μm 滤膜过滤干扰素溶液,分装后,于-20 ℃以下的冰箱中保存。

 小结

根据推动力的不同,膜分离过程可分为四类:以静压力差为推动力的膜分离过程、以浓度差为推动力的膜分离过程、以蒸气分压差为推动力的膜分离过程、以电位差为推动力的膜分离过程。

膜分离过程具有能耗低、适用范围广、效率高、分离效果好、装置简单紧凑、易于自动控制、便于维修等特点。

用来制备膜的材料主要分为有机高分子材料和无机材料两大类。其中常见的有机膜材料有乙酸纤维素类、聚砜类、聚酰胺类和聚丙烯腈等。无机膜的制备多以金属、金属氧化物、陶瓷、多孔玻璃和新型氧化石墨烯(GO)为材料。

所有膜装置的核心部分都是膜组件,常用的膜组件形式为管式膜组件、板框式膜组件、螺旋卷绕式膜组件和中空纤维膜组件。

影响膜过滤分离效果的因素主要有操作压力、操作方式、温度、料液浓度、膜面流速、操作时间、膜孔和膜厚度等。

膜污染主要是料液中某些溶质与膜互相作用引起的。膜的清洗方法有物理法、化学法或两者结合。

已经工业化的膜分离过程有微滤(MF)、超滤(UF)、纳滤(NF)、反渗透(RO)、渗析(D)、电渗析(ED)、气体分离(GS)、渗透汽化(PV)、乳化液膜(ELM)等。其中,反渗透、超滤、微滤、电渗析这四种过程在技术上已经相当成熟。

同步训练

1. 名词解释
膜污染　浓差极化
2. 填空题
(1)膜按来源分类,主要有天然膜和_____;按膜的组件分类,主要有管式、

_____、_____和_____等;按分离机理分类,主要有多孔膜、_____、_____和_____。

(2) 发生反渗透的两个必要条件是_____和_____。

(3) 目前,反渗透装置主要有_____、_____、_____和_____四种类型。

3. 选择题

(1) 以下有关微孔滤膜过滤的特点的叙述,不正确的是(   )。

A. 孔径均匀,孔隙率高、滤速高   B. 滤过阻力小

C. 滤过时无介质脱落   D. 不易堵塞

E. 可用于热敏性药物的除菌净化

(2) 一般以相对分子质量截留值为孔径规格指标的滤材是(   )。

A. 微孔滤膜   B. 砂滤棒   C. 滤纸

D. 超滤膜   E. 玻璃垂熔滤器

4. 简述题

(1) 一种性能良好的膜应具有哪些特点?

(2) 优化操作方式可有效预防膜污染,试列举并说明操作条件的优化方法。

(3) 微滤和超滤有何区别和联系?

第八单元

电 泳 技 术

 知识目标

(1) 掌握电泳技术的原理,了解电泳技术的发展史。

(2) 掌握电泳技术的分类及电泳装置的结构。

(3) 理解乙酸纤维素薄膜电泳法的特点,熟悉其电泳基本过程。

(4) 理解琼脂糖电泳法的特点,熟悉其电泳基本方法。

(5) 熟悉聚丙烯酰胺凝胶的聚合原理及特性,掌握其电泳原理和操作方法。

(6) 理解等电聚焦电泳的特点和工作原理。

 技能目标

(1) 能够根据被分离物质的特点选择合适的电泳方法。

(2) 能熟练使用常见的电泳装置。

(3) 能熟练进行常规的电泳技术操作。

 素质目标

(1) 养成规范使用仪器的习惯。

(2) 树立成本意识。

8.1 电泳技术概述

电泳是带电微粒在电场作用下发生迁移的过程。许多重要的生物分子,如氨基酸、多肽、蛋白质、核苷酸、核酸等带有可解离的基团,它们在某个特定的 pH 值范围内可以带上正电荷或负电荷,在电场的作用下,这些带电分子会向着与其极性相反的电极方向移动。电泳技术就是利用在电场的作用下,待分离样品中各种分子由于带电性质以及分子本身

159

的大小、形状等性质差异,产生不同的移动速度,从而对样品进行分离、鉴定或提纯的技术。

电泳技术具有以下特点:①几乎适用于所有带电物质的分离,并可进行定性或定量分析;②样品用量极少;③设备简单;④可在常温下进行;⑤操作简便省时;⑥分辨率高。目前,电泳技术已成为生物化学、免疫学、分子生物学、医学、制药等领域不可缺少的手段。

 ## 8.1.1 电泳基本原理

1. 电荷的来源

任何物质由于其本身的解离作用或表面上吸附其他带电质点,在电场中便会向一定的电极移动。作为带电颗粒可以是小的离子,也可以是蛋白质、核酸、病毒颗粒和细胞器等。因蛋白质分子是由氨基酸组成的,而氨基酸带有可解离的氨基($-NH_3^+$)和羧基($-COO^-$),是典型的两性电解质,在一定的 pH 值条件下会解离带上电荷,所带电荷的性质和多少取决于蛋白质分子的性质、溶液的 pH 值和离子强度。在某一 pH 值条件下,蛋白质分子所带的正电荷数恰好等于负电荷数,即净电荷等于零,此时蛋白质质点在电场中不移动,溶液的这一 pH 值,称为该蛋白质的等电点(pI)。如果溶液的 pH 值大于 pI,则蛋白质分子会解离出 H^+ 而带负电,此时蛋白质分子在电场中向正极移动,如图 1-8-1 所示。

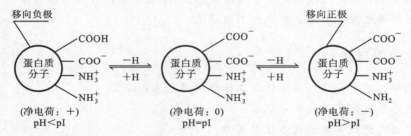

图 1-8-1　不同 pH 值条件下蛋白质分子在电场中的运动状态示意图

2. 迁移率

设一带电粒子在电场中所受的力为 F,F 的大小取决于粒子所带电荷 Q 和电场强度 E,即

$$F = QE$$

又按斯托克斯定律,一球形粒子运动时所受到的阻力 F',与粒子运动的速度 v、粒子的半径 r、介质的黏度 η 的关系为

$$F' = 6\pi r \eta v$$

当电泳达到平衡,带电粒子在电场做匀速运动时,则

$$F = F'$$

即

$$QE = 6\pi r \eta v$$

移项得

$$\frac{v}{E} = \frac{Q}{6\pi r \eta} \tag{1-8-1}$$

其中,v/E 表示单位电场强度时粒子运动的速度,称为迁移率(mobility),也称为泳动度,以 U 表示:

$$U = \frac{v}{E} = \frac{Q}{6\pi r \eta} \tag{1-8-2}$$

由式(1-8-2)可见,粒子的迁移率在一定条件下取决于粒子本身的性质,即其所带电荷以及其大小和形状。不同的粒子如两种蛋白质分子,一般有不同的迁移率。因此,电泳一定时间就可以将两者分开。

3. 影响电泳速度的因素

电泳速度与电泳迁移率是两个不同的概念,电泳速度是指单位时间内移动距离,而迁移率是指单位电场强度下的电泳速度。但两者又是密切相关的,电泳速度越大,迁移率也越大。影响电泳速度的因素如下。

1)样品

被分离的样品带电荷量的多少和电泳速度成正比。带电荷量多,电泳速度就快;反之则慢。此外,被分离的物质若带电量相同,相对分子质量大的电泳速度慢,相对分子质量小的则电泳速度快,故相对分子质量的大小与电泳速度成反比。球形分子的电泳速度要比纤维状的快。

2)电场强度

电场强度是每厘米的电位降。例如支持体为滤纸时,纸的两端分别浸入电极溶液中,电极缓冲液与纸的交界面间的长度为 20 cm,测得电位降为 200 V,则纸上的电场强度为 10 V/cm。电场强度越高,带电质点移动速度也越快。根据电场强度的大小,可将电泳技术分为常压电泳(100~500 V)和高压电泳(500~1000 V),前者电场强度一般为 2~20 V/cm,后者为 20~100 V/cm。常压电泳分离时间长,需数小时到数天;高压电泳分离时间短,有时仅需数分钟。根据需要,人们也可将常压电泳滤纸两端的距离缩短。如使用 5 cm 长的距离,外加电压仍用 200 V,则电场强度为 40 V/cm,电泳速度加快。常压纸电泳常用于蛋白质等大分子物质的分离,高压纸电泳则多用于分离氨基酸、多肽、核苷酸、糖类等电荷量较小的小分子物质。

3)缓冲液

缓冲液能使电泳支持介质保持稳定的 pH 值,并通过它的组成成分和浓度等因素影响着化合物的迁移率。

(1)pH 值。

溶液的 pH 值决定物质的解离程度,即决定该物质带净电荷的多少。对蛋白质、氨基酸等两性电解质来说,缓冲液的 pH 值距等电点(pI)越远,质点所带净电荷越多,电泳速度也越快;反之则越慢。因此,当分离蛋白质混合液时,应选择一个合适的 pH 值,使各种蛋白质所带净电荷的量差异增大,以利于分离。通常,血清蛋白电泳时,采用 pH 8.6 的缓冲液,pH 值大于血清中各种蛋白质的等电点,所以蛋白质均带负电荷,故向正极移动。常用的电泳的缓冲液 pH 值范围为 4.5~9.0。

(2)成分。

通常采用的是甲酸盐、乙酸盐、柠檬盐、磷酸盐、巴比妥盐和三羟甲基氨基甲烷-乙二胺四乙酸缓冲液等。要求缓冲液的物质性能稳定,不易电解。血清蛋白分离时最常用的是巴比妥-巴比妥钠组成的缓冲液。硼酸盐缓冲液常用于糖类的分离,因为它们能和糖类结合产生带电的复合物。

（3）浓度。

缓冲液的浓度可用物质的量浓度或离子强度表示。离子强度增加,缓冲液所载的电流也随之增加,样品所载的电流则降低,因此,样品的电泳速度减慢。但要注意的是离子强度增加使电泳时的总电流和产热量也增加,对电泳不利。在低离子强度时缓冲液所载的电流下降,样品所载的电流增加,因此加快了样品的电泳速度;低离子强度的缓冲液降低了总电流,结果减少了热量的产生。但是,带电物质在支持介质上的扩散较为严重,使分辨力明显降低。所以对缓冲液离子强度的选择,必须两者兼顾,一般为 $0.02\sim0.2$ mol/L。

4）支持介质

对支持介质的要求是应具较大惰性的材料,且不与被分离的样品或缓冲液起化学反应,此外,还要求具有一定的坚韧度,不易断裂,容易保存。因为各种介质的精确结构对一种被分离物的移动速度有很大影响,所以对支持介质的选择应取决于被分离物质的类型。

（1）吸附。

支持介质的表面对被分离物质具有吸附作用,使分离物质滞留而降低电泳速度,会出现样品的拖尾。由于对各种物质的吸附力不同,因此降低了分离的分辨率。滤纸的吸附性最大,乙酸纤维素薄膜的吸附作用较小,琼脂糖和聚丙烯酰胺凝胶的吸附作用更小。

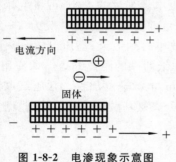

图 1-8-2　电渗现象示意图

（2）电渗。

在电场中,液体对固体的相对移动称为电渗(图 1-8-2),它是由缓冲液的水分子和支持介质的表面之间所产生的一种相关电荷所引起的。水是极性分子,如滤纸中含的羟基使表面带负电荷,与表面接触的水溶液则带正电荷,溶液向负极移动。由于电渗现象与电泳同时存在,所以电泳时分离物质的电泳速度也受电渗的影响。如血清蛋白低压电泳,在巴比妥盐缓冲液 pH＝8.6、离子强度 $I=0.06$ 的条件下进行,蛋白质的移动方向与电渗现象的水溶液移动方向相反,蛋白质电泳泳动的距离等于电泳泳动距离减去电渗的距离,使电泳速度减慢。如果两者移动方向相同,蛋白质泳动距离是两者之和,则电泳速度加快。用琼脂糖凝胶作为支持介质,因琼脂中含有较多的硫酸根,固体表面带较多负电荷,电渗现象明显。在 pH 8.6 的条件下电泳,许多球蛋白均向负极移动,因电渗移动的距离大于电泳距离。

（3）分子筛效应。

有些支持介质如聚丙烯酰胺凝胶是多孔的,带电粒子在多孔的介质泳动时受到多孔介质孔径的影响。一般来说,大分子在泳动过程中受到的阻力大,小分子在泳动过程中受到的阻力小,有利于混合物的分离。

5）温度对电泳的影响

电泳时，电流通过支持介质可以产生热量。按焦耳定律，电流通过导体时的产热与电流的平方、导体的电阻和通电的时间成正比（$Q=I^2Rt$）。产生热量对电泳技术是不利的，因为产热可促使支持介质上溶剂的蒸发，而影响缓冲液的离子强度。若产热温度过高，可导致分离样品变性而使电泳失败。温度升高时，介质黏度下降，分子运动加剧，引起自由扩散变快，迁移增加。温度每升高 1 ℃，迁移率约增加 2.4%。为降低热效应对电泳的影响，可控制电压或电流，也可在电泳系统中安装冷却散热装置。对高压电泳增设冷却系统，以防样品在电泳时变性。

8.1.2　电泳的分类

1. 按分离原理分类

按分离原理，电泳可分为区带电泳、移界电泳、等速电泳和等电聚焦电泳 4 种（图 1-8-3）。

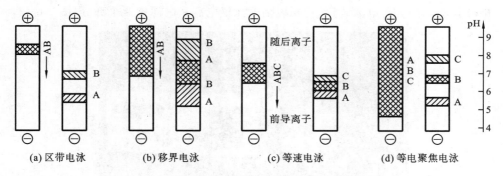

图 1-8-3　不同类型电泳图谱示意图

1）区带电泳

电泳过程中，不同的离子成分在均一的缓冲液体系中分离成独立的区带，这是当前应用最广泛的电泳技术。

2）移界电泳

移界电泳是 Tiselius 最早建立的电泳，它是在 U 形管中进行的，由于分离效果较差，已被其他电泳技术所取代。

3）等速电泳

等速电泳需专用电泳仪，当电泳达到平衡后，各区带相互分成清晰的界面，并以等速移动。

4）等电聚焦电泳

由于具有不同等电点的两性电解质载体在电场中自动形成 pH 梯度，使被分离物（对应于各自等电点的 pH 值）聚集成很窄的区带，且分辨率较高。从表面看与区带电泳相似，但原理不同。

2. 按有无固体支持物分类

根据是在溶液还是在固体支持物中进行,电泳可分为自由电泳和支持物电泳两大类。

1) 自由电泳

自由电泳可分为:①显微电泳(也称细胞电泳),是在显微镜下观察细胞或细菌的电泳行为;②移界电泳;③柱电泳,是在色谱柱中进行,可利用密度梯度的差别使分离的区带不再混合,如再配合 pH 梯度,则为等电聚焦柱电泳。

2) 支持物电泳

支持物电泳的支持物是多种多样的,支持物电泳也是目前应用最多的一种方法。根据支持物的特点又可分为:①薄膜类,如滤纸、乙酸纤维素薄膜、纤维素粉、淀粉、玻璃粉、聚丙烯酰胺粉末和凝胶颗粒等;②凝胶类,如淀粉凝胶、聚丙烯酰胺凝胶、琼脂或琼脂糖凝胶。

 ## 8.1.3 电泳装置的基本结构

电泳仪实际是一套电泳装置,主要包括电泳仪电源和电泳槽两个部分(图 1-8-4)。

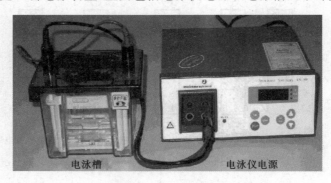

电泳槽　　　　　　电泳仪电源

图 1-8-4　电泳装置

1. 电泳仪电源

电泳仪电源为电泳装置提供直流电源,驱动带电物质的迁移,它能控制电压和电流的输出。一般根据电泳仪所使用的电压范围将其分为常压电泳仪(600 V)、高压电泳仪(3000 V)和超高压电泳仪(3000～50000 V)。电泳仪电源的基本结构一般包括电路系统、显示系统和控制系统。

2. 电泳槽

电泳槽是电泳装置的关键部件,它是分离样品的工作场所,用于生化分析研究中对电荷粒子进行分离、提纯或制备。目前,在生物实训中最常用的是凝胶电泳,其接通部件一般包括连接电源的正负电极、盛放缓冲液的缓冲液槽、支持凝胶的管状或板状玻璃,以及冷却装置。在凝胶的一端的加样孔内点上样品后,将凝胶直接或间接与缓冲液接触,再接通电源,即可进行电泳操作。

电泳槽可以分为水平式电泳槽和垂直式电泳槽两种,其中,垂直式电泳槽又分为垂直板式电泳槽和垂直圆盘式电泳槽(图 1-8-5)。

(a)水平式电泳槽　　　　(b)垂直板式电泳槽　　　(c)垂直圆盘式电泳槽

图 1-8-5　常见电泳槽

8.2　几种典型的电泳技术

8.2.1　乙酸纤维素薄膜电泳

乙酸纤维素薄膜电泳就是利用乙酸纤维素薄膜作为支持物的电泳技术。乙酸纤维素是纤维素的乙酸酯,由纤维素的羟基经乙酰化而成。将乙酸纤维素溶于丙酮等有机溶液中,可涂布成均一细密的微孔薄膜,厚度为 0.1～0.15 mm。目前,国内有乙酸纤维素薄膜商品出售。

乙酸纤维素薄膜作为电泳支持体,有以下优点:①电泳后区带界限清晰;②通电时间较短(20 min～1 h);③它对各种蛋白质(包括血清白蛋白、溶菌酶及核糖核酸酶)都几乎完全不吸附,因此无拖尾现象;④对染料也不吸附,因此不结合的染料能完全洗掉,无样品处几乎完全无色。它的电渗作用虽高但很均一,不影响样品的分离效果,由于乙酸纤维素薄膜吸水量较低,因此必须在密闭的容器中进行电泳,并使用较低的电流,避免蒸发。

乙酸纤维素薄膜电泳所需的设备很简单:一个供给稳压直流电电源和一个简单的电泳槽。电泳槽通常由玻璃或有机玻璃等塑料制成,目前常用的是平卧式的电泳槽(图1-8-6)。它内部有两个分隔的缓冲液槽,分别装有铂丝或其他材料的电极。在这两个缓冲液槽中间的上部有支架,供放置(平放)滤纸用,滤纸两端分别浸入两个槽内的缓冲液中。用镊子将膜条平悬于电泳槽支架的滤纸桥上,要求平直。在电泳上部还有盖,以减少液体蒸发量,有时还装有适当的冷却装置,以减轻电泳对发热所造成的影响。平卧式电泳槽广泛适用于乙酸纤维素薄膜及其他类型薄膜的电泳,此外,琼脂凝胶、淀粉凝胶等平板凝胶电泳也可以适用。

乙酸纤维素薄膜电泳的基本过程包括以下几个步骤。

(1) 准备。

将适当的缓冲液倾入电泳槽中,用铅笔在离乙酸纤维素薄膜(经缓冲液湿润的)一端

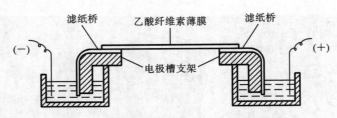

滤纸桥　　乙酸纤维素薄膜　　滤纸桥

(一)　　　　　　　　　　　　　　　(+)

电极槽支架

图 1-8-6　乙酸纤维素薄膜电泳装置示意图

一定距离处做好起点线记号后放在支架上,使乙酸纤维素薄膜两端相连的滤纸桥浸入缓冲液中。将两电极接连电源(如果是用 pH 8.6 缓冲液分离血清蛋白,起点线侧应接上负极)。

(2)点样。

用点样器或毛细管将样品点在起点线上,通常每个样品的加样宽度为 1~2 cm,加样量约 10 μL(根据样品浓度不同而异,可通过试验确定)。

(3)通电。

点样后加盖,打开电源的开关,调节电压(或电流)达到要求的数值。通常电压可在 1~10 V/cm 范围内选择,电流可在 0.2~2 mA/cm(宽)的范围内选择。对于纸电泳,应选择较低的电压(或电流),而乙酸纤维素薄膜电泳则可选择较高的电压或电流,因此,纸电泳的通电时间相应要长一些,而乙酸纤维素薄膜电泳则相应要短一些。加之后者的电渗和吸附能力小,分离效果好,可以用较短的电泳距离(即较短的电泳薄膜条),所以电泳时间可缩短到 0.5~1 h。

(4)染色。

电泳完毕后,关上电源开关,用镊子将薄膜条取下并放在装有染色液的培养皿中浸泡 10 min(注意盖好培养皿的盖子,以免溶剂挥发)。

(5)定量。

染色后,用剪刀将各蛋白质色带剪开,另在空白部分剪下一条(宽度相当于几个色带的平均宽度)作为空白对照,分别将各条放入有 4 mL 1.5% NaOH 溶液的试管中,轻轻振动到各管中溶液变色(变为色条的颜色)后,以空白对照管作为空白进行比色,即可根据各管吸光度值推算出各部分蛋白质的含量(%)。

乙酸纤维素薄膜血清蛋白电泳图谱如图 1-8-7 所示,从左至右依次为:血清蛋白、α_1-球蛋白、α_2-球蛋白、β-球蛋白和 γ-球蛋白。

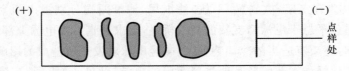

(+)　　　　　　　　　　　　　　　(一)　点样处

图 1-8-7　乙酸纤维素薄膜血清蛋白电泳图谱

必须注意的是,乙酸纤维素薄膜易碎,拿放时要小心,以免产生折痕或破碎,手拿时不要直接接触膜面。

8.2.2　琼脂糖凝胶电泳

琼脂糖凝胶电泳就是用琼脂糖凝胶作支持物的电泳法。借助琼脂糖凝胶的分子筛作用，核酸片段因其相对分子质量或分子形状不同，电泳移动速度有差异而分离。琼脂糖凝胶电泳是基因操作中常用的重要方法。

琼脂糖是从琼脂中提取出来的，是由 D-半乳糖和 3,6-脱水-L-半乳糖结合的链状多糖，含硫酸根比琼脂少，因而分离效果明显提高。

琼脂糖凝胶电泳具有以下优点：①琼脂糖含液体量大，可达 98%～99%，近似自由电泳，但样品的扩散度比自由电泳小，对蛋白质的吸附极微；②琼脂糖作为支持体，有分辨率高、重复性好的特点；③电泳速度快；④透明而不吸收紫外线，可以直接用紫外检测仪进行定量测定；⑤区带可染色，样品易回收，有利于制备。缺点是琼脂糖中有较多的硫酸根，电渗作用大。

琼脂糖凝胶电泳常用于分离、鉴定核酸，如 DNA 鉴定、DNA 限制性内切酶图谱制作等，为 DNA 分子及其片段的相对分子质量的测定和 DNA 分子构象的分析提供了重要的手段。这种方法由于具有操作方便、设备简单、需样量少、分辨能力高的优点，已成为基因工程研究中常用的方法之一。

琼脂糖凝胶电泳对核酸的分离作用主要依据它们的相对分子质量及分子构型，同时与凝胶的浓度也有密切关系。

1. 核酸分子大小与琼脂糖浓度的关系

1）DNA 分子的大小

在凝胶中，较小的 DNA 片段迁移比较大的片段快。DNA 片段迁移距离（迁移率）与其相对分子质量的对数成反比，如图 1-8-8 所示。因此，通过已知大小的标准物移动的距离进行比较，便可测出未知片段的大小。但是当 DNA 分子大小超过 20 kb 时，琼脂糖凝胶就很难将它们分开，此时电泳的迁移率不再依赖于分子大小。因此，应用琼脂糖凝胶电泳分离 DNA 时，分子大小不宜超过此值。

2）琼脂糖的浓度

一定大小的 DNA 片段在不同浓度的琼脂糖凝胶中的电泳迁移率不相同。不同浓度的琼脂糖凝胶适宜分离的 DNA 片段大小也不同，详见表 1-8-1。要有效地分离大小不同的 DNA 片段，主要是选用适当的琼脂糖凝胶浓度。

表 1-8-1　琼脂糖凝胶浓度与 DNA 大小范围的关系

琼脂糖凝胶浓度/(%)	可分辨的线性 DNA 大小范围/kb
0.3	5～60
0.6	1～20
0.7	0.8～10
0.9	0.5～7

续表

琼脂糖凝胶浓度/(%)	可分辨的线性 DNA 大小范围/kb
1.2	0.4~6
1.5	0.2~4
2.0	0.1~3

2. 核酸构型与琼脂糖凝胶电泳分离的关系

不同构型的 DNA 在琼脂糖凝胶中的电泳速度差别较大。在相对分子质量相当的情况下,不同构型的 DNA 的移动速度次序如下:共价闭环 DNA(covalently closed circular,简称 cccDNA)>直线 DNA>开环的双链环状 DNA。这 3 种构型的相对迁移率主要取决于凝胶浓度,同时也受到电流、缓冲液离子强度等的影响。

3. 琼脂糖凝胶电泳基本方法

1) 电泳类型

用于分离核酸的琼脂糖凝胶电泳也可分为垂直型和水平型。目前更多使用的是后者。使用水平型电泳时,凝胶板应完全浸泡在电极缓冲液下 1~2 mm。

2) 缓冲液系统

常用的电泳缓冲液为含 EDTA(pH 8.0)的 Tris-乙酸(TAE)、Tris-硼酸(TBE)或 Tris-磷酸(TPE)等,浓度约 50 mmol/L,pH 7.5~7.8。电泳缓冲液一般配制成贮备液,临用时稀释到所需倍数。

3) 琼脂糖凝胶的制备

取琼脂糖,按所需的浓度加入稀释的电泳缓冲工作液,然后将溶化的胶液倒入水平放置的玻板内。

4) 样品配制与加样

DNA 样品用适量 TE 缓冲液溶解。DNA 溶液加上样缓冲液(0.25%溴酚蓝和二甲苯青、20%甘油),以增加其密度,防止样品扩散。蔗糖或甘油可能使电泳结果产生 U 形条带,为避免这种情况,可改用 0.25%聚蔗糖代替蔗糖或甘油。

5) 电泳

琼脂糖凝胶分离大分子 DNA 试验条件的研究结果表明:在低浓度、低电压的条件下,分离效果较好。在低电压的条件下,线性 DNA 分子电泳迁移率与所用的电压成正比。但是,在电场强度增加时,相对分子质量高的 DNA 片段迁移率的增加是有差别的。因此,随着电压的增高,电泳分辨率反而下降,相对分子质量与迁移率之间就可能偏离线性关系。为了获得电泳分离 DNA 片段的最大分辨率,电场强度不宜高于5 V/cm。

电泳系统的温度对于 DNA 在琼脂糖凝胶中的电泳行为没有显著影响。通常,在室温下进行电泳,只有当凝胶浓度低于 0.5%时,为增加凝胶硬度,可在低温(4 ℃)下进行电泳。

6) 染色

常用荧光染料溴化乙锭(EB)进行染色,以观察琼脂糖凝胶内的 DNA 条带(图 1-8-8)。

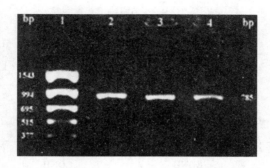

图 1-8-8   不同 DNA 片段的琼脂糖凝胶图谱

8.2.3   聚丙烯酰胺凝胶电泳

聚丙烯酰胺凝胶是由单体丙烯酰胺(acrylamide,Acr)和交联剂 N,N′-甲叉双丙烯酰胺(N,N′-methylene bisacrylamide,Bis)在加速剂和催化剂的作用下聚合交联成三维网状结构的凝胶,以此凝胶为支持物的电泳称为聚丙烯酰胺凝胶电泳(polyacrylamide gel electrophoresis,PAGE)。与其他凝胶相比,聚丙烯酰胺凝胶有下列优点。

(1) 在一定浓度时,凝胶透明,有弹性,机械性能好。

(2) 化学性能稳定,与被分离物质不起化学反应。

(3) 对 pH 值和温度变化较稳定。

(4) 几乎无电渗作用,只要 Acr 纯度高,操作条件一致,则样品分离重复性好。

(5) 样品不易扩散,且用量少,其灵敏度可达 10^{-6} g。

(6) 凝胶孔径可调节,根据被分离物质的相对分子质量选择合适的浓度,通过改变单体及交联剂的浓度调节凝胶的孔径。

(7) 电泳分辨率高,尤其在不连续凝胶电泳中,集浓缩、分子筛和电荷效应为一体,因而较乙酸纤维素薄膜电泳、琼脂糖凝胶电泳等有更高的分辨率。PAGE 应用范围广,可用于蛋白质、酶、核酸等生物分子的分离、定性、定量及少量的制备,也可测定相对分子质量、等电点等。还可结合去垢剂十二烷基硫酸钠(SDS),以测定蛋白质亚基的相对分子质量。

1. 聚丙烯酰胺凝胶的聚合原理及相关特性

1) 聚合反应

聚丙烯酰胺凝胶(polyacrylamide gel,PAG)是由单体丙烯酰胺(Acr)和交联剂 N,N′-甲叉双丙烯酰胺(Bis)在催化剂过硫酸铵或核黄素作用下聚合交联而成的三维网状结构凝胶,其结构如图 1-8-9 所示。

聚丙烯酰胺凝胶因富含酰氨基,使凝胶具有稳定的亲水性。它在水中无解离基团,不带电荷,几乎没有吸附及电渗作用,是一种比较理想的电泳支持物。

2) 凝胶孔径的可调性及其有关性质

(1) 凝胶性能与总浓度及交联度的关系。

凝胶的孔径、机械性能、弹性、透明度、黏度和聚合程度取决于凝胶总浓度和 Acr 与

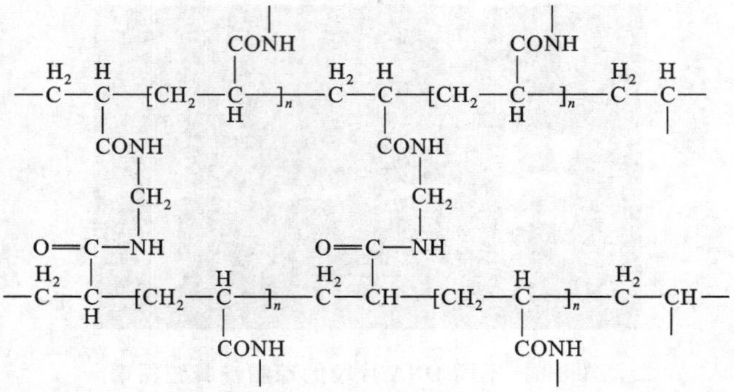

图 1-8-9　聚丙烯酰胺凝胶的结构式

Bis 之比。通常用 $T(\%)$ 表示总浓度,即 100 mL 凝胶溶液中含有 Acr 及 Bis 的总质量(g)。Acr 和 Bis 的比例常用交联度 $C(\%)$ 表示,即交联剂 Bis 占 Acr 与 Bis 总量的比例。想要将蛋白质或核酸之类的大分子混合物很好地分离,并在凝胶上形成明显的区带,选择一定孔径的凝胶是个关键。

(2) 凝胶浓度与被分离物相对分子质量的关系。

由于凝胶浓度不同,平均孔径不同,能通过的可移动颗粒的相对分子质量也不同。在操作时,可根据被分离物质的相对分子质量大小选择所需凝胶的浓度范围。也可先用 7.5％凝胶(标准胶),因为生物体内大多数蛋白质在此范围内电泳均可获得较满意的结果。

2. 聚丙烯酰胺凝胶电泳原理

聚丙烯酰胺凝胶电泳根据其有无浓缩效应,分为连续系统与不连续系统两大类。前者体系中缓冲液的 pH 值及凝胶浓度相同,带电颗粒在电场作用下,主要靠电荷及分子筛效应分离;后者体系中由于缓冲液离子成分、pH 值、凝胶浓度及电位梯度的不连续性,带电颗粒在电场中的泳动不仅有电荷效应、分子筛效应,还具有浓缩效应,因而其分离条带清晰度及分辨率均较前者为佳。目前,常用的电泳方式多为垂直的圆盘及板状两种。前者的凝胶是在玻璃管中聚合,样品分离区带染色后呈圆盘状,因而称为圆盘电泳,如图 1-8-10所示。后者的凝胶是在两块间隔几毫米的平行玻璃板中聚合,故称为板状电泳。两者电泳原理完全相同。现以 pH 值不连续圆盘 PAGE 分离血清蛋白为例,阐明各种效应的原理。

不连续体系由电泳缓冲液、样品胶、浓缩胶及分离胶所组成,在直立的玻璃管中(或两层玻璃板中)依次排列为上层样品胶、中间浓缩胶、下层分离胶,如图 1-8-11 所示。

样品胶是聚合成的大孔胶,$T＝3\%$,$C＝2\%$,其中含有一定量的样品及 pH 6.7 的 Tris-HCl 凝胶缓冲液,其作用是防止对流,促使样品浓缩,以免被电泳缓冲液稀释。目前,一般不用样品胶,而是直接在样品液中加入等体积的 40％蔗糖,同样具有防止对流及防止样品被稀释的作用。

实际上,浓缩胶是样品胶的延续,凝胶浓度及 pH 值与样品胶完全相同,其作用是使样品进入分离胶前,被浓缩成窄的扁盘,从而提高分离效果。

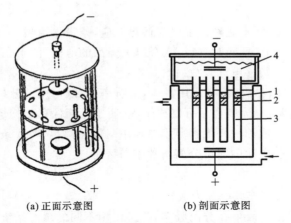

(a) 正面示意图　　　　　　(b) 剖面示意图

图 1-8-10　聚丙烯酰胺凝胶圆盘电泳示意图

1—样品胶 pH 6.7;2—浓缩胶 pH 6.7;3—分离胶 pH 8.9;4—电泳缓冲液 pH 8.3

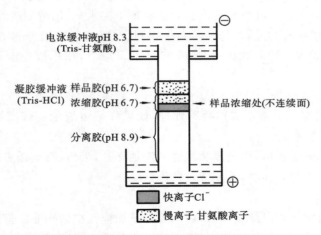

图 1-8-11　不连续圆盘电泳示意图

　　分离胶是聚合成的小孔胶,T 为 $7.0\%\sim7.5\%$,$C=2.5\%$,凝胶缓冲液为 pH 8.9 的 Tris-HCl,大部分血清蛋白在此 pH 值条件下,按各自负电荷量及相对分子质量泳动。此胶主要起分子筛作用。

　　上、下电泳槽是用聚苯乙烯或二甲基丙烯酸制作的。将带有三层凝胶的玻璃管垂直放在电泳槽中,在两个电极槽中倒入足量 pH 8.3 的 Tris-甘氨酸电泳缓冲液,接通电源即可进行电泳。在此电泳体系中,有两种孔径的凝胶、两种缓冲体系、三种 pH 值,因而形成了凝胶孔径、pH 值、缓冲液离子成分的不连续性。PAGE 具有较高的分辨率,主要是因为在电泳体系中集样品浓缩效应、分子筛效应及电荷效应为一体。

　　聚丙烯酰胺凝胶垂直板电泳是在圆盘电泳的基础上建立的,两者电泳原理完全相同,只是灌胶的方式不同,垂直板电泳的凝胶不是灌在玻璃管中的,而是灌在嵌入橡胶框凹槽中长度不同的两块平行玻璃板的间隙内,且间隙可调,一般有 1.5 mm、2 mm 及 3 mm 三种规格的橡胶框,前两种多用于分析鉴定,最后一种常用于制备。垂直板电泳较圆盘电泳

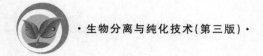

有更多的优越性。

（1）表面积大而薄，便于通冷却水以降低热效应，条带更清晰。

（2）在同一块胶板上，可同时进行 10 个以上样品的电泳，便于在同一条件下比较、分析、鉴定，还可用于印迹转移电泳及放射自显影。

（3）胶板制作方便，易剥离，样品用量少，分辨率高，既可用于分析，又可用于制备。

（4）胶板薄而透明，电泳染色后可制成干板，便于长期保存与扫描。

血清蛋白在纸电泳或乙酸纤维素薄膜电泳中只能分离出 5～6 条区带，而在上述两种形式的聚丙烯酰胺凝胶电泳中却可分离出数十条区带。

3. 操作方法

1）制胶（以垂直板不连续电泳为例）

不连续电泳是将浓缩胶加在分离胶上，并且使用不同的缓冲系统，所以需要分别灌注浓缩胶和分离胶。按一定配方在模具中灌入分离胶后，小心地在分离胶的表面加一层水，封住胶面，以促使聚合并使凝胶表面平直。凝胶放置约 30 min，这时可以重新看到一个界面，表示凝胶已经聚合。凝胶充分聚合后再吸掉上层水分，用浓缩胶缓冲液（贮存液）淋洗凝胶，然后灌注浓缩胶，并插入与模具大小相同、与凝胶厚度相当的梳子。为防止气泡陷入，梳子应倾斜插入。然后让模具在 30～40 ℃下静置，浓缩胶也应该在 30 min 左右聚合。

2）样品的准备及加样

常规 PAGE 的样品一般不需作特殊处理，如果样品溶液带有较高浓度的盐，则应先用透析或凝胶过滤柱脱盐。

加样前轻轻把梳子拔出，用电泳缓冲液淋洗加样孔，吸出，再加适量的电泳缓冲液，然后用微量移液器小心加入样品，不要带入气泡。

3）电泳

小心地在上槽中加入电泳缓冲液，切不可冲散加样孔中的样品。打开冷却循环系统，连接电源。常采用较低的起始电压电泳，以利于样品进入凝胶，待样品全部进入凝胶后再升高到正常值。一般垂直电泳需 3～6 h，待溴酚蓝前沿到达凝胶板底部（阳极）时，关闭电源，关掉冷却系统，取出凝胶，准备染色。

4）检测

蛋白质样品电泳后的检测方法主要是进行染色。目前以考马斯亮蓝染色最为常用。对于样品量少、需要高灵敏度染色的电泳凝胶，则采用银染色。

 ## 8.2.4　等电聚焦电泳

等电聚焦（IEF，isoelectric focusing electrophoresis）就是指利用有 pH 梯度的介质分离等电点不同的蛋白质的电泳技术。等电聚焦电泳的优点如下：有很高的分辨率，可将等电点相差 0.01～0.02 个 pH 单位的蛋白质分开；可直接测出蛋白质的等电点，其精确度可达 0.01 个 pH 单位。等电聚焦电泳特别适合于分离相对分子质量相近而等电点不同的蛋白质组分。等电聚焦电泳技术的缺点如下：一是等电聚焦电泳要求用无盐溶液，而在无盐溶液中蛋白质可能发生沉淀;二是样品中的成分必须停留于其等电点,不适用于在等电点不溶或发生变性的蛋白质。

1. 基本原理

1) 等电聚焦电泳原理

在等电聚焦电泳中,具有 pH 梯度的介质其分布是从阳极到阴极,pH 值逐渐增大。如前所述,蛋白质分子具有两性解离及等电点的特征,这样在碱性区域蛋白质分子带负电荷向阳极移动,直至某一 pH 值位点时失去电荷而停止移动,此处介质的 pH 值恰好等于聚焦蛋白质分子的等电点(pI)。同理,位于酸性区域的蛋白质分子带正电荷向阴极移动,直到它们在等电点上聚焦为止。可见,将等电点不同的蛋白质混合物加入有 pH 梯度的凝胶介质中,在电场内经过一定时间后,各组分将分别聚焦在各自等电点相应的 pH 值位置上,形成分离的蛋白质区带。

2) pH 梯度的形成

(1) 人工 pH 梯度:在电场存在下,用两个不同 pH 值的缓冲液互相扩散平衡,在其混合区间即形成 pH 梯度,称为人工 pH 梯度。这种 pH 梯度受缓冲液离子电迁移和扩散的影响,会引起 pH 梯度的变化,所以很不稳定。目前,常以蔗糖密度梯度防止对流。

(2) 天然 pH 梯度:天然 pH 梯度的建立是在水平板或电泳管正、负极间引入等电点彼此接近的一系列两性电解质的混合物,在正极吸入酸液,如硫酸、磷酸或乙酸等,在负极引入碱液,如氢氧化钠、氨水等。电泳开始前,两性电解质的混合物 pH 值为一均值,即各段介质中的 pH 值相等,用 pH_0 表示。电泳开始后,混合物中 pH 值最低的分子带负电荷最多,pI_1 为其等电点,向正极移动速度最快,当移动到正极附近的酸液界面时,pH 值突然下降,甚至接近或稍低于 pI_1,这一分子不再向前移动而停留在此区域内。由于两性电解质具有一定的缓冲能力,使其周围一定的区域内介质的 pH 值保持在它的等电点范围。pH 值稍高的第二种两性电解质,其等电点为 pI_2,也移向正极,由于 $pI_2>pI_1$,因此定位于第一种两性电解质之后,这样,经过一定时间后,具有不同等电点的两性电解质按各自的等电点依次排列,形成了从正极到负极等电点递增,由低到高的线性 pH 梯度,如图1-8-12所示。这种梯度是由电流本身所引起并保持的,比较稳定。如果加上有效地防止对流的措施,则这种 pH 梯度将会在整个等电聚焦区保持稳定,也将使等电聚焦成为一个真正的平衡方法。

2. 载体两性电解质与支撑介质

1) 载体两性电解质必须具备的条件

(1) 在等电点处必须有足够的缓冲能力,以便能控制 pH 梯度,而不致让样品蛋白质或其他两性物质的缓冲能力改变 pH 梯度。

(2) 在等电点必须有足够高的电导,以便使一定的电流通过,而且要求具备不同 pH 值的载体有相同的电导系数,使整个体系中的电导均匀,如果局部电导过小,就会产生极大的电位降,从而其他部分电压就会太小,以致不能保持梯度,也不能使聚焦的成分进行电迁移,达到聚焦。

(3) 相对分子质量要小,便于与被分离的高分子物质用透析或凝胶过滤法分开。

(4) 化学组成应不同于被分离物质,不干扰测定。

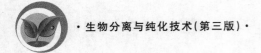
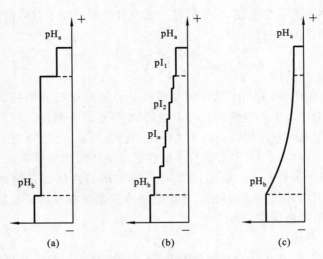

图 1-8-12　pH 梯度的形成

（5）应不与分离物质反应或使之变性。总体来说，当一个两性电解质的等电点介于两个很近的 pK 值之间时，它在等电点的解离度大，缓冲能力强，而且电导率高，这就是好的载体两性电解质。

2）支撑介质

等电聚焦技术的主要条件之一是具有稳定的 pH 梯度，以防止对流，防止已分离区带再混合。支撑介质有以下两类：

（1）密度梯度溶液。密度梯度溶液由一个重液和一个轻液在梯度混合器中混合而成，最常用的密度梯度溶质是蔗糖，因为它对蛋白质无害且有保护作用，轻液一般用水。

（2）凝胶。最多的是聚丙烯酰胺凝胶。

 ## 8.2.5　双向凝胶电泳

双向凝胶电泳是由任意两个单向凝胶电泳组合而成的，即在第一向电泳后再在与第一向垂直的方向上进行第二向电泳。其基本原理一般与组成它的两个单向电泳的基本原理相同。早在 1975 年 O'Farrell 就首创了等电聚焦/SDS-聚丙烯酰胺双向凝胶电泳（IEF/SDS-PAGE），该法至今仍不失为双向凝胶电泳首选的组合方式。在这项组合中，IEF 为第一向电泳，是基于蛋白质的等电点不同用等电聚焦法分离，第二向则按相对分子质量不同用 SDS-PAGE 分离，把复杂的蛋白质混合物中的蛋白质在二维平面上分开。双向凝胶电泳如图 1-8-13 所示。近年来经过多方面改进，该法已成为研究蛋白质组的最有价值的核心方法。

虽然双向凝胶电泳的基本原理与单向电泳基本相同，但在操作上有所差别。第一向 IEF 通常为盘状电泳，等电聚焦系统内含有高浓度的尿素和非离子型去污剂 NP-40，而且溶解蛋白质样品的溶液除含有尿素和 NP-40 外，还含有二硫苏糖醇。这些试剂本身并不带电荷，不影响各蛋白质组分原有的电荷量和等电点，但能破坏蛋白质分子内的二硫键，

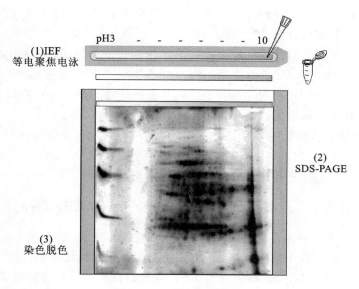

(1)IEF
等电聚焦电泳

pH3 —————— 10

(2)
SDS-PAGE

(3)
染色脱色

图 1-8-13 双向凝胶电泳

使蛋白质充分变性和肽链舒展,从而有利于蛋白质分子在温和条件下与 SDS 充分结合,以提高第二向电泳的效果。

8.3 典型案例

案例 1 琼脂糖凝胶电泳(AGE)法在临床上的应用

（1）乳酸脱氢酶(LDH)同工酶:用 AGE 法可分离出 5 种 LDH 同工酶区带(LDH1～LDH5)。主要用于急性心肌梗死(LDH1＞LDH2)及骨骼肌疾病(LDH5 升高)的诊断和鉴别诊断。恶性肿瘤、肝硬化时可见 LDH5 明显升高,或在胸水、腹水中出现一条异常 LDH6 区带。

（2）肌酸激酶(CK)同工酶:采用 AGE 法可分离出 3 种 CK 同工酶,即 CK-MB、CK-BB 和 CK-MM。其中,CK-BB 主要存在于大脑、肾、前列腺及子宫组织中,CK-MM 主要存在于骨骼肌、心肌中,CK-MB 主要存在于心肌中。虽然血清肌酸激酶(CK)是诊断心肌梗死的一个极其灵敏的指标,但其对于心肌损害诊断的特异性不如 CK-MB。CK-MB 在心肌梗死早期增加和短时间内达峰值也是心肌再灌注的指征。CK-BB 增高见于脑胶质细胞瘤、小细胞肺癌和胃肠道恶性肿瘤。

（3）CK 同工酶亚型:包括 CK-MM 亚型(CK-MM1、CK-MM2、CK-MM3)和 CK-MB 亚型(CK-MB1、CK-MB2)。采用琼脂糖凝胶高压电泳可进行 CK 同工酶亚型的常规快速分析,用于临床早期心肌损伤的临床诊断与鉴别诊断。主要用于急性心肌梗死的早期诊断,也可用于确定心肌再灌注、溶栓治疗后的病情观察。

（4）碱性磷酸酶（ALP）同工酶：可采用 AGE 法进行 ALP 同工酶的常规快速分析。肝外阻塞性黄疸、转移性肝癌、肝脓肿和胆石症时胆汁 ALP 检出率很高，并伴有肝 ALP 增加，而肝内胆汁淤积、急性肝炎、原发性肝癌等主要表现为肝 ALP 增多，大多数不出现胆汁 ALP。甲亢、恶性骨损伤、佝偻病、骨折、肢端肥大症所致骨损伤等，均引起骨 ALP 同工酶增加。骨 ALP 同工酶对恶性肿瘤骨转移或肝转移的阳性预示值较总 ALP 高。胃肠道肿瘤、肺癌等恶性肿瘤时出现类肠型 ALP。

（5）γ-谷氨酰转肽酶（γ-GT）同工酶：用 AGE 法可将 γ-GT 同工酶分离为 γ-GT1～γ-GT4，正常人只见 γ-GT2 和 γ-GT3，肝、胆、胰疾病时，以 γ-GT1 升高为主，但肝癌时 γ-GT2 明显升高，γ-GT3 升高见于急性阻塞性黄疸等。

案例 2　乙酸纤维素薄膜电泳分析糖胺聚糖的种类

糖胺聚糖（GAGs）是由不同的重复二糖结构组成，且带有负电荷羧基和（或）磺酸基的直链杂多糖，广泛存在于细胞表面和细胞外基质中。以生物组织为原材料提取的糖胺聚糖主要有透明质酸（HA）、硫酸软骨素（CS）、硫酸皮肤素（DS）、硫酸角质素（KS）、硫酸乙酰肝素（HS）和肝素（HP）六类。中国海洋大学张晓等利用乙酸纤维素薄膜电泳对猪肺来源的糖胺聚糖种类进行了分析，得到准确、可靠的分析结果。

取猪肺组织，首先预处理去除气管，经匀浆、酶解、离心、醇沉淀、透析、浓缩和冷冻干燥后得猪肺组织粗多糖。电泳操作将纯化的多糖组分以及 HA、HS、CS、DS、KS、HP 标准品分别配成 5 mg/mL 的水溶液。将乙酸纤维素薄膜置于 0.1 mol/L 吡啶-0.47 mol/L 甲酸缓冲液（pH 3.0）中浸泡约 30 min 后，用超级加样器加样，置于电泳槽中平衡 10 min，在 7 mA 电流下电泳 20 min。以 0.2％（g/mL）阿利辛蓝染色液染色 20 min，再以 2％乙酸水溶液脱色。

乙酸纤维素薄膜电泳结果显示，提纯得到的糖胺聚糖粗品中有 6 个组分和标准品迁移率相近。判断这些组分为 HA、HS、CS、DS、KS、HP。

案例 3　IEF-PAGE 和 SDS-PAGE 分别测定溶栓素的 pI 和 M_r

血栓类疾病发病率持续升高，严重威胁到人类的生命健康，安全且高效的溶栓药物一直是心脑血管疾病领域的研发热点。溶栓素是从一种天然海洋生物体内发现的具有强烈纤溶蛋白溶解作用的纤溶酶，对血栓分解具有潜在功效。吉林大学张云龙等采用离子交换法分离纯化溶栓素，取得了理想的效果，并采用等电聚焦聚丙烯酰胺凝胶电泳（IEF-PAGE）和 SDS-PAGE 分别测定了纯品的 pI 和 M_r。

IEF-PAGE 测定等电点首先需要配制 PAGE 胶液，包含 6.8％ Acr-0.21％ Bis-40％两性电解质 1 mL（pH 3.5～9.3）、N，N，N′，N′-四甲基乙二胺 10 μL 和 40％过硫酸铵 20 μL，总体积 20 mL。将电泳的阳极和阴极分别浸入 1 mol/L 磷酸溶液和 1 mol/L NaOH 溶液中，电源功率 25 W，电压 2000 V，电流 50 mA，冷却温度 10 ℃。选取 0.5 mg/mL、1 mg/mL、2 mg/mL 三个浓度的样品随机加在胶面不同位置，上样量 20 μL，电泳展开后用 pH 计测定凝胶 pH 梯度值。对电泳后的凝胶进行固定、染色和脱色。

电泳结果显示溶栓素的电泳条带为一条，通过 pH 梯度的测定和梯度曲线的绘制，将待测样品条带数据代入回归方程计算出溶栓素的 pI 为 4.50。SDS-PAGE 测定相对分子质量,选用 M_r 1440～9740 的蛋白 Marker,选取 0.5 mg/mL、1 mg/mL、2 mg/mL 三个浓度的样品进行变性处理和点样。电泳结束对电泳胶进行染色和脱色,统计获得溶栓素的 M_r 为 35100。

 小结

(1) 电泳是带电微粒在电场作用下发生迁移的过程。电泳技术就是利用在电场的作用下,待分离样品中各种分子由于带电性质以及分子本身大小、形状等性质差异,产生不同的移动速度,从而实现对样品进行分离、鉴定或提纯的技术。

(2) 影响电泳速度的因素有样品、电场强度、缓冲液、支持介质。

(3) 电泳装置,主要包括电泳仪和电泳槽两个部分。

(4) 几种典型的电泳技术有乙酸纤维素薄膜电泳、琼脂糖凝胶电泳、聚丙烯酰胺凝胶电泳、等电聚焦电泳等。

同 步 训 练

1. 名词解释

电泳　迁移率　电泳速度

2. 填空题

(1) 影响电泳速度的因素主要有_____、_____、_____、_____和温度等。

(2) 电泳仪实际是一套电泳装置,主要包括_____和_____两个部分。

(3) 带正电荷的颗粒向电场的_____极移动,带_____电荷的颗粒向电场的正极移动,净电荷为零的颗粒在电场中_____。

(4) 电泳按分离原理可分为_____、_____、_____和_____四种。

(5) 乙酸纤维素薄膜电泳的基本过程包括准备_____、_____、_____、_____和定量五个过程。

(6) 聚丙烯酰胺凝胶是由作为单体的_____和作为交联剂的_____在催化剂的作用下聚合而形成。

(7) 蛋白质分子在 pH 值高于其等电点的缓冲液中带_____电荷,在电场中向_____极移动。

3. 选择题

(1) 琼脂糖凝胶电泳的用途是(　　)。

A. 分离和纯化蛋白质　　　　B. 盐的分离　　　　　　C. 糖的分离

D. 水的净化　　　　　　E. 核酸的分离和纯化

(2) 等电聚焦电泳的原理是(　　)。

A. 凝胶介质吸附作用　　　　　　B. 凝胶介质阻止作用

C. 凝胶介质形成多孔网状结构　　　D. 凝胶介质的疏水性

E. 以两性电解质制造凝胶,不同的 pH 值使带不同电荷的多肽在电泳条件下于等电点处停留

(3) 制备不同 pH 值的等电聚焦电泳凝胶的重要物质是(　　)。

A. 琼脂糖   B. 淀粉   C. 两性电解质

D. 氧化钠   E. 甘氨酸

4. 简述题

(1) 简述电泳的基本原理。

(2) 溶液的 pH 值对电泳速度有何影响?

(3) 电泳技术根据分离原理如何分类?

(4) 乙酸纤维素薄膜电泳的特点是什么?

(5) 简述聚丙烯酰胺凝胶电泳的特点及应用范围。

(6) 琼脂糖凝胶电泳对核酸分离作用的主要依据是什么?

(7) 简述等电聚焦电泳分析蛋白质的原理。

第九单元

浓缩与干燥技术

 知识目标

（1）理解浓缩的目的、原理。

（2）熟悉常用的浓缩方法和常用的浓缩设备。

（3）理解干燥的原理和过程。

 技能目标

（1）能针对不同的生物活性物质选择合适的浓缩方法。

（2）能针对不同的生物活性物质选择合适的干燥方法。

 素质目标

养成严谨的态度和安全生产的意识。

细胞破碎之后，目标产物一般存在于溶液中。产物回收的下一道工序是除去大量的溶剂。溶剂除去之后，目标产物以液体或固体形式存在。如果目标产物是固态，溶剂去除后必须进行干燥。通常通过提取、沉淀、结晶、蒸发和干燥来去除溶剂，从而得到最终的目标产物。

浓缩是从溶液中除去部分溶剂的操作过程。干燥是从物料中除去水分的过程。浓缩、干燥是生化物质进行分离提纯的重要方法。例如食品类原料的牛乳、番茄汁，发酵液代谢产物中的蛋白质、有机酸，生物原料的血液、疫苗等，都需要进行浓缩与干燥的操作，以便得到低成本、易于保存和运输的生物制品，并最大限度地保留原料中的营养成分。

9.1 浓缩技术

生化物质制备中往往在提取后和结晶前进行浓缩。加热和减压蒸发是最常用的浓缩方法。一些分离提纯方法也能起到浓缩作用。例如,用亲水凝胶很容易吸收稀溶液中的水分而得到浓溶液。超滤法利用半透膜能够截留大分子的性质,适用于浓缩生物大分子。离子交换法与吸附法使稀溶液通过离子交换柱或吸附柱,溶质被吸附以后,再用少量液体洗脱、分步收集,能够使所需物质的浓度提高几倍至几十倍。此外,冷冻融化、加沉淀剂、亲和色谱等方法也能达到浓缩的目的。

浓缩的具体目的有以下几点:①作为结晶或干燥的预处理;②提高产品质量;③减少产品的体积和质量;④增加产品的贮藏时间。

9.1.1 蒸发

蒸发是溶液表面的溶剂(如水)分子获得的动力超过溶液内分子间的吸引力后,脱离液面进入空间的过程。可以借助蒸发从溶液中除去溶剂(如水)使溶液被浓缩。蒸发所需的时间和设备可由物质性质和所需要的最终浓度决定。传统的蒸发法,只适用于对热稳定的生化物质体系,对于生化物质的蒸发主要应用于自由水蒸发方面,如淀粉水分的蒸发、真空盐卤水蒸发和皂化废碱液蒸发等。

蒸发过程按加热方式,分为直接加热和间接加热两种;按操作压力,分为常压蒸发、减压(真空)蒸发和加压蒸发;按操作方式,分为间歇操作和连续操作;按蒸发器的级数,分为单效蒸发和多效蒸发。

1. 蒸发技术

1) 常压蒸发

常压蒸发即在常压下加热使溶剂蒸发,最后溶液被浓缩。这种方法操作简单,温度可达 $60\sim80\ ℃$,但仅适用于浓缩耐热物质及回收溶剂,对于含热敏性物质的溶液则不适用。对某些黏度很高的、容易结晶析出的生化药物也不宜使用。装液容器与接收器之间要安装冷凝管,使溶剂的蒸气冷凝。

2) 减压蒸发

减压蒸发是根据降低液面压力使液体沸点降低的原理来进行的。由于减压抽真空,因此减压蒸发也称为真空蒸发,是在减压或真空条件下进行的蒸发过程。减压蒸发通常要在常温或低温下进行。通过降低浓缩液液面的压力,从而使沸点降低,加快蒸发。此法适用于浓缩受热易变性的物质。例如抗生素溶液、果汁等的蒸发,为了保证产品质量,需要在减压的条件下进行。当盛浓缩液的容器与真空泵相连而减压时,溶液表面的蒸发速率将随真空度的增高而增大,从而达到加速液体蒸发的目的。

减压蒸发的优点如下:①溶液沸点降低,在加热蒸气温度一定的条件下,蒸发器传热的平均温度差增大,于是传热面积减小;②由于溶液沸点降低,可以利用低压蒸气或废热蒸气作为加热蒸气;③溶液沸点低,可防止热敏性物料的变性或分解;④由于温度低,系统的热损失小。

减压蒸发的缺点如下:①蒸发的传热系数减小;②减压蒸发时造成真空,需要增加设备和动力。

3)加压蒸发

加压蒸发是在高于大气压力下进行蒸发操作的蒸发处理方法。当蒸发器内的二次蒸气是用作下一个热处理过程中的加热蒸气时,则必须使二次蒸气的压力高于大气压力。一般使用密闭的加热设备,效率高,操作条件好。

2. 蒸发装置

实训室常用的减压浓缩装置为真空旋转蒸发仪(图 1-9-1),其操作步骤如下:先将液体样品加入蒸馏瓶中,瓶口部位接到真空管上,瓶身置于水浴中加热;接通冷却水,打开真空泵,再打开电源使蒸馏瓶以一定速度旋转,样品在瓶壁形成一层液膜。开始时,减压要缓慢,加热至一定温度后,溶剂即大量蒸发。如气泡过多,应立即打开阀门,降低真空度。

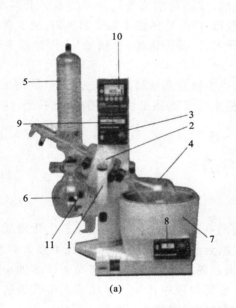
(a)

(b)

图 1-9-1 真空旋转蒸发仪

1—升降开关;2—升降台;3—电子开关;4—蒸馏瓶;5—冷凝玻璃装置;6—接收瓶;
7—水浴锅;8—温度显示器;9—真空控制器;10—转速显示器;11—接收瓶夹套

 # 9.1.2 冷冻浓缩

冷冻浓缩是利用冰与水溶液之间的固-液相平衡的浓缩方法,将稀溶液中的水形成冰晶,然后固、液分离,使溶液增浓。冷冻浓缩与常规的结晶操作有所不同。结晶操作的原理是当溶液中溶质浓度超过低共熔浓度时,过饱和溶液冷却的结果表现为溶质转化成固体析出。但是当溶液中所含溶质浓度低于低共熔浓度时,冷却结果则表现为水分转化成冰晶析出,此即冷冻浓缩的基本原理。冷冻浓缩的操作包括两个步骤,首先是部分水分从水溶液中结晶析出,然后是将冰晶与浓缩液加以分离。由于溶液中水分的排除不是用加热蒸发的方法,而是靠从溶液到冰晶的相间传递,所以可以避免芳香物质被加热时所造成的挥发损失;对于蛋白质溶液的浓缩,蛋白质不易变性,从而保持蛋白质中固有的成分;对于果汁浓缩,冷冻浓缩方法可以得到质量好的产品,能够很好地保持其中的色泽、风味、香气和营养成分。

用于溶液冷冻浓缩的系统主要由结晶器和分离器两部分组成。结晶器产生冰晶,分离器分离冰晶和液体。操作时为了使形成的冰晶不混有溶质而造成过多的溶质损失,要尽量避免局部过冷,分离操作要很好地加以控制。

冷冻浓缩的优点:①适用于对热敏性物质的浓缩;②可避免某些有芳香气味的物质因加热所造成的挥发损失;③在低温下操作,气-液界面小,微生物增殖、溶质的劣化可控制在极低的水平;④由冷冻浓缩引起的液态物质物理性状的改变基本同蒸发,但对色泽的影响要小一些。

冷冻浓缩的缺点:①对溶液的浓度有要求,冰晶与浓缩液的分离技术要求高,溶液的黏度越大,分离越困难;②制成品相对浓度较低,微生物活性未能受到抑制,加工后仍需采用加热等后处理或需要冷冻贮藏;③晶液分离时,部分浓缩液(溶质)会因冰晶夹带而损失;④生产成本相对较高。

从保证产品质量的角度来看,冷冻浓缩是生物制品浓缩的最佳方法,但是设备投资与日常操作费用高、操作复杂不宜控制、对冰核生成及冰晶成长机理的研究不足、溶质损失严重等原因,使其工业化程度不高。

9.1.3 其他浓缩方法简介

1. 薄膜浓缩技术

薄膜浓缩是一种设备投资少、操作简便的有效方法。该法是在液态生化物质之间放置一半透膜(一类坚固的具有一定大小孔径的合成材料),以膜两侧的压力差为驱动力,以膜为过滤介质,在一定的压力下,当原料液流过膜表面时,膜表面密布的许多细小的微孔只允许水及小分子物质通过而成为透过液,而原料液中体积大于膜表面微孔径的物质则被截留在膜的进液侧,成为浓缩液,从而达到对原料液分离和浓缩的目的。

2. 凝胶浓缩技术

凝胶由多聚物组成,具有一定孔径的微孔,能够吸收低相对分子质量的物质,如水、葡萄糖、蔗糖、无机盐等。孔径小的凝胶吸水能力弱,但速度快。孔径大的凝胶吸水能力强,但速度慢。选用适当孔径的干凝胶投入大分子溶液后,大分子不能进入凝胶网孔,仍然留在溶液中。溶剂分子及其他小分子则进入凝胶内,除去凝胶即得浓溶液。用凝胶浓缩有两种方式:动态浓缩(使稀溶液通过凝胶柱)和静态浓缩(将干凝胶投入稀溶液)。使用时必须注意,浓缩溶液的 pH 值应大于被浓缩物质的等电点,否则在浓缩胶表面产生阳离子交换,影响浓缩物质的回收率。

9.2 干燥技术

干燥是利用热能除去目标产物浓缩悬浮液或结晶（沉淀）产品中湿分（水分或有机溶剂）的单元操作，通常是生物产物成品前最后的加工过程。任何干燥过程的最终目的是减少物质的最终含水量，使其达到所希望的水平。通过蒸发只能使产品得到浓缩，不可能得到干态的最终产品。因此，干燥是制取以固体形式存在、含水量在5%～12%的生物制品的主要工业方法。干燥的质量直接影响产品的质量和价值，干燥方法的选择对于保证产品的质量至关重要，生物工业中常用的干燥方法有对流干燥（气流干燥、喷雾干燥和流化床干燥）、冷冻干燥、真空干燥、微波干燥、红外干燥等。

9.2.1 干燥基本原理

干燥由两个基本过程构成：一是传热过程，即热由外部传给湿物料，使其温度升高；二是传质过程，即物料内部的水分向表面扩散并在表面汽化离开。这两个过程同时进行，方向相反。可见，干燥过程是一个传质和传热相结合的过程。

干燥的传质又由两个过程组成：一是湿物料内部的水分向固体表面的扩散过程；另一个是水分在表面汽化的过程。当前者小于后者时，干燥的速率取决于水分向固体表面扩散的速率，称为内部扩散控制干燥过程；反之，干燥的速率取决于水分在表面汽化的速率，称为表面汽化控制干燥过程。

对于一个具体的干燥过程，如果干燥条件恒定，在开始阶段，由于物料含湿量比较高，表面全部为游离水分，干燥过程为表面汽化控制，此时，干燥速率取决于表面汽化速率并保持不变，因此，这一阶段常称为恒速干燥阶段。随着干燥的进行，物料的含湿量逐渐降低，当含湿量降低到某一点时，物料表面游离水分已经很少，剩下的主要是结合水分，干燥转入内部扩散控制阶段，水分除去越来越难，干燥速率越来越低，这一阶段称为降速干燥阶段。

9.2.2 常见的干燥方法

1. 对流干燥

对流干燥过程中载热体以对流方式与湿物料颗粒（或液滴）直接接触，向湿物料对流传热，故对流干燥又称为直接加热干燥。

目前，比较先进的干燥器中采用的是流态或拟流态的干燥方法。在这种类型的干燥器中，由于流体动力学条件比较有效，所以可以起到强化干燥的作用，此类干燥器中最简单的是气流干燥器，图1-9-2所示的是气流干燥器的一种。气流干燥器可应用在抗生素干燥上。物料通过给料器送入干燥室，干燥在竖管中进行，空气在电加热器中预热，干物料从旋风分离器中被分离出来,空气则在过滤器中最后净化,用风机排放到外面,当不要求除去结合水分时,气流干燥可被应用在单一粒度组成的细分散物料的干燥上。

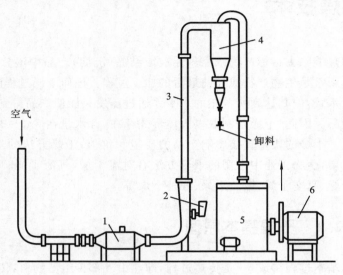

图 1-9-2　气流干燥器的结构
1—电加热器;2—给料器;3—竖管;4—旋风分离器;5—过滤器;6—风机

2. 冷冻干燥

生物活性物质的冷冻干燥是指通过升华从冻结的生物产品中去掉水分的过程。冷冻干燥得到的产物称为冻干物。冷冻干燥时,需将物料预冷至 $-40 \sim -30$ ℃,使物料中的大部分水分都冻结为冰,然后提供低温热源,使冰升华而脱水。由于冷冻干燥在低温下进行,可避免干燥过程的热和氧化损害。又因水分在冻结状态下由升华而排除,在升华过程中物料被固定为一定的形状,没有水的流动,因此香味组分仍被固定在物料上,损失较少,由此所获得的干产品,其形状、色、香、味、维生素 C 及其他营养成分保留较好。此外,冷冻干燥的制品与常规热力干燥的制品相比,其贮藏期较长,如瘦肉、禽类、果汁的冷冻干燥制品贮藏期为 $8 \sim 24$ 个月。但是设备投资和运转费用都比较昂贵,只适用于高值产品。

3. 真空干燥

真空干燥即减压干燥,其主要设备组件包括真空室、供热系统、真空系统及水蒸气收集装置。

1) 真空室

真空室是物料干燥场所,真空室的高度和体积是物料干燥量的限制因素。

2) 供热系统

真空室通常装有放物料用的隔板或其他支撑物,这些隔板用电热或循环液体加热。但对上、下层重叠的加热板来说,上层可以用加热板,同时还会向下层加热板上的物料辐射热量。此外,也可以用红外线、微波以辐射方式将热量传送给物料(真空微波干燥)。

3) 真空系统

真空系统是真空的获得并维持的装置,包括泵和管道,安装在真空室的外面。有的用真空泵,有的则用蒸气喷射泵。

4）水蒸气收集装置

冷凝器是收集水蒸气的设备,可装在真空室外,必须装在真空泵前以免水蒸气进入泵内造成污损。用蒸气喷射泵抽真空时,它不但从真空室内抽出空气,而且将带出的水蒸气冷凝,因而一般不再需要装冷凝器。

4. 微波干燥

微波干燥实质上是一种微波介质加热干燥,如果把交变电场加于介质物料,则无论是有机分子电介质还是无机分子电介质都被反复极化。外加电场变化频率越高,偶极子反复极化的运动越剧烈,从电磁场所得到的能量越多。偶极子在反复极化的剧烈运动中又在相互作用,从而使分子间摩擦也变得剧烈。这样就把它从电磁场中所吸收的能量变成了热能,从而达到使介质物料升温的目的。因此,从物料表面蒸发水分时,物体内部形成一定的温度梯度和湿度梯度,水分自物料内部向表面移动加速了,从而达到干燥的目的。

5. 红外干燥

在物质内部,组成物质的分子、原子和电子处于不停的运动中。正常情况下,物质处于基态;当有能量传递给它时,物质处于激发态。激发态为不稳定态,在极短时间内又恢复为基态,同时释放多余的能量,能量一般以光子形式向外发射,辐射就是这样从内部发射出来的。假设基态能量为 E_0,激发态能量为 E_1,则辐射频率为

$$\upsilon = \frac{E_1 - E_0}{h}$$

式中:h——普朗克常量。

凡温度高于 0 K 的物体都有向外辐射粒子的能力,辐射粒子所具有的能量称为辐射能。物体转化本身的热能向外发射辐射能的现象称为热辐射,热辐射实质上是电磁辐射。电磁波按其波长可分 X 射线、紫外线、可见光、红外线、微波和无线电波等。红外线位于可见光和微波之间,波长为 0.76～1000 μm,细分为近红外线、中红外线和远红外线。光子能量不同的电磁波有着不同的特性及作用,红外线光子能量在 0.04～0.5 eV,几乎起不了化学作用,只起到加速分子振动或使晶格振动的作用。物质是由正、负电荷交错存在的分子所组成时,其分子具有几种振动方式,每种振动方式有其固有的振动频率。分子振动时吸收与其相应的电磁波能量,加速分子运动,从而使物质温度升高。当红外线频率和分子的振动频率一致时,红外线能量就转换为分子的振动能量。物质的温度上升,从而导致失水。这就是红外辐射加热干燥的原理。

9.3 典型案例

案例1 蛋白质的真空浓缩

方法流程:粗液体大豆蛋白→装料→真空浓缩大豆蛋白

粗液体大豆蛋白的制备:取一定量低变性脱脂大豆粕,先经锤片式粉碎机粉碎,然后

过 100 目筛,将过筛的豆粉装入酸洗罐(玻璃缸)中,按体积比 1∶8 加水,将滤锅加热到 40 ℃,搅拌均匀后加入盐酸调节 pH 值为 1.2～1.6。同时加入原料重 2%的焦亚硫酸钠 漂白剂和适量消泡剂,酸洗 60 min。洗涤完毕后,用泥浆泵将酸洗罐内的物料泵入卧式 螺旋卸料沉降离心机进行离心分离。分离后弃去上清液,收集凝乳状的沉淀,将分离出的 酸洗凝乳装入水洗罐(玻璃缸),加入 8 倍体积温度为 40 ℃的热水搅拌。调节 pH 值至 4.2～4.6,水洗 60 min。洗涤完毕,用泥浆泵将水洗罐内的物料泵入卧式螺旋卸料沉降 离心机进行离心分离。分离出的凝乳在破碎机中破碎,然后送入中和罐(大烧杯)中,罐的 夹套内通入冷却水(大烧杯放入冰水中),使物料温度降至 28 ℃。加入氢氧化钠溶液,调 节物料的 pH 值至 7.2,中和浆液。

真空浓缩操作:①首先在加热盆中加入加热介质,接通冷却水;②接通电源,将需浓缩 的物料加入蒸发瓶中,旋紧蒸发瓶;③打开自动升降开关,使蒸发瓶进入加热盆中;④打开 真空泵开关,使蒸发瓶进入加热盆中;⑤打开加热盆开关,缓慢升温至物料沸腾,直至浓缩 完成;⑥如在蒸发过程中需要补料,可通过自动进料管直接进料;⑦蒸发完毕后,提起升降 台,关闭真空泵、冷却水、加热盆开关,切断电源;⑧破真空后,方可取下蒸发瓶,倒出浓缩 好的物料;⑨最后倒出加热介质,对仪器及玻璃容器进行清洗。

案例 2 真空冷冻干燥法加工瓜果制备固体饮料

用真空冷冻干燥法加工瓜果制备固体饮料,能更好地保留瓜果的有效成分。

1. 方法流程

鲜瓜果→去皮,去果核→切块→榨汁→纯水稀释→冷冻干燥→粉碎过筛→密封包装 →成品检验

2. 操作要点

(1)新鲜果蔬汁的制备:拣选新鲜瓜果、蔬菜,用清水、消毒剂清洗后,去皮、切块、去果 核,得块状果肉,再将果肉块打浆或榨汁,稀释,得鲜品瓜果汁。

(2)冷冻干燥:将鲜品瓜果汁放入容器,置于速冻库或真空冻干设备的隔板上,进入 "冷冻阶段";当鲜品瓜果汁的温度达到－40～－30 ℃时,进入"升华阶段";开启真空泵, 在真空度为 0～600 Pa、温度为－80 ℃的条件下冻结干燥,至冻结的鲜品瓜果汁的含水量 低于 8%,得到待包装半成品。

(3)成品包装:将待包装半成品充气装袋,得真空冷冻干燥瓜果固体饮料。

案例 3 喷雾干燥法制备亲水性药物微球

张卫元、张永丹等发明一种利用喷雾干燥机制备亲水性药物微球的方法,该方法制备 的微球形态圆整,表面光滑,流动性好,粒度分布均匀。

1. 原料处方

95%乙醇 100 mL,盐酸阿霉素 2 g,芝麻油 4 g,Span80 0.24 g,单硬脂酸甘油酯 0.4 g, 蓖麻油 0.8 g,丙烯酸树脂Ⅱ号 6 g。

2. 操作要点

(1)配制喷雾液:将丙烯酸树脂Ⅱ溶解于乙醇溶液中,再加入单硬脂酸甘油酯、蓖麻

油,搅拌均匀。

(2)原料的一次包裹:将盐酸阿霉素均匀分散于含 Span80 的芝麻油中,配成 S/O-(1)型混悬液。

(3)喷雾液的均质乳化:将步骤(2)制得的混悬液加入步骤(1)得到的喷雾液中进行均质乳化,均质温度 50 ℃,高速剪切均质机转速 14000 r/min,时间 6 min,得 S/O-(1)/O-(2)型喷雾乳化液。

(4)喷雾干燥:将上述喷雾乳化液喷雾干燥,进风温度 160 ℃,出风温度 80 ℃,加料速度 10 mL/min,喷雾压力 0.5 MPa,在旋风分离器中收集微球后,在 50 ℃减压干燥 2 h,然后过 80 目筛,即得产品。

 小结

浓缩是从低浓度的溶液除去溶剂(如水)使之变为高浓度溶液的过程。生化物质制备中往往在提取后和结晶前进行浓缩。蒸发和冷冻是最常用的浓缩方法。

浓缩可作为结晶或干燥的预处理,提高产品质量,减少产品的体积和质量,增加产品的贮藏时间。

减压蒸发也称为真空蒸发,通常要在常温或低温下进行,此法适用于浓缩受热易变性的物质,如抗生素溶液、果汁等。

实训室常用的减压浓缩装置为真空旋转蒸发仪。

干燥是利用热能除去目标产物的浓缩悬浮液或结晶(沉淀)产品中湿分(水分或有机溶剂)的单元操作,通常是生物产物成品前最后的加工过程。

常见的干燥方法有对流干燥、冷冻干燥、真空干燥、微波干燥、红外干燥等。

 **同步训练**

1. 名词解释

蒸发　冷冻浓缩　微波干燥

2. 判断题

(1)离子交换与亲和色谱等分离提纯方法也能起浓缩作用。　　　　　　　(　)

(2)凝胶浓缩适用于各种生物分子的浓缩操作。　　　　　　　　　　　(　)

(3)减压蒸发适用于浓缩受热易变性的物质。　　　　　　　　　　　　(　)

(4)使用真空旋转蒸发仪进行浓缩时,如气泡过多,应立即打开阀门,降低真空度。

　　　　　　　　　　　　　　　　　　　　　　　　　　　　　　　(　)

(5)真空干燥即减压干燥,其主要设备组件包括真空室、供热系统、真空系统及水蒸气收集装置,其中真空系统是物料干燥场所。　　　　　　　　　　　　(　)

(6)干燥过程是一个传质和传热相结合的过程。　　　　　　　　　　　(　)

3. 选择题

(1)下列干燥方法中属于对流干燥的是(　　　)。

A. 冷冻干燥   B. 真空干燥

C. 微波干燥   D. 喷雾干燥

(2) 下列关于减压浓缩优点的叙述中,错误的是(　　)。

A. 压力降低,溶液的沸点降低,能防止或减少热敏性物质的分解

B. 溶液沸点下降使黏度增大,使总传热系数上升

C. 增大了传热温度差,蒸发效率提高

D. 能不断地排除溶剂蒸气,有利于蒸发的顺利进行

(3) 下列干燥方法中,属于高温瞬时干燥的方法是(　　)。

A. 常压干燥   B. 减压干燥

C. 喷雾干燥   D. 冷冻干燥

(4) 下列干燥方法中,干燥温度最低的是(　　)。

A. 常压干燥   B. 减压干燥

C. 喷雾干燥   D. 冷冻干燥

(5) 对温度敏感的物质,最适合采用的干燥方法是(　　)。

A. 常压干燥   B. 减压干燥

C. 喷雾干燥   D. 冷冻干燥

(6) 冷冻干燥按照流程可分为三个阶段,正确的顺序是(　　)。

A. 预冻结、升华干燥、解析干燥

B. 预冻结、解析干燥、升华干燥

C. 升华干燥、解析干燥、预冻结

D. 解析干燥、升华干燥、预冻结

4. 简述题

(1) 试述减压蒸发的优缺点。

(2) 简述生物工业中常用的干燥方法及原理。

模 块 二
单元操作技术实训

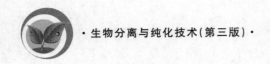

单元操作技术实训说明

单元操作技术实训,包括实训目的,实训原理,实训器材、试剂、材料,实训操作步骤,结果与讨论,温馨提示,思考训练等内容。

在进入每一个单元技术实训环节时,学生已经掌握了相关的理论知识。在这一个环节中,通过项目实施的方式,要求学生能归纳课堂所学的内容,理论联系实际,在实施过程中注意规范、安全操作。最后,教师可用提问、单独操作某一个环节的方式来检验学生对单元技术的熟悉程度,从而进一步巩固学生学习过的知识及技能。评价表见表2-0-1。

表 2-0-1 单元操作技术实训评价表

考核项目	成绩记录			
	优(8.6~10分)	良(7.1~8.5分)	及格(6.1~7.0分)	不及格(1.0~6.0分)
1.预习报告工整性				
2.学生口头表达能力				
3.实训步骤的完整性				
4.仪器装配规范程度				
5.实训操作的准确度				
6.药品耗材合理使用				
7.实训过程纠错能力				
8.实训操作的熟练度				
9.实训中的协作能力				
10.实训台面的整洁度				
11.结果计算与分析				
12.实训结果的准确度				
13.实训报告的规范性				
14.解答思考题的合理性				
15.实训成功与失败总结				
合计				
总计				
等级	优秀(≥127分)	良好(105~126分)	及格(90~104分)	不及格(≤90分)

实训 1　大肠杆菌的破碎及破碎率的测定

一、实训目的

（1）了解超声波细胞破碎的原理。

（2）会用超声波破碎仪破碎细胞。

（3）会评价细胞破碎的效果。

二、实训原理

超声波是指频率超过人耳可听范围的波，即频率为 20 kHz 以上的波。

超声波破碎仪就是将电能通过换能器转换为声能的仪器，超声波对细胞的作用主要有热效应、空化效应和机械效应。声能通过液体介质时产生一个个密集的小气泡，这些小气泡迅速炸裂，产生像小炸弹一样的能量，使细胞结构受到破坏，从而使细胞破碎。

用超声波进行细胞破碎的效果与细胞的种类与浓度、超声波频率、输出功率和破碎时间有密切的关系。

三、实训器材、试剂、材料

（1）器材：超声波破碎仪，显微镜，酒精灯，载玻片，接种针，摇床，离心机，冰箱，血细胞计数板。

（2）试剂：50 mmol/L pH 8.0 的磷酸盐缓冲液，即为细胞破碎缓冲液。

（3）材料：①肉汤液体培养基（牛肉膏 5 g/L，蛋白胨 10 g/L，NaCl 5 g/L）；②肉汤固体培养基（在上述培养基中加 2％琼脂，用于菌种的活化与保藏）。

四、实训操作步骤

（1）大肠杆菌的培养和收集。

将活化后的大肠杆菌接入肉汤液体培养基中，于 37 ℃振荡培养，当达到对数生长期后（约 6 h），取培养液，3000 r/min 离心 20 min，收集菌体。

（2）大肠杆菌菌悬液的制备。

用细胞破碎缓冲液洗涤三次，再按照 1∶20 的比例将离心后的大肠杆菌混悬于细胞破碎缓冲液中。置于 100 mL 大塑料试管或烧杯内。

（3）细胞破碎。

将塑料试管或烧杯置于冰浴中，采用超声波破碎（功率 300 W，每破碎 10 s 就间歇 10 s，破碎 20 min），注意超声波破碎细胞时，超声波破碎仪的探头要伸进液面 1 cm 左右。

（4）破碎效果的测定。

测定破碎前、后大肠杆菌菌悬液在 620 nm 波长处的吸光度 $A_{620 \text{ nm}}$ 的变化，观测破碎

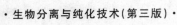
效果。或采用革兰氏染色的方法鉴定大肠杆菌超声波破碎的程度。或用血细胞计数板直接计数。

五、结果与讨论

（1）用血细胞计数板直接计数。

①破碎前计数：取 1 mL 菌悬液，经适当稀释后，置于血细胞计数板的计数室内，用显微镜观察计数，由于计数室的容积是一定的($0.1\ mm^3$)，因此根据血细胞计数板刻度内的细菌数，可计算出样品中的完整细菌数。

②破碎后计数：取 1 mL 用超声波破碎仪破碎后的菌悬液，经适当稀释后，用同样的方法计数，并完成表 2-1-1。

表 2-1-1　破碎前后菌悬液计数

	色泽	密度	完整细胞数	破碎效果评价
破碎前				
破碎后				

（2）测定破碎前后大肠杆菌菌悬液 $A_{620\ nm}$ 的变化，并完成表 2-1-2。

表 2-1-2　破碎前后大肠杆菌菌悬液 $A_{620\ nm}$ 的变化

	$A_{620\ nm}$	破碎效果评价
破碎前		
破碎后		

（3）镜检破碎前后大肠杆菌的革兰氏染色结果，并评价破碎效果。

（4）将破碎后的细胞悬浮液，于 12000 r/min、4 ℃离心 30 min，去除细胞碎片。用 Lowry 法检测上清液的蛋白质含量。

六、温馨提示

使用超声波破碎仪时，应注意以下几点。

（1）切勿空载（一定要将超声波探头插入样品后才能开机）。

（2）超声波探头入水深度为 1 cm 左右，液面高度最好在 30 mm 以上，探头要居中，不要贴壁。超声波是垂直纵波，插入太深时不容易形成对流，会影响破碎效率。

（3）超声波参数设置。

①时间：超声波时间每次最好不要超过 10 s，间隙时间应大于或等于超声波时间，以便于热量散发。时间设定应以超声波时间短，超声波次数多为原则，可延长超声波破碎仪的寿命。

②超声波功率：不宜太大，以免样品飞溅或起泡沫，如 10 mL 以下的样品容量，功率应在 200 W 以内，选用 2 mm 超声波探头；10～200 mL 样品容量，功率为 200～400 W，选用6 mm超声波探头；200 mL 以上的样品容量，功率为 300～600 W，选用 10 mm 超声波探头。

③容器选择:有多少样品就选多大的烧杯,这样也有利于样品在超声波中对流,提高破碎效率。例如,20 mL 的处理量最好用 20 mL 的烧杯。如对于 100 mL 大肠杆菌样品,设置参数:超声波 10 s、间隙 10 s,总时间为 20 min,功率 300 W。500 mL 左右的样品,功率开到 500～800 W。

(4) 若样品放在 1.5 mL 的 EP 管里,则一定要将 EP 管固定好,以防冰浴融化后液面下降,导致空载。

(5) 日常保养:用完后用乙醇擦洗探头或用清水进行超声波处理。

七、思考训练

(1) 可供选择的大肠杆菌破碎方法有哪些?比较各种方法的优缺点。

(2) 进行超声波破碎大肠杆菌的操作时要注意哪些问题?

实训 2 啤酒酵母的培养及菌体的离心分离

一、实训目的

(1) 了解离心分离的原理。

(2) 学会利用离心分离技术对啤酒酵母菌体进行分离。

二、实训原理

离心分离是基于固体颗粒和周围液体的密度存在差异,在转鼓高速转动时所产生的离心力使不同密度的固体颗粒加速沉降,实现悬浮液、乳浊液分离或浓缩的分离过程。

离心机是利用转鼓或转子等高速转动所产生的离心力,来实现悬浮液、乳浊液分离或浓缩的分离机械。冷冻离心机是指具备冷冻性能的离心机,多用于收集微生物、细胞、细胞碎片及免疫沉淀物等。

啤酒酵母和培养液的相对密度不同,可采用离心机分离啤酒酵母和培养液。

三、实训器材、材料

(1) 器材:冷冻离心机,摇床,冰箱,恒温干燥箱,摇瓶(500 mL),培养皿,离心管。

(2) 材料:新鲜啤酒酵母泥,摇瓶培养基(葡萄糖 25 g/L,蛋白胨 10 g/L,K_2HPO_4 1.0 g/L,KH_2PO_4 1.0 g/L,$CaCl_2$ 0.3 g/L,$MgSO_4$ 2.5 g/L,$FeSO_4$ 0.05 g/L)。

四、实训操作步骤

1. 新鲜啤酒酵母泥预处理

向新鲜啤酒酵母泥中加入 2 倍体积的去离子水,搅拌冲洗 4～5 次,待酵母泥沉淀后弃去上清液以及漂浮物。重复冲洗,直至上层液由黄色变为无色透明状,静置后弃去上清液,将得到的酵母泥暂存于 4 ℃冰箱中。

2. 啤酒酵母培养

取 50 mL 预处理后的啤酒酵母泥和 250 mL 摇瓶培养基,充分搅拌混合均匀,分装至 500 mL 摇瓶中,装样量为 80 mL。将摇瓶放入摇床培养箱,设置摇床转速为 160 r/min,28 ℃培养 24 h。每隔 3.0 h 取样一次,每次取样 5.0 mL。进行三组平行试验。

3. 啤酒酵母离心分离

将取样得到的 5.0 mL 啤酒酵母培养液放置于离心管中,4 ℃下 4500 r/min 离心 15 min。离心结束后弃去上清液,收集沉淀。

4. 啤酒酵母菌体的干燥

将培养皿置于恒温干燥箱中 80 ℃烘干至恒重,精确称量,得到培养皿质量(m_0)。将离心获得的啤酒酵母菌体沉淀转移至烘干至恒重的培养皿中,置于恒温干燥箱中 80 ℃下烘干至恒重,精确称量,得到啤酒酵母和培养皿总质量(m_1)。

五、结果与讨论

(1)啤酒酵母菌体细胞生物量计算。

按照下式计算啤酒酵母菌体细胞生物量:

$$m = m_1 - m_0$$

式中:m——5.0 mL 啤酒酵母培养液中啤酒酵母菌体细胞生物量,g;

m_1——啤酒酵母菌体和培养皿总质量,g;

m_0——培养皿的质量,g。

(2)根据计算得到的啤酒酵母菌体细胞生物量完成表 2-2-1。

表 2-2-1　啤酒酵母培养液中啤酒酵母菌体细胞生物量的变化情况

培养时间/h	0	3.0	6.0	9.0	12.0	15.0	18.0	21.0	24.0
细胞生物量/g									

六、温馨提示

使用离心机时,应注意以下几点。

(1)开机前,确保离心机平稳放置于水平台面、腔体内无异物、电源线完好、转子安装到位。

(2)确保离心管配平,两两对称放入转子内。

(3)离心机运行时,不可打开离心机盖子。

(4)严格按照说明书对离心机、转子进行日常维护和保养。

七、思考训练

(1)从啤酒酵母培养液中分离酵母菌体的方法有哪些?比较各种方法的优缺点。

(2)影响酵母菌离心效果的因素有哪些?

实训 3 青霉素的萃取与萃取率的计算

一、实训目的

（1）学会利用溶剂萃取的方法对青霉素进行提取和精制。

（2）通过本实训，复习以前所学的萃取知识及分析化学的知识，掌握分离工程的实训技能，同时熟练掌握萃取设备的使用。

二、实训原理

当青霉素以游离酸的形式存在时，易溶于有机溶剂（通常为乙酸丁酯）。青霉素的盐则易溶于极性溶剂，特别是水中。青霉素的提取和精制就是基于以上原理进行的，通过萃取的方式使青霉素在水相和有机相中反复转移，去除大部分杂质并得到浓缩，最后采用结晶的方式得到纯度在98％以上的青霉素。

三、实训器材、试剂、材料

（1）器材：恒温水浴锅，分液漏斗，小烧杯，电子天平，移液管，容量瓶，量筒，玻璃棒。

（2）试剂：6％硫酸，2％碳酸氢钠溶液，50％乙酸钾的乙醇溶液，乙酸丁酯，无水硫酸钠。

（3）材料：青霉素发酵液（注射用80万单位青霉素钠1瓶，用80 mL蒸馏水溶解）。

四、实训操作步骤

（1）将青霉素发酵液用6％硫酸调pH值至1.8～2.2，然后倒入分液漏斗中。

（2）取30 mL乙酸丁酯，置于分液漏斗中，振摇20 min，静置10～15 min，弃去水相。

（3）于酯相中加入2％碳酸氢钠溶液35 mL。振摇20 min，静置10～15 min，分出水相，弃去酯相。

（4）用6％硫酸调节水相pH值至1.8～2.2。于水相中加入25 mL乙酸丁酯，振摇20 min，静置分层后，弃去水相。

（5）于酯相中加入少量无水硫酸钠，振摇片刻，过滤。

（6）滤液中加入50％乙酸钾的乙醇溶液1 mL，在36 ℃水浴中搅拌10 min，析出青霉素钾盐。

五、结果与讨论

所制备的青霉素钾盐干燥后，称重，计算得率。

六、温馨提示

（1）有青霉素过敏史的学生可以不做本实训。

（2）独立查阅相关资料，设计试验方案，并对实训所需的各种药品、玻璃仪器及分析设备列出清单，写出详尽的试验过程。

（3）三人一组，互相配合，开展实训，记录并分析实训中的现象、数据，必要时及时修改试验计划。

（4）总结试验数据，经教师认定后，撰写实训报告。

七、思考训练

简述 pH 值对青霉素活性的影响。

实训 4　双水相萃取相图的制作

一、实训目的

（1）学习双水相分离萃取的原理和方法。
（2）学习双水相萃取相图的制作。

二、实训原理

双水相萃取法是利用物质在互不相溶的两个水相间分配系数的差异来进行萃取的。

双水相的形成：聚合物与无机盐，如 PEG 与硫酸盐或碱性磷酸盐在水中由于盐析的作用会形成两相。两种亲水性聚合物在水中由于聚合物的不相溶性也会形成两相，但是它们只有达到一定的浓度时，才能形成两相，双水相形成的定量关系可用相图来表示，如图 2-4-1、图 2-4-2 所示。

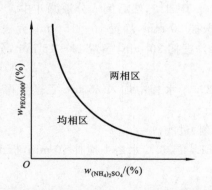

图 2-4-1　PEG2000-$(NH_4)_2SO_4$ 双水相体系相图　　图 2-4-2　PEG2000-葡聚糖双水相体系相图

相图（图 2-4-1）中的曲线接近双曲线，把均相区和两相区分隔开来。

当成相组分的配比取在曲线的下方时，为均相区；在曲线的上方时，为两相区；在曲线上，则混合后，溶液恰好从澄清变为混浊。

相图（图 2-4-2）中 TMB 称为系线；T 代表上相组成；B 代表下相组成；同一条系线上

各点分成的两相具有相同的组成,但体积比不同。

$$\frac{V_T}{V_B} = \frac{\overline{BM}}{\overline{MT}}$$

三、实训器材、试剂

(1) 器材:试管,离心机,天平,离心管,三角瓶,滴定管。

(2) 试剂:聚乙二醇 2000(PEG2000),硫酸铵。

四、实训操作步骤

1. PEG2000-$(NH_4)_2SO_4$ 双水相体系相图的测定

(1) 取 10%(g/mL)PEG2000 溶液 10 mL 于三角瓶中。

(2) 将 40%(g/mL)$(NH_4)_2SO_4$ 溶液装入滴定管中,用其滴定至三角瓶中溶液出现混浊,记录消耗$(NH_4)_2SO_4$溶液的体积。加入 1 mL 水使溶液澄清,继续用$(NH_4)_2SO_4$溶液滴定至混浊,重复 7~8 次,记录每次消耗$(NH_4)_2SO_4$溶液的体积,计算每次出现混浊时体系中 PEG2000 和$(NH_4)_2SO_4$的浓度(g/mL)。

(3) 以$(NH_4)_2SO_4$的浓度为横坐标,PEG2000 的浓度为纵坐标,绘制 PEG2000-$(NH_4)_2SO_4$双水相体系相图。

2. 相图制作表

相图制作表见表 2-4-1。

表 2-4-1　相图制作表

次数	H_2O 加入量 /mL	$(NH_4)_2SO_4$ 溶液加入量		纯$(NH_4)_2SO_4$ 累计量 /g	溶液累计量 /mL	$w_{PEG2000}$ /(%)	$w_{(NH_4)_2SO_4}$ /(%)
		/mL	/g				
1	1						
2	1						
3	1						
4	1						
5	1						
6	1						
7	1						
8	1						

五、结果与讨论

(1) 如何正确绘制相图?

(2) 如何根据相图配制双水相体系?

六、温馨提示

(1) 滴定过程中,注意每次记录消耗$(NH_4)_2SO_4$溶液的体积时的混浊点一致。

(2) 表中 PEG2000 的浓度及$(NH_4)_2SO_4$的浓度是指总浓度。

七、思考训练

(1) 理解概念:双曲线,系线,均相区,双相区。

(2) 在双水相体系中加入无机盐将如何影响物质的分配?

实训 5 双水相萃取分离酿酒酵母中的延胡索酸酶

一、实训目的

(1) 学习双水相分离萃取酶的原理和方法。

(2) 掌握双水相溶液的配制与双水相萃取的操作。

(3) 学习并掌握双水相萃取过程中萃取条件的控制。

二、实训原理

从细胞中利用双水相两步分离提取纯化酶的一般过程如图 2-5-1 所示。

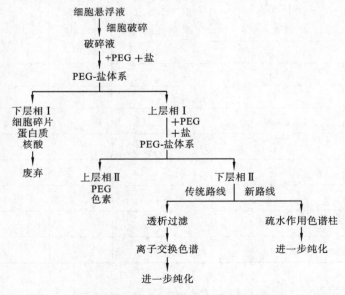

图 2-5-1 从细胞中利用双水相两步分离提取纯化酶的一般过程

在提取过程中含有细胞碎片等的富含盐的下层相 I 将被丢弃,而 PEG 富集的上层相

Ⅰ中含有所需要的酶。含有酶的一相不能直接应用于一般的柱色谱技术,因为其黏度太高。因此,为了建立两相体系而引入酶液的 PEG 必须除去,有许多方法可以用来达到这个目的。一个简单的方法是在 PEG 富集的上层相Ⅰ中加入盐以产生一个新的相体系,使所要的酶转移至盐相中。

在第一步提取过程中,通过离心操作或分离器被分配至上层相Ⅰ中的蛋白质,可以用加入合适浓度的盐以形成第二个两相体系的方法而得到进一步纯化。这样,大部分的 PEG 和一部分盐得到再利用。目标酶在这一步中从大量黏稠的 PEG 中分离,转移到下层的盐富集相(例如,通过改变 pH 值或加入少量的 NaCl)。为了分开两相,可在简单的容器中静置 30～90 min,即可获得明显分离的两相。

当需要进行多步分离时,利用重力作用在适合的静置容器或混合器中可以以任意规模进行连续分离。

三、实训器材、试剂、材料

(1)器材:高压匀浆器(100 MPa),离心机(4000 r/min),刻度离心管。

(2)试剂:100 mmol/L 磷酸钾缓冲液(pH 为 7.5),聚乙二醇(PEG1500),磷酸钾溶液(pH 为 8.0),NaCl。

(3)材料:酿酒酵母细胞。

四、实训操作步骤

1. 样品处理

将酿酒酵母细胞悬浮于 100 mmol/L 磷酸钾缓冲液中,pH 值为 7.5,获得 40%(质量分数)的细胞悬浮液。细胞的破碎可以用连续操作的珠磨搅拌器或高压匀浆器(100 MPa)连续处理两次来完成,细胞破碎后匀浆的 pH 值必须调节至 7.5。用标准方法测定酶的活性(U/mL)和蛋白质的含量(mg/mL),并计算匀浆的比活力(U/mg)。

2. 提取

在处理量为 10 g 的标准体系中,提取时各种物质的加入量参照表 2-5-1(以提取延胡索酸酶为例)。

表 2-5-1 提取时各种物质的加入量

质量分数/(%)	物 质	加入量/g
50	匀浆(40%,质量分数)	5.0
17	聚乙二醇(PEG1500)	1.7
7	磷酸钾溶液(pH 值为 8.0)	0.7
26	去离子水	2.6
100		10.0

混合均匀后,以 2000 r/min 离心 5 min,观察分离的两相,分别测定在两相中酶的浓度、两相中蛋白质的含量、上层相和下层相的体积以及两相的 pH 值。

3. 纯化

在第一步提取过程中,通过离心分离的目标产物主要在上层 PEG 相中,为了将延胡索酸酶从 PEG 富集相转移至盐富集的下层相Ⅰ,可在其中加入少量的 NaCl,从而形成新的双水相体系。纯化时,各种物质的加入量见表 2-5-2。

表 2-5-2　纯化时各种物质的加入量

质量分数/(%)	物　　质	加入量/g
60	上层相Ⅰ	6
7	磷酸钾溶液(pH 值为 8.0)	0.7
0.5	NaCl	0.05
32.5	去离子水	3.25
100		10.0

为了分开两相,可在简单的容器中静置 30～90 min,即可获得明显分离的两相。观察分离的两相,分别测定在两相中酶的浓度、两相中蛋白质的含量、上层相和下层相的体积以及两相的 pH 值。

当需要进行多步分离时,利用重力作用在适合的容器或混合器中静置可以以任意规模进行连续分离。

五、结果与讨论

(1) 记录提取过程测定的两相中酶的浓度、两相中蛋白质的含量、上层相和下层相的体积以及两相的 pH 值。

(2) 记录纯化过程测定的两相中酶的浓度、两相中蛋白质的含量、上层相和下层相的体积以及两相的 pH 值。

六、温馨提示

(1) 为了计算给定的水相体系中酶的总单位数(100%),有必要注意:5 g 匀浆的体积一般为 4.7 mL 或 4.8 mL,而不是 5 mL。

(2) 如果相体系的体积比不是最佳(2/3 上层相,1/3 下层相)或在上层相中所要酶的产量低于 90%,进一步优化时可以改变下列因素:匀浆的量;PEG1500 的量;磷酸钾的量;盐的 pH 值(K_2HPO_4 和 KH_2PO_4 的混合液)。

(3) 提纯分离时,为了进一步优化,可以改变下列因素:上层相的量;磷酸钾盐的量;盐混合液的 pH 值;NaCl 的量。

七、思考训练

(1) 制备双水相的过程中应注意的问题有哪些?

(2) 如何测定双水相萃取的分配系数?

实训 6　双水相萃取牛奶中酪蛋白条件的探索

一、实训目的

（1）了解双水相萃取的原理。

（2）学会使用双水相萃取法从牛奶中萃取酪蛋白。

二、实训原理

双水相萃取是利用物质在双水相体系中的分配系数的差异来进行萃取。物质在双水相中的分配系数受到成相聚合物浓度的影响。当接近临界点时，物质在两相中分配系数接近 1；当成相聚合物浓度增加时，物质趋向于向一相分配，分配系数或增大而超过 1，或减小而低于 1。

本实训用聚乙二醇 2000 和硫酸铵形成双水相体系萃取牛奶中的酪蛋白，探索聚乙二醇浓度变化对酪蛋白萃取效果的影响，通过紫外分光光度法初步测定富集于聚乙二醇相中的酪蛋白的含量。

三、实训器材、试剂、材料

（1）器材：离心机，离心管（50 mL）。

（2）试剂：聚乙二醇 2000（PEG2000），硫酸铵。

（3）材料：牛奶。

四、实训操作步骤

（1）酪蛋白的萃取：取 5 支 50 mL 离心管，编号为 1～5。按照表 2-6-1 向 5 支离心管中分别加入牛奶、PEG2000、硫酸铵和去离子水，充分混匀后 2000 r/min 离心处理 5 min。

表 2-6-1　物质加入量

编号	牛奶质量/g	硫酸铵质量/g	PEG2000 质量/g	去离子水质量/g	溶液总质量/g
1	2.0	1.5	0.7	5.8	10.0
2	2.0	1.5	0.9	5.6	10.0
3	2.0	1.5	1.1	5.4	10.0
4	2.0	1.5	1.3	5.2	10.0
5	2.0	1.5	1.5	5.0	10.0

（2）酪蛋白含量测定：取上相溶液用紫外分光光度法在 280 nm 波长处测定溶液吸光度。

五、结果与讨论

将测定得到的吸光度值填入表 2-6-2,并分析双水相法萃取牛奶中酪蛋白时聚乙二醇最佳浓度条件。

表 2-6-2　聚乙二醇质量分数对双水相法萃取牛奶中酪蛋白的影响

编号	1	2	3	4	5
PEG2000 质量分数/(%)	7	9	11	13	15
上相吸光度					

六、温馨提示

(1) 聚乙二醇相对分子质量越大,越容易分相,但相对分子质量增加会使 PEG 溶液黏度增高,导致分相时间延长。

(2) 硫酸铵容易结晶析出,吸附部分蛋白质于分相界面处。

(3) 双水相萃取蛋白质一般在室温下进行,因为成相聚合物 PEG 对蛋白质有稳定作用,常温下蛋白质一般不会发生失活或变性,且常温下溶液黏度较低,容易进行相分离。

七、思考训练

双水相萃取牛奶中酪蛋白的影响因素还有哪些?

实训 7　超临界二氧化碳萃取甘草黄酮

一、实训目的

了解超临界二氧化碳萃取植物油的基本原理和超临界二氧化碳萃取装置的操作技术。

二、实训原理

超临界萃取技术是一种新型的分离技术。超临界流体是指热力学状态处于临界点(p_c、T_c)之上的流体,临界点是气、液界面刚刚消失的状态点。超临界流体具有十分独特的物理化学性质,它的密度接近液体,黏度接近气体,具有扩散系数大、黏度低、介电常数大等特点。超临界萃取是指高压下、合适温度下在萃取缸中溶剂与被萃取物接触,溶质扩散到溶剂中,再在分离器中改变操作条件,使溶解物质析出以达到分离目的。

近几年来,超临界萃取技术在国内外得到迅猛发展,先后在啤酒花、香料、中草药、石油化工、食品保健等领域实现工业化。

三、实训器材、试剂、材料

（1）器材：超临界二氧化碳萃取装置，天平，水浴锅，60目筛，烘箱，粉碎机，索氏提取器，封口膜，多功能粉碎机。

（2）试剂：二氧化碳气体（纯度≥99.9％），无水乙醇（分析纯），亚硝酸钠（分析纯），硝酸铝（分析纯），氢氧化钠（分析纯）。

（3）材料：甘草。

四、实训操作步骤

1．原料预处理

取200 g甘草，用多功能粉碎机粉碎，过60目筛。

2．萃取

取10～15 g过60目筛后的甘草（甘草渣），放入萃取釜E。二氧化碳由高压泵H加压至30 MPa，经过换热器R加热至40 ℃左右，使其成为既具有气体的扩散性，又有接近液体的密度的超临界流体。该流体通过萃取釜静态萃取4 h，由样品收集阀收集萃取物，分析样品甘草黄酮含量，见图2-7-1。

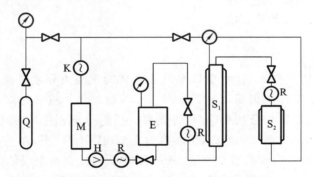

图 2-7-1　超临界二氧化碳萃取装置工艺流程图

Q—CO₂钢瓶；M—贮罐；S₁—第一级分离柱；S₂—第二级分离柱；

K—冷凝器；R—换热器；E—萃取釜；H—高压泵

五、结果与讨论

（1）测定超临界二氧化碳萃取甘草黄酮含量：

①称取采样瓶采样前后的质量，记录样品质量。

②在采样瓶加入一定体积85％乙醇溶解，摇匀，作为待测液。

③分别精密量取上述待测液0、5 mL至25 mL容量瓶，各精密加入5％亚硝酸钠溶液1 mL，充分摇匀，放置6 min。各精密加入10％硝酸铝溶液1 mL，充分摇匀，放置6 min。各加1 mol/L氢氧化钠溶液10 mL，用蒸馏水定容，充分摇匀，放置15 min。以第一瓶作空白，于紫外-可见分光光度计上，在510 nm波长处测定吸光度值，由回归方程计算甘草黄酮浓度，得出待测液中甘草黄酮含量。（回归方程由按此法测定黄酮标准溶液而得。）

（2）计算得率：

$$甘草黄酮得率 = \frac{萃取物中甘草黄酮质量}{原料质量} \times 100\%$$

六、思考训练

（1）什么是超临界流体？它有何特性？

（2）食品加工中采用超临界流体技术时,为什么选择二氧化碳作为超临界萃取剂？

实训 8　盐析法分离小牛血清中 IgG

一、实训目的

（1）理解 IgG 的特点及性质。

（2）了解盐析、离心操作原理。

（3）掌握盐析、离心操作方法。

二、实训原理

血浆蛋白质的成分有 70 余种,IgG 是动物血浆的重要成分之一,也是免疫球蛋白的主要成分之一,属于中性蛋白质,pI 为 6.85~7.5,相对分子质量为 15000~16000,沉降系数约为 7 S。要从血浆中分离出 IgG,首先要进行粗分离程序以尽可能除去其他蛋白质,使 IgG 在样品中的比例大为增高,然后再纯化而获得 IgG。

盐析法是粗分离蛋白的重要方法之一。许多蛋白质在纯水或低盐溶液中溶解度较低,当加入少量盐时,增加了蛋白质分子上的极性基团,因而增大了蛋白质在水中的溶解度,出现盐溶现象。当盐浓度增加到一定浓度时,一方面大量的水同盐结合,使得蛋白质没有足够的水维持溶解状态,破坏维持蛋白质亲水胶的水膜,蛋白质容易沉淀出来;另一方面,加入的盐离子中和了蛋白质表面的电荷,蛋白质分子相互碰撞,发生聚集而沉淀出来,这样就出现了盐析现象。由于各种蛋白质盐析出来所需的盐浓度各异,因此通过控制盐的浓度,可以使蛋白质混合液中各个成分分步盐析出来,达到分离蛋白质的目的。盐析所需的最小盐称为盐析浓度。

盐析中运用最广的盐是硫酸铵。这是因为硫酸铵有许多其他盐所不具备的优点:在水中化学性质稳定,溶解度大,价廉易得,性质温和,即使浓度很高也不会影响蛋白质的生物活性。现在所指的盐析法实际上多为硫酸铵盐析法。

三、实训器材、试剂、材料

（1）器材:离心机,电子天平,实训室常用玻璃器皿。

（2）试剂:固体硫酸铵,生理盐水。

（3）材料：小牛血清。

四、实训操作步骤

（1）在小烧杯中加入 5 mL 小牛血清和 5 mL 生理盐水，混合均匀。称取一定量的固体硫酸铵，慢慢加入，边加边搅拌，使得溶液硫酸铵饱和度为 50%，加完后 4 ℃下放置 20～30 min，使之充分盐析，然后以 3000 r/min 离心 15 min，弃上清液。上清液中主要是纤维蛋白原，沉淀主要为清蛋白、球蛋白。

（2）将所得沉淀再溶于 10 mL 生理盐水中，慢慢加入一定量固体硫酸铵，边加边搅拌，使得溶液的硫酸铵饱和度达到 33%，加完后 4 ℃下放置 20～30 min，使之充分盐析。然后以 3500 r/min 离心 15 min，清蛋白在上清液中，沉淀为球蛋白。弃去上清液，即可获得粗制的 IgG 沉淀。

（3）为了进一步纯化 IgG，操作步骤（2）可重复 1～2 次。

五、结果与讨论

称量所得 IgG 沉淀的量（mg），计算出每 100 mL 小牛血清中 IgG 的含量。

六、温馨提示

（1）操作过程中，加入固体硫酸铵的量可参考表 1-5-4 计算，在低温、搅拌条件下，缓慢加入。

（2）盐析操作时，边加固体硫酸铵边搅拌，搅拌时不要过急，以免产生过多泡沫，致使蛋白质变性。

（3）离心操作时，要严格按离心机的操作规程操作。

七、思考训练

（1）硫酸铵盐析的影响因素有哪些？

（2）采用盐析方法提取的 IgG 粗品含有硫酸铵，故后续精制还要进行脱盐处理，有哪些方法可以脱盐？

（3）比较硫酸铵沉淀法与其他沉淀法的优缺点。

实训 9　牛乳中酪蛋白和乳蛋白素粗品的制备

一、实训目的

（1）通过本实训掌握盐析法和等电点沉淀法的原理和基本操作。

（2）掌握酪蛋白和乳蛋白素粗品的制备方法。

二、实训原理

乳蛋白素（α-lactalbumin）广泛存在于乳品中，是乳糖合成所需要的重要蛋白质。牛乳中主要的蛋白质是酪蛋白（casein），酪蛋白在 pH 值为 4.6 左右会沉淀析出。而乳蛋白素在 pH 值为 3.0 左右才会沉淀析出。利用这一性质，可先将 pH 值降至 4.6，或是在加热至 40 ℃的牛乳中加硫酸钠，将酪蛋白沉淀出来。酪蛋白不溶于乙醇，这个性质被用于从酪蛋白粗制剂中除去脂类杂质。将去除掉酪蛋白的滤液 pH 值调至 3.0 左右，能使乳蛋白素沉淀析出，部分杂质可随澄清液除去。再经过一次等电点沉淀后，即可得到粗乳蛋白素。

三、实训器材、试剂、材料

（1）器材：烧杯（250 mL、100 mL、50 mL），玻璃试管（10 mm×100 mm），离心管（50 mL），磁力搅拌器，pH 计，离心机，布氏漏斗，滤纸，pH 试纸。

（2）试剂：无水硫酸钠，0.1 mol/L 盐酸，0.1 mol/L NaOH 溶液，0.2 mol/L 乙酸-乙酸钠缓冲液（pH 值为 4.6），乙醇，0.05 mol/L NH_4HCO_3 溶液。

（3）材料：脱脂或低脂奶粉。

四、实训操作步骤

1. 盐析法或等电点沉淀法制备酪蛋白

（1）将 25 g 脱脂奶粉倒入 250 mL 烧杯中配成 50 mL 溶液，于 40 ℃水浴中加热并搅拌。

（2）在搅拌下缓慢加入 10 g 无水硫酸钠（约 10 min 内分次加入），之后再继续搅拌 10 min（或者加热至 40 ℃，再边搅拌边慢慢加入 50 mL 40 ℃左右的乙酸-乙酸钠缓冲液，直至 pH 值为 4.6 左右，可用 pH 计调节。将上述悬浮液冷却至室温，然后静置 5 min）。

（3）将溶液用细布过滤，分别收集沉淀和滤液，将上述沉淀悬浮于 30 mL 乙醇中，倾于布氏漏斗中，过滤除去乙醇溶液，抽干。将沉淀从布氏漏斗中移出，在表面皿上摊开以除去乙醇，干燥后得到酪蛋白。然后准确称其质量。

2. 等电点沉淀法制备乳蛋白素

（1）将以上步骤所得滤液置于 100 mL 烧杯中，一边搅拌一边利用 pH 计以浓盐酸调整 pH 值至 3.0±0.1。

（2）6000 r/min 离心 15 min，倒掉上清液。

（3）在离心管中加入 10 mL 去离子水，振荡，使管内下层物重新悬浮，用 0.1 mol/L NaOH 溶液调整 pH 值至 8.5～9.0（用 pH 试纸或 pH 计来判定），此时大部分蛋白质会溶解。

（4）6000 r/min 离心 10 min，将上清液倒入 50 mL 烧杯中。

（5）将烧杯置于磁力搅拌器上，一边搅拌一边用 0.1 mol/L 盐酸调整 pH 值至 3.0±0.1（用 pH 计来判定）。

（6）6000 r/min 离心 10 min，倒掉上清液。取出沉淀干燥，并准确称其质量。

五、结果与讨论

（1）计算出每 100 g 奶粉中所制备出的酪蛋白的量，并与理论产量（3.5%）相比较，求出实际得率。

（2）计算出每 100 g 奶粉中所制备出的乳蛋白素的量。

六、温馨提示

（1）同一种蛋白质在不同的条件下，等电点不同。在盐溶液中，蛋白质若结合较多的阳离子，则等电点的 pH 值升高。因为结合阳离子后，正电荷相对增多，只有 pH 值升高才能达到等电点状态，如胰岛素在水溶液中的等电点为 5.3，在含一定浓锌盐的水-丙酮溶液中的等电点为 6.0；如果改变锌盐的浓度，等电点也会改变。蛋白质若结合较多的阴离子（如 Cl^-、SO_4^{2-} 等），则等电点移向较低的 pH 值，因为负电荷相对增多了，只有降低 pH 值才能达到等电点状态。

（2）调节 pH 值的操作过程中尽可能避免直接用强酸或强碱调节 pH 值，以免局部过酸或过碱，而引起目标蛋白质或酶的变性。

（3）调节 pH 值所用的酸或碱应与原溶液中的盐或即将加入的盐相适应。例如：当溶液中含硫酸铵时，可用硫酸或氨水调节 pH 值；当原溶液含有氯化钠时，可用盐酸或氢氧化钠调节 pH 值。总之，应以尽量不增加新物质为原则。

七、思考训练

讨论影响得率的因素。

实训 10 　离子交换树脂的预处理及交换容量的测定

一、实训目的

（1）通过实训，加深对离子交换树脂的重要性能之一———总交换容量的认识。

（2）掌握离子交换树脂的作用原理。

（3）学会离子交换树脂的预处理方法。

（4）熟悉静态法、动态法测定离子交换树脂总交换容量的操作方法。

二、实训原理

交换容量是离子交换树脂质量的重要标志，本实训测定的是离子交换树脂的总交换容量，也叫最大或极限交换容量，用 Q 表示，它是指单位质量干树脂或者单位体积湿树脂所能吸附的一价离子的物质的量（mmol），单位为 mmol/g 或 mmol/mL。

离子交换树脂总交换容量最简单的测定方法是酸碱滴定法。氢型阳离子交换树脂如

732 系(001×7),与碱作用时生成水,为不可逆反应,故可用静态法测定总交换容量。

$$RH + NaOH \longrightarrow RNa + H_2O$$

用 HCl 标准溶液滴定剩余 NaOH 含量来测定总交换容量。

对于阴离子交换树脂如 717 系(201×7),因为羟型阴离子交换树脂在高温下易分解,故测定不准确,且当用水洗涤时,羟型树脂要吸附 CO_2 而使部分树脂成为碳酸型,不能采用类似的方法测定,宜采用动态法测定树脂总交换容量。

应用氯型树脂:　　　$R(-NHCl)_2 + Na_2SO_4 \longrightarrow R(-NH)_2SO_4 + 2NaCl$

首先用足量的盐酸处理成氯型,然后采用 Na_2SO_4 洗脱,最后用 $AgNO_3$ 标准溶液滴定流出液中 Cl^- 含量而测定其总交换容量。

三、实训器材、试剂、材料

(1) 器材:恒流泵,层析柱,滴定管,电子天平,烘箱,容量瓶,吸量管,三角瓶。

(2) 试剂:5% NaOH 溶液,5% HCl 溶液,0.1 mol/L NaCl 标准溶液,1 mol/L HCl 标准溶液,1 mol/L Na_2SO_4 溶液,甲基橙指示剂,K_2CrO_4 指示剂,蒸馏水,717 阴离子交换树脂,732 阳离子交换树脂,0.1 mol/L $AgNO_3$ 标准溶液,NaCl。

四、实训操作步骤

1. 离子交换树脂预处理

两种树脂先使用 NaCl 饱和溶液处理,取其量约等于被处理树脂体积的两倍,将树脂置于 NaCl 饱和溶液中浸泡 18～20 h,然后放尽 NaCl 溶液,用清水漂洗净,使排出水不带黄色。

732 阳离子交换树脂再用 2%～4% NaOH 溶液处理,其量与上相同,在其中浸泡 2～4 h(或小流量清洗),放尽碱液后,冲洗树脂,直至排出水接近中性为止;最后用 5% HCl 溶液处理,其量亦与上述相同,浸泡 4～8 h,放尽酸液,用清水漂洗至中性待用。

717 阴离子交换树脂再用 5% HCl 溶液处理,其量与上相同,在其中浸泡 2～4 h(或小流量清洗),放尽酸液后,冲洗树脂,直至排出水接近中性为止;最后用 2%～4% NaOH 溶液处理,其量亦与上述相同,浸泡 4～8 h,放尽碱液,用清水漂洗至中性待用。

2. 静态法测定 732 阳离子交换树脂总交换容量

(1) 精确称取处理好并抽干的氢型 732 阳离子交换树脂 1 g,105 ℃ 下烘干至恒重。

(2) 另取处理好的树脂 1 g 放入三角瓶中。吸取 50 mL 0.1 mol/L NaOH 标准溶液加入树脂中,放置 24 h,要求树脂全部浸入溶液中。然后用吸量管分别取出 10 mL,放入三个三角瓶中,以甲基橙作指示剂,用 0.1 mol/L HCl 标准溶液滴定溶液,由无色变为红色为滴定终点,取三次滴定的平均值。

3. 动态法测定 717 阴离子交换树脂总交换容量

(1) 精确称取处理好并抽干的氯型 717 阴离子交换树脂 1 g,105 ℃ 下烘干至恒重,计算含水率(w)。

(2) 另取 1 g 树脂,加水装入柱中,注意装柱时不应使树脂层中有气泡存在。然后通入 1 mol/L Na_2SO_4 溶液进行交换,用 250 mL 容量瓶收集流出液,流速约为 250 mL/h,液面至标线为止。吸取流出液 25 mL,用 0.1 mol/L AgNO₃溶液滴定,以 K₂CrO₄ 为指示剂,溶液由淡黄色变为红色为滴定终点,取三次滴定的平均值。

五、结果与讨论

1. 静态法测定 732 阳离子交换树脂总交换容量

含水率(w)计算公式:

$$w = \frac{m_1 - m_2}{m_1} \times 100\%$$

式中:m_1——烘干前树脂量,g;

m_2——烘干后树脂量,g。

732 阳离子交换树脂总交换容量计算公式:

$$总交换容量(mmol/g(干树脂)) = \frac{50c_1 - 5c_2 V_2}{m(1-w)}$$

式中:m——湿树脂总量,g;

w——树脂含水率;

c_1——NaOH 标准溶液的浓度,mol/L;

50——NaOH 标准溶液的体积,mL;

c_2——HCl 标准溶液的浓度,mol/L;

V_2——HCl 标准溶液的滴定体积,mL。

2. 动态法测定 717 阴离子交换树脂总交换容量

含水率的计算同静态法。

717 阴离子交换树脂总交换容量计算公式:

$$总交换容量(mmol/g(干树脂)) = \frac{10cV}{m(1-w)}$$

式中:V——滴定用 AgNO₃ 体积,mL;

c——AgNO₃的浓度,mol/L;

m——湿树脂重,g;

w——树脂含水率。

六、温馨提示

(1)静态法测定时,不要将树脂吸入三角瓶中。

(2)湿法装柱时,液体不能流干,柱中不能产生气泡,保证柱子在洗脱时的流畅性和完全性。

(3)滴定所用三角瓶要用去离子水洗一洗,不能有离子,以免影响滴定结果。

(4)洗脱过程中保持流速为 2 mL/min,不可过快,不然洗脱不完全,实训数据存在误差。

七、思考训练

(1)什么是离子交换树脂的总交换容量?静态法和动态法测定总交换容量的原理分

别是什么?

(2) 为什么树脂层不能留有气泡? 若有气泡,如何处理?

(3) 怎样装柱? 装柱时应注意什么问题?

实训 11 离子交换色谱分离氨基酸

一、实训目的

(1) 熟悉离子交换色谱技术的基本原理和方法。

(2) 熟悉离子交换色谱分离氨基酸的基本原理和操作。

二、实训原理

氨基酸是两性电解质,有一定的等电点,在溶液 pH 值小于其 pI 值时带正电,大于其 pI 值时带负电。故在一定的 pH 值条件下,各种氨基酸的带电情况不同,与离子交换剂上的交换基团的亲和力亦不同,因而得到分离。

本实训选用 732 阳离子交换剂,它是含磺酸基团的强酸型阳离子交换剂,分离的样品为 Asp、Gly、His 三种氨基酸的混合液。这三种氨基酸分别属于酸性氨基酸、中性氨基酸和碱性氨基酸,它们在 pH 值为 4.2 的缓冲液中分别带负电荷和不同量的正电荷,与 732 阳离子交换剂的磺酸基团之间的亲和力不同,因此被洗脱下来的顺序亦不同,可以将三种不同的氨基酸分离开来,将各收集管分别用茚三酮显色鉴定。

三、实训器材、试剂

1. 器材

722 型分光光度计,色谱柱(0.8 cm×18 cm),试管及试管架,恒流泵。

2. 试剂

(1) 氢氧化钠,盐酸。

(2) 氨基酸混合液:取 Gly、Asp、His 各 10 mg,溶于 30 mL 0.06 mol/L pH 值为 4.2 的柠檬酸钠缓冲液中。

(3) 0.06 mol/L pH 值为 4.2 的柠檬酸钠缓冲液:取柠檬酸三钠 98.0 g,溶于蒸馏水中,再加入 42 mL 12 mol/L 盐酸和 6 mL 80% 苯酚溶液(现用可不加苯酚)最终加蒸馏水至 5000 mL,用 pH 计调节溶液 pH 值至 4.2。

(4) 茚三酮显色液:称取 0.2 g 茚三酮,溶于 100 mL 乙醇,或溶于 100 mL 正丁醇与 3 mL 乙酸。

(5) 732 阳离子交换剂的处理:用蒸馏水充分浸泡后,沥干,用乙醇浸泡数小时,再用蒸馏水洗至无味,换 2 mol/L NaOH 溶液浸泡 2 h,用蒸馏水洗至中性,再用 2 mol/L 盐酸浸泡 2 h,用蒸馏水洗至中性,最后用 pH 值为 4.2 的柠檬酸钠缓冲液浸泡备用。

四、实训操作步骤

1. 装柱前准备

用流水冲洗色谱柱,然后用蒸馏水冲洗,柱流水口装上橡皮管,放入 2～3 mL 蒸馏水,按压橡皮管内气泡,抬高流出管,防止蒸馏水排空。

2. 装柱

将处理好的离子交换树脂小心倒入色谱柱内,待树脂自然下沉至柱下部时,打开下端放出液体,再慢慢加入树脂悬液至树脂沉积面离色谱柱上缘约 3 cm 时停止。装柱时注意防止液面低于交换树脂平面以及气泡的产生。

3. 平衡

用 pH 值为 4.2 的柠檬酸钠缓冲液反复加在柱床上面,平衡 10 min,最后接通蠕动泵,调节流速为 1 mL/min。

4. 加样

柱内缓冲液的液面与树脂平面相平(但勿使树脂露出液面),马上用乳头滴管加 0.2 mL 样品在树脂平面上(注意不能使树脂平面破坏),然后加少量缓冲液使样品进入柱内,反复两次。当样品完全进入树脂床后,接通蠕动泵,用 pH 值为 4.2 的柠檬酸钠缓冲液洗脱,用部分收集器收集。

5. 收集与检测

取 12 支试管编号,每管即加入茚三酮显色液 20 滴,依次收集洗脱液,每管 2 mL,混匀,置于沸水浴中,15 min 后取出,观察颜色,用自来水冷却后在 570 mm 波长处比色。当收集至第二洗脱峰刚出现时(茚三酮显色),即换用 0.1 mol/L NaOH 溶液洗脱,直至第三洗脱峰出现后,停止洗脱。

6. 树脂的再生

将树脂倒入烧杯中,用蒸馏水漂洗至中性,用 2 mol/L 盐酸漂洗至强酸性(pH 值为 1.0 左右),然后用蒸馏水洗至中性。

7. 洗脱曲线的绘制

以吸光度为纵坐标,洗脱体积为横坐标,绘制洗脱曲线。

五、结果与讨论

分析洗脱曲线,讨论组分分离情况和实训注意点。

六、温馨提示

1. 色谱柱

离子交换色谱要根据分离的样品量选择合适的色谱柱,离子交换用的色谱柱一般粗而短,不宜过长。直径和柱长比一般为 1：(10～50),色谱柱安装要垂直。装柱时要均匀平整,不能有气泡。

2. 平衡缓冲液

平衡缓冲液是指装柱后及上样后用于平衡离子交换柱的缓冲液。平衡缓冲液的离子强度和 pH 值的选择首先要保证各个待分离物质如蛋白质的稳定。其次是要使各个待分离物质与离子交换填料有适当的结合,并尽量使待分离样品和杂质与离子交换填料的结合有较大的差别。一般是使待分离样品与离子交换填料有较稳定的结合,而尽量使杂质不与离子交换填料结合或结合不稳定。在一些情况下(如污水处理),可以使杂质与离子交换填料牢固地结合,而样品与离子交换填料结合不稳定,以达到分离的目的。

另外,注意平衡缓冲液中不能有与离子交换填料结合力强的离子,否则会大大降低交换容量,影响分离效果。选择合适的平衡缓冲液,就可以直接去除大量的杂质,并使得后面的洗脱有很好的效果。如果平衡缓冲液选择不合适,可能对后面的洗脱带来困难,无法得到好的分离效果。

3. 上样

离子交换色谱上样时应注意样品液的离子强度和 pH 值,上样量也不宜过大,一般为柱床体积的 1%～5%,以使样品能吸附在色谱柱的上层,得到较好的分离效果。

4. 洗脱缓冲液

在离子交换色谱中一般用梯度洗脱,通常有改变离子强度和改变 pH 值两种方式。改变离子强度通常是在洗脱过程中逐步增大离子强度,从而使与离子交换填料结合的各个组分被洗脱下来;改变 pH 值的洗脱,对于阳离子交换填料一般是 pH 值从低到高洗脱,对于阴离子交换填料一般是 pH 值从高到低洗脱。由于 pH 值可能对蛋白质的稳定性有较大的影响,故一般采用改变离子强度的梯度洗脱。梯度洗脱有线性梯度、凹形梯度、凸形梯度以及分级梯度等洗脱方式。一般线性梯度洗脱分离效果较好,故通常采用线性梯度进行洗脱。

洗脱液的选择首先也是要保证在整个洗脱液梯度范围内,所有待分离组分都是稳定的。其次是要使结合在离子交换填料上的所有待分离组分在洗脱液梯度范围内都能够被洗脱下来。另外,可以使梯度范围尽量小一些,以提高分辨率。

5. 洗脱速率

洗脱液的流速也会影响离子交换色谱的分离效果,洗脱速率通常要保持恒定。一般来说,洗脱速率慢的比快的分辨率要好,但洗脱速率过慢会带来分离时间长、样品扩散、谱峰变宽、分辨率降低等副作用,所以要根据实际情况选择合适的洗脱速率。如果洗脱峰相对集中在某个区域造成重叠,则应适当缩小梯度范围或降低洗脱速率来提高分辨率。如果分辨率较好,但洗脱峰过宽,则可适当提高洗脱速率。

6. 样品的浓缩、脱盐

离子交换色谱得到的样品往往盐浓度较高,而且体积较大,样品浓度较低。所以一般离子交换色谱得到的样品要进行浓缩、脱盐处理。

七、思考训练

(1) 为什么混合氨基酸能够从阳离子交换树脂上逐个被洗脱下来?

(2) 阴离子交换剂、阳离子交换剂如何选择?

(3) 离子交换树脂如何保存?

实训 12　超滤法浓缩真菌多糖

一、实训目的

（1）了解超滤的工作原理。

（2）熟练掌握超滤设备的使用和维护。

（3）利用超滤设备对真菌多糖进行初步纯化。

二、实训原理

超滤是一种膜分离技术，利用压力活性膜，在外界推动力作用下截留水中胶体、颗粒和相对分子质量相对较大的物质，而水和小的溶质颗粒透过膜的分离过程。通过膜表面的微孔可截留相对分子质量为 $1×10^3 ～ 1×10^4$ 的物质。具有活性的真菌多糖相对分子质量一般为 $1×10^4 ～ 2×10^5$，透过膜之后就会被截留下来。

在超滤的过程中，由于被截留的杂质在膜表面上不断积累，会产生浓差极化现象。为此，需通过试验进行研究，以确定最佳的工艺和运行条件，最大限度地减轻浓差极化的影响，使超滤成为一种可靠的反渗透预处理方法。

三、实训器材、试剂、材料

（1）器材：中空纤维超滤器（100 K、5 K，外流型）以及超滤膜组件，BS-100A 型自动部分收集器，蠕动泵。

（2）试剂：反渗透纯净水，微滤的去离子水，Sevage 试剂（正丁醇与氯仿体积比为1：5）等。

（3）材料：香菇干品。

四、实训操作步骤

1. 提取液收集

香菇真菌菌丝体经捣碎后于 80 ℃水浴提取，过滤，滤液于 80 ℃浓缩至原体积的1/3，再经 Sevage 法去蛋白得到提取液。

2. 超滤系统的安装

（1）用经过微滤的洁净水（去离子水、反渗透用水）冲洗超滤设备夹具、垫片、微滤膜、料液贮罐及附属管道。

（2）按照分离组分的相对分子质量范围选择适合截留相对分子质量的超滤膜，本实训采用的是 100 K 中空纤维超滤器、5 K 中空纤维超滤器。

（3）按贮料罐—蠕动泵—微滤膜—超滤膜的顺序用管道连接好超滤系统。

3. 超滤系统的清洗

超滤系统在过滤操作前用纯净水冲洗干净以备用。

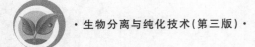

4．透析过程

保持料液进口压力为 0.2 MPa，保留液出口压力为 0.05 MPa，超滤温度为 35 ℃，料液流过膜表面的速度为 5～6 L/(min·m²)。当料液罐中料液体积在 1 L 左右时，向料液罐中加入纯净水进行透析，注意加水的速度与透过液速度相等。透析 2 h 后，转入浓缩操作阶段。

5．浓缩过程

浓缩前，料液应经过 10 μm 以内的微滤膜过滤处理。浓缩时，采用 5 K 中空纤维超滤器和超滤膜。保持料液进口压力为 0.2 MPa，保留液出口压力为 0.05 MPa，超滤温度为 35 ℃，料液流过膜表面的速度为 5～6 L/(min·m²)。浓缩至原体积的 1/4～1/3 时，停止浓缩，排尽系统浓缩液，该浓缩液即为真菌多糖的浓缩液。

6．清洗

超滤结束后，用经过微滤的洁净水对系统进行冲洗，同时保存超滤膜。

五、结果与讨论

将结果记录于表 2-12-1 中。

表 2-12-1　超滤记录表

	真菌多糖提取液	真菌多糖浓缩液
体积/L		

计算真菌多糖的回收率。

六、温馨提示

(1) 超滤系统在过滤操作前后、清洗前后、消毒后和去热原后都需要冲洗，以除去残留液或化学试剂。

(2) 每次操作完之后都要对超滤膜进行清洗，清洗过程可参见相关教材，也要对膜进行保存。

(3) 在操作的过程中，要对操作条件进行多次优化，得到最佳的操作条件。

七、思考训练

如何避免在操作的过程中出现浓差极化现象？

实训 13　亲和色谱分离 GST 蛋白

一、实训目的

(1) 知道亲和色谱分离的基本原理。

(2) 掌握亲和色谱的基本操作方法。

二、实训原理

亲和色谱是利用生物体内存在的特异性相互作用的分子对而设计的色谱方法。生物体内相互作用的分子对有酶-底物,抗原-抗体,激素-受体,糖蛋白-凝集素,生物素-生物素结合蛋白等。将特异性相互作用的分子对中一种分子用化学方法固定到亲水性多孔固体基质上,装入色谱柱,用含一定的 pH 值和离子强度的缓冲液对柱子进行平衡,之后将样品溶解在缓冲液中,上柱进行亲和吸附,然后用缓冲液淋洗色谱柱,除去未结合的杂蛋白,最后用适当的洗脱液洗脱,得到纯化的目标蛋白质。此法具有高效、快速、简便等优点。在大肠杆菌中表达的 GST 融合蛋白可以与谷胱甘肽琼脂糖特异性结合,采用亲和色谱,通过不同浓度的谷胱甘肽洗脱,以达到纯化的目的。

三、实训器材、试剂、材料

1. 器材

色谱柱(20 mm×100 mm),烧杯(100 mL),试管及试管架,30 mL 注射器,贮液瓶(500 mL),蛋白质电泳仪,紫外-可见分光光度计,铁架台,铁夹,微孔滤膜。

2. 试剂

(1) PBS 缓冲液:称取 8.7 g NaCl,0.2 g KCl,5.73 g Na_2HPO_4,0.62 g NaH_2PO_4,溶于 1000 mL 水中,pH 7.4。

(2) 洗脱液:10 mL 还原型谷胱甘肽,50 mmol/L Tris-HCl,pH 8.0。

(3) 谷胱甘肽琼脂糖。

3. 材料

大肠杆菌表达的 GST 融合蛋白细胞破碎提取液。

四、实训操作步骤

1. 装柱

垂直固定色谱柱,将 6 mL 谷胱甘肽琼脂糖装入色谱柱中。装柱时环境温度应与应用时环境温度一致,否则已装好的介质会有气泡产生。

2. 平衡

取 30 mL PBS 缓冲液输送至色谱柱,使介质充分平衡。

3. 上样

上样前用微孔滤膜过滤提取液以除去颗粒性杂质。然后将 10 mL 含 GST 融合蛋白细胞的破碎提取液(浓度小于 10 mg/mL)用注射器吸出并加入色谱柱中,流速依据样品浓度而定,并收集穿透液。

4. 淋洗

样品流完后,再用 10 mL PBS 缓冲液淋洗色谱柱,除去残留的杂质,并收集清洗液。

5. 洗脱

用 20 mL 洗脱液洗脱色谱柱,收集洗脱下来的液体。

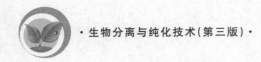

6. 检测

采用紫外-可见分光光度法,测定 GST 融合蛋白细胞破碎提取液、穿透液、清洗液、洗脱液中蛋白质的浓度,确定分离效果。

五、结果与讨论

采用紫外-可见分光光度法测定色谱前后蛋白质的浓度,将结果记录于表 2-13-1 中。

表 2-13-1 色谱前后蛋白质浓度

	GST 融合蛋白细胞破碎提取液	穿透液	清洗液	洗脱液
蛋白质浓度/(mg/mL)				

六、温馨提示

（1）在装柱时,介质装填要均匀,不能有气泡产生,表面应平整。

（2）样品液的浓度不易过高,上样时流速应比较慢,以保证样品和亲和吸附剂有充分的接触时间进行吸附。

（3）上样时可以选择较低的温度,使待分离的物质与配体有较大的亲和力,能够充分结合;洗脱过程可以选择较高的温度,使待分离的物质与配体的亲和力下降,以便于将待分离的物质从配体上洗脱下来。

（4）色谱柱使用完成之后,要进行清洗。根据亲和介质的稳定性,可选用低浓度酸或碱,清洗剂的选择需经试验确定。

七、思考训练

（1）在用亲和色谱分离的过程中,用缓冲液淋洗色谱柱的作用是什么?

（2）亲和色谱的分离原理是什么?

实训 14   乳清蛋白脱盐(凝胶色谱法)

一、实训目的

（1）了解凝胶色谱的工作原理。

（2）熟练掌握凝胶色谱柱的装柱技术。

（3）利用凝胶色谱技术对乳清蛋白进行脱盐操作。

二、实训原理

凝胶色谱是 20 世纪 60 年代发展起来的一种色谱技术。其基本原理是利用被分离物质分子大小不同及固定相(凝胶)具有分子筛的特点,将被分离物质各成分按分子大小分开,达到分离目的的方法。

凝胶是由胶体粒子构成的立体网状结构。网眼里吸满水后凝胶膨胀而呈柔软而富于弹性的半固体状态。人工合成的凝胶网眼较均匀地分布在凝胶颗粒上,有如筛眼,小于筛眼的物质分子均可通过,大于筛眼的物质分子则不能,故称为"分子筛"。凝胶之所以能将不同分子的物质分开,是因为当被分离物质的各成分通过凝胶时,小于筛眼的分子将完全渗入凝胶网眼,并随着流动相的移动沿凝胶网眼孔道移动,从一个颗粒的网眼流出,又进入另一个颗粒的网眼,如此连续下去,直到流过整个凝胶柱为止,因而流程长、阻力大、流速慢,最后流出;大于筛眼的分子则完全被筛眼排阻而不能进入凝胶网眼,只能随流动相沿凝胶颗粒的间隙流动,其流程短、阻力小、流速快,比小分子先流出色谱柱。分子大小介于完全排阻不能进入或完全渗入凝胶筛眼之间的物质分子,则居中流出。这样被分离物质即被按分子的大小分开。

凡盐析所获得的粗制蛋白质中均含有硫酸铵等盐类,这些盐将影响以后的纯化,所以纯化前均应除去,此过程称为脱盐。脱盐常用透析法和凝胶过滤法,这两种方法各有利弊。前者的优点是透析后样品终体积较小,但所需时间较长,且盐不易除尽;凝胶色谱法则能将盐除尽,所需时间也短,但其凝胶过滤后样品体积较大。

三、实训器材、试剂、材料

1. 器材

色谱柱(1.5 cm×50 cm),锥形瓶,量筒,黑、白比色瓷盘,试管及试管架,三角瓶。

2. 试剂

(1) 奈斯勒(Nessler)试剂:于500 mL锥形瓶内加入碘化钾150 g、碘110 g、汞150 g及蒸馏水100 mL。用力振荡7～15 min,至碘的棕色开始转变时,混合液温度升高,将此瓶浸于冷水内继续振荡,直到棕色的碘转变为带绿色的碘化钾汞液为止。将上清液倾入2000 mL量筒内,加蒸馏水至2000 mL,混匀备用。

(2) 磺基水杨酸溶液:磺基水杨酸质量分数为20%。

(3) 磷酸盐缓冲液:0.0175 mol/L,pH 6.7。

3. 材料

乳清蛋白粗品、Sephadex G-25。

四、实训操作步骤

(1) 取色谱柱1根(1.5 cm×20 cm),垂直固定在支架上,关闭下端出口。将已经溶胀好的Sephadex G-25中的水倾倒出去,加入2倍体积的0.0175 mol/L pH 6.7的磷酸盐缓冲液,并搅拌成悬浮液,然后灌注到柱中,打开柱下端的出口,继续加入搅匀的Sephadex G-25,使凝胶自然沉降高度为17 cm左右,关闭出口。待凝胶柱形成后,在洗脱瓶中加入0.0175 mol/L pH 6.7的磷酸盐缓冲液,以3倍柱体积的磷酸盐缓冲液流过凝胶柱,以平衡凝胶。

(2) 凝胶平衡后,用滴管除去凝胶柱面的溶液,将盐析所得的全部乳清蛋白样品加到凝胶柱表面,打开柱下口,控制流速,让乳清蛋白样品溶液慢慢浸入凝胶内。凝胶柱面上

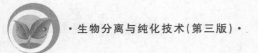

加一层 0.0175 mol/L pH 6.7 的磷酸盐缓冲液,并用此缓冲液洗脱,控制流速为 0.5 mL/min左右。用试管收集洗脱液,每管 10 滴。

（3）在开始收集洗脱液的同时,检查蛋白质是否已开始流出。为此,由每支收集管中取出 1 滴溶液,置于黑色比色瓷盘中,加入 1 滴 20‰磺基水杨酸溶液,若呈现白色絮状沉淀即证明已有蛋白质出现,直到检查不出白色沉淀时,停止收集洗脱液。

（4）由经检查含有蛋白质的每管中,取 1 滴溶液,放置在白色比色瓷盘孔中,加入 1 滴奈斯勒试剂,若呈现棕黄色沉淀,说明它含有硫酸铵。合并检查后不含硫酸铵的各管收集液,即为脱盐后的乳清蛋白。

五、结果与讨论

将实训结果记录于表 2-14-1 中,并计算回收率。

表 2-14-1　凝胶色谱纯化乳清蛋白实训记录表

	乳清蛋白粗品	回收乳清蛋白纯品
体积/mL		

六、温馨提示

（1）凝胶的选择:首先要选择合适的凝胶。如果凝胶用于脱盐,则可选择型号较小的凝胶(如 G-10、G-15、G-25);如果用于色谱分离法,则可根据商品资料中所列分离范围选择。

（2）注意:在检测时,用胶头滴管吸取管中溶液后应及时洗净,再吸取下一管,以免造成相互污染的假象。

（3）凝胶再生和保养:在洗脱过程中所有成分一般都可被洗脱下来,凝胶可反复使用,无须特殊处理。如短期不用,可加防腐剂(如 0.02‰叠氮化钠等)处理。若长期不用,则可逐步以不同浓度的乙醇浸泡,然后于 60~80 ℃烘干。

七、思考训练

（1）在向凝胶柱中加入样品时,为什么必须保持胶面平整?上样体积为什么不能太大?

（2）为什么在洗脱样品时,流速不能太快或者太慢?

实训 15　分配色谱测定吐根中吐根碱和吐根酚碱

一、实训目的

（1）了解分配色谱的原理。

（2）会用分配色谱测定吐根中吐根碱和吐根酚碱。

二、实训原理

分配色谱利用待分离物质在两相间分配系数的不同,经过多次差别分配而达到分离的目的。容易分配于固定相中的物质移动速度慢,容易分配于流动相中的物质移动速度快,从而使混合组分逐步分离。

三、实训器材、试剂、材料

(1) 器材:三角瓶,色谱柱(长 330 mm、内径 16 mm,两根),分液漏斗,旋转蒸发器,烧杯,滤纸,酸式滴定管。

(2) 试剂:乙醚,氯仿,盐酸,硅钨酸,硫酸,乙醇,氨水,精制硅藻土,氢氧化钠,磷酸盐缓冲液(1 mol/L,pH 值为 6.4),高氯酸,结晶紫。

(3) 材料:吐根药粉。

四、实训操作步骤

1. 样品液的制备

取吐根细粉 10 g,在三角瓶中加乙醚-氯仿(3∶1)混合液 100 mL,振摇 10 min,放置 10 min 后,加氨水 7.5 mL,振摇 2 h,过滤,用乙醚-氯仿(3∶1)混合液提取至生物碱沉淀试剂不呈反应(具体方法是将供试品的 1%～3% 的盐酸液加热,滴加 10% 的硅钨酸溶液,如果生物碱提取完全,则不会产生沉淀),合并提取液,水浴上浓缩到 20 mL 左右。在分液漏斗中用 1 mol/L 硫酸 20 mL 提取,分出氯仿层,再用 0.1 mol/L 硫酸-95% 乙醇(3∶1)混合液连续提取,水层用氯仿 10 mL 洗,此氯仿再用 0.1 mol/L 硫酸 20 mL 洗,弃去氯仿,水层同样再用 5 mL 氯仿洗两次,合并酸液。加氨水至碱性,用氯仿提取,各氯仿提取液用 10 mL 水洗,通过干滤纸滤入 200 mL 烧杯中,在水浴上蒸干,此总碱用乙醚-氯仿(1∶1)混合液溶解至 20 mL,即为供试液。

2. 装柱

利用两根色谱柱(碱性柱和酸性柱)分离生物碱。

碱性柱的制备:精制硅藻土 10 g,加 1 mol/L 氢氧化钠溶液 5 mL,混匀,用醚湿法装入长 330 mm、内径 16 mm 的色谱柱中。

酸性柱的制备:精制硅藻土 15 g,用醚湿法装柱,用 pH 值为 6.4 的 1 mol/L 磷酸盐缓冲液为固定相,连接两柱,碱性柱在上,酸性柱在下。

3. 上样分离

取相当于 20 mg 的生物碱的提取液加到柱上,用乙醚洗脱,流速约为 2 mL/min,将最初流出的 60 mL 洗脱液弃去,继续流出的洗脱液达 30 mL 时,将两柱分开,酚性生物碱留在碱性柱中(成钠盐溶于水相而滞留),酸性柱(含非酚性生物碱)继续用乙醚洗脱,流出的洗脱液至 120 mL 时,换氯仿洗脱。乙醚洗脱液总共收集 30 mL,依次洗出三种非酚性生物碱,推测是吐根碱、O-甲基九节碱和另一种未知生物碱。收集氯仿洗脱液至 100 mL 时(为吐根碱),换另一收集器,再收集 50 mL 洗脱液,最初流出的 20 mL 洗脱液弃去,收集继续流出的洗脱液至 70 mL,换用氯仿-95% 乙醇(5∶1)混合液洗脱,收集洗脱液共 100

mL 时(为吐根酚碱),换另一收集器,继续收集 50 mL(九节碱)。

4. 测定

各洗脱液在水浴上蒸干,残渣用乙酸溶解,用 0.01 mol/L 高氯酸溶液滴定,以结晶紫为指示剂。

五、结果与讨论

(1) 用生物碱的特征显色反应,判定提取物中是否含有吐根碱和吐根酚碱。

(2) 讨论吸附色谱和分配色谱操作的不同点。

六、温馨提示

(1) 提取过程用到挥发性的有机溶剂,应在通风橱中进行。

(2) 装柱时要注意柱的均匀性、无气泡及连续性。

七、思考训练

(1) 试述提取过程中,分别用到乙醚-氯仿混合液和 1 mol/L 硫酸来提取的原理。

(2) 为什么要用到酸性柱和碱性柱?

实训 16　Sephadex G-50 分离蓝色葡聚糖 2000、细胞色素 c 和溴酚蓝

一、实训目的

(1) 通过相对分子质量不同物质的分离过程理解凝胶色谱的原理。

(2) 会进行凝胶色谱的操作。

二、实训原理

凝胶色谱又称为分子排阻色谱或凝胶过滤,是以被分离物质的相对分子质量差异为基础的一种色谱分离技术。这一技术为纯化蛋白质等生物大分子提供了一种非常温和的分离方法。色谱的固定相载体是凝胶颗粒,目前应用较广的是具有各种孔径范围的葡聚糖凝胶(Sephadex)和琼脂糖凝胶(Sepharose)。葡聚糖凝胶是由直链的葡聚糖分子和交联剂 3-氯-1,2-环氧丙烷交联而成的具有多孔网状结构的高分子化合物。凝胶颗粒中网孔的大小可通过调节葡聚糖和交联剂的比例来控制。交联度越大,网孔结构越紧密;交联度越小,网孔结构就越疏松。网孔的大小决定了被分离物质能够自由出入凝胶内部的相对分子质量范围(表 2-16-1)。可分离的相对分子质量范围从几百到几十万不等。葡聚糖凝胶色谱,是使待分离物质通过葡聚糖凝胶色谱柱,各个组分由于相对分子质量不相同,在凝胶柱上受到的阻滞作用不同,而在色谱柱中以不同的速度移动。相对分子质量大于

允许进入凝胶网孔范围上限的物质完全被凝胶排阻,不能进入凝胶颗粒内部,阻滞作用小,随着溶剂在凝胶颗粒之间流动,因此流程短,而先流出色谱柱;相对分子质量小的物质可完全进入凝胶颗粒的网孔内,阻滞作用大,流程延长,而最后从色谱柱中流出。若被分离物质的相对分子质量介于完全排阻和完全进入网孔物质的相对分子质量之间,则在两者之间从柱中流出,由此就可以达到分离的目的。

本实训以 Sephadex G-50 作为固定相载体,来分离蓝色葡聚糖 2000、细胞色素 c 和溴酚蓝。蓝色葡聚糖 2000 相对分子质量接近 2000000、细胞色素 c 相对分子质量约为 13000,而溴酚蓝相对分子质量约为 670,三者相对分子质量相差较大。蓝色葡聚糖 2000 相对分子质量最大,全部被排阻在凝胶颗粒的间隙中,而未进入凝胶颗粒内部,因而洗脱速率最快,最先流出柱。溴酚蓝相对分子质量最小,不被排阻而可完全进入凝胶颗粒内部,洗脱速率最慢,最后流出柱。细胞色素 c 相对分子质量在上述两者之间,其洗脱速率居中。

表 2-16-1　葡聚糖凝胶的型号与溶胀时间、分离范围

型　　号	溶胀时间(20～25 ℃)/h	分离范围(蛋白质,M_r)
G-10	3	约为 700
G-15	3	约为 1500
G-25	3	1000～1500
G-50	3	1500～30000
G-75	24	3000～70000
G-100	72	4000～150000
G-150	72	5000～400000
G-200	72	5000～800000

三、实训器材、试剂

1. 器材

色谱柱(附有一小段乳胶管及螺旋夹),洗脱液瓶(带下口的三角瓶,250 mL),试管及试管架,量筒(10 mL)。

2. 试剂

(1) Tris-乙酸缓冲液(pH 7.0):取 0.01 mol/L Tris 溶液(含 0.1 mol/L KCl)900 mL,用浓乙酸调节 pH 值至 7.0,加蒸馏水至 1000 mL。

(2) 溴酚蓝溶液:称取溴酚蓝 10 mg,溶于 5 mL 乙醇中,充分搅拌使其溶解,然后逐滴加入 Tris-乙酸缓冲液(pH 7.0)至溶液呈深蓝色。

(3) 蓝色葡聚糖 2000 溶液:称取蓝色葡聚糖 2000 10 mg,溶于 2 mL Tris-乙酸缓冲液(pH 7.0)中,即成。

(4) 细胞色素 c:配成 2 mg/mL 溶液。

(5) 葡聚糖凝胶 G-50(Sephadex G-50)。

四、实训操作步骤

(1) 凝胶的准备:称取 Sephadex G-50 约 4 g,置于烧杯中,加蒸馏水适量平衡几次,倾去上浮的细小颗粒,于沸水浴中煮沸 1 h(此为加热法溶胀,如在室温溶胀,需放置3 h),取出,倾去上层液中的细小颗粒,待冷却至室温后再行装柱。

(2) 样品制备:取配制好的蓝色葡聚糖 2000、细胞色素 c 和溴酚蓝溶液各 0.3 mL,混合即可。

(3) 装柱:洗净的色谱柱保持垂直位置,关闭出口,柱内留下约 2.0 mL 洗脱液。一次性将凝胶从塑料接口加入色谱柱内,打开柱底部出口,接通蠕动泵,调节流速为 0.3 mL/min。凝胶随柱内溶液慢慢流下而均匀沉降到色谱柱底部,最后使凝胶床沉降达 20 cm,操作过程中注意不能让凝胶床表面露出液体,以防色谱床内出现"纹路"。在凝胶表面可盖一圆形滤纸,以免加入液体时冲起凝胶。

(4) 加样:用滴管吸去凝胶床面上的溶液,使洗脱液恰好流到床表面,关闭出口,小心把样品(约 0.5 mL)沿壁加于柱内成一薄层。切勿搅动床表面,打开出口使样品溶液渗入凝胶内并开始收集流出液,计量体积。

(5) 洗脱并收集:样品流完后,分三次加入少量洗脱液,洗下柱壁上的样品,最后接通蠕动泵,调节流速为 0.3 mL/min,用部分收集器收集,每管 1 mL。仔细观察样品在色谱柱内的分离现象。用肉眼观察,并以"-""+"符号记录三种物质洗脱液的颜色及深浅程度。

(6) 绘制洗脱曲线:以洗脱体积为横坐标,以洗脱液的颜色及深浅程度(-、+、++、+++)或在 400 nm 或 550 nm 波长处测其吸光度值为纵坐标(相对指示出洗脱液内物质浓度的变化),在坐标纸上作图,即得洗脱曲线。

(7) 凝胶回收处理方法:将样品完全洗脱下来后,继续用三倍柱床体积的洗脱液冲洗凝胶后,将柱下口放在小烧杯中,慢慢打开,再将上口慢慢松开,使凝胶全部回收至小烧杯中,备用。

五、结果与讨论

绘制洗脱曲线,分析洗脱曲线,讨论组分分离情况。

六、温馨提示

(1) 凝胶必须经充分溶胀后才能使用,溶胀的时间根据型号确定。本实训所用 Sephadex G-50,其浸泡时间为 3 h。

(2) 装柱:柱的高度是决定分离效果的重要因素,一般选用细长的柱作凝胶过滤。

(3) 洗脱:在洗脱时,操作压对凝胶过滤至关重要。每种凝胶都有适宜的操作压限制,特别是使用交联度小的葡聚糖凝胶时更要特别注意。

七、思考训练

(1) Sephadex G-50 分离蓝色葡聚糖 2000、细胞色素 c 和溴酚蓝的原理是什么?

(2) 在加样过程中,哪些方面是需要特别注意的地方?

实训 17　高效液相色谱测定葛根素含量

一、实训目的

（1）熟悉高效液相色谱的基本原理。
（2）掌握高效液相色谱仪的基本操作。

二、实训原理

葛根为豆科植物的块根，葛根总黄酮是葛根的有效成分，葛根素是葛根总黄酮中含量最多的黄酮化合物，具有明显扩张冠状血管、改善心肌收缩功能、促进血液循环的作用。一般用高效液相色谱可测其含量。

高效液相色谱是利用物质在两相之间吸附或分配的微小差异达到分离的目的。当两相作相对移动时，被测物质在两相之间进行反复多次的分配，这样使原来微小的差异产生很大的分离效果，达到分离、检测的目的。使用高效液相色谱时，待测样品由流动相带入柱内，通过压力在固定相中移动，由于被测物中不同物质与固定相的相互作用不同，在柱内各成分被分离后，依次进入检测器进行检测得到不同的峰信号，最后通过分析对比这些信号来判断被测物中物质的种类及含量。

三、实训器材、试剂及材料

1. 器材

高效液相色谱仪，电子天平，超声波清洗器，微孔滤膜过滤器及微孔滤膜，容量瓶（1000 mL、100 mL、10 mL），吸量管，量筒，具塞锥形瓶，粉碎机，3 号分子筛。

2. 试剂

超纯水，甲醇（色谱纯），乙醇，葛根素对照品。

3. 材料

葛根药材。

四、实训操作步骤

1. 流动相的准备

取 750 mL 超纯水、250 mL 甲醇（色谱纯），置于 1000 mL 容量瓶中，用 0.45 μm 微孔滤膜过滤，超声波脱气，作为流动相。

2. 对照品溶液的制备

精密称定葛根素对照品约 7.1 mg，置于 10 mL 容量瓶中，用 30% 乙醇溶解并稀释至刻度，摇匀。精密量取 1 mL，置于 10 mL 容量瓶中，加 30% 乙醇稀释至刻度，摇匀，即得对照品溶液（含葛根素 71 μg/mL）。

3. 样品的制备

称取一定量的葛根药材,粉碎,过 3 号分子筛,精密称定约 0.2 g 过筛粉末,置于具塞锥形瓶中,加 30% 乙醇 50 mL,密塞,超声波提取 30 min,过滤,药渣和滤纸用适量 30% 乙醇洗涤,合并滤液,转移至 100 mL 容量瓶中,加 30% 乙醇稀释至刻度,摇匀。经 0.45 μm 微孔滤膜过滤,滤液用于测定。

4. 标准曲线的绘制

精密吸取对照品溶液 1 μL、5 μL、10 μL、15 μL、20 μL,分别用 30% 乙醇稀释至 20 μL,进样,测定峰面积,以峰面积为纵坐标(Y),以对照品含量为横坐标(X),绘制标准曲线。

色谱条件:色谱柱为 Kromasil C$_{18}$ 柱(4.6 mm×250 mm,5 μm);流速为 1.0 mL/min;检测波长为 250 nm;柱温为 30 ℃;进样量为 20 μL。

5. 样品测定

取 20 μL 葛根样品,进样,测定峰面积。

五、结果与讨论

(1) 绘制标准曲线,根据标准曲线计算出葛根药材中葛根素的含量。

(2) 讨论不同配比的流动相对测定结果的影响。

六、温馨提示

(1) 高效液相色谱仪开机准备要充分,注意机器声音是否异常,压力是否过高,流动相是否流空,废液瓶是否已满,基线是否正常等。

(2) 所需玻璃仪器和容器都要用超纯水清洗干净,再用无水乙醇冲洗三次,晾干,冷却后方可使用。

(3) 流动相、标准品及样品都要先脱气,用 0.45 μm 微孔滤膜过滤后再进样。

(4) 实训完毕后,用甲醇冲洗色谱柱及管道 1 h。

七、思考题

(1) 高效液相色谱仪操作过程中要注意哪些问题?

(2) 简述影响分离效果的因素。

实训 18 聚丙烯酰胺凝胶电泳(SDS-PAGE)分离蛋白质

一、实训目的

(1) 了解聚丙烯酰胺凝胶电泳的原理。

(2) 会用聚丙烯酰胺凝胶电泳技术分离蛋白质。

二、实训原理

聚丙烯酰胺凝胶电泳(polyacrylamide gel electrophoresis,PAGE)是以聚丙烯酰胺凝胶作为支持介质进行蛋白质或核酸分离的一种电泳方法。聚丙烯酰胺凝胶是由单体丙烯酰胺(acrylamide,Acr)和交联剂 N,N'-甲叉双丙烯酰胺(N,N'-methylene bisacrylamide,Bis)在催化剂的作用下聚合交联而成的三维网状结构的凝胶。通过改变单体浓度与交联剂的比例,可以得到不同孔径的凝胶,用于分离相对分子质量不同的物质。

聚丙烯酰胺凝胶聚合的催化体系有两种。①化学聚合:催化剂采用过硫酸铵,加速剂为 N,N,N,N-四甲基乙二胺(简称 TEMED)。通常控制这两种溶液的用量,使聚合反应在 1 h 内完成。②光聚合:通常以核黄素为催化剂,通过控制光照时间、强度来控制聚合反应的时间,也可加入 TEMED 加速反应。

聚丙烯酰胺凝胶电泳常分为两大类:第一类为连续的凝胶(仅有分离胶)电泳;第二类为不连续的凝胶(浓缩胶和分离胶)电泳。一般来说,不连续聚丙烯酰胺凝胶电泳有三种效应:①电荷效应(电泳物所带电荷的差异性);②凝胶的分子筛效应(凝胶的网状结构及电泳物的大小、形状不同所致);③浓缩效应(浓缩胶与分离胶中聚丙烯酰胺的浓度及 pH 值的不同,即不连续性所致)。因此,样品分离效果好,分辨率高。

SDS 即十二烷基磺酸钠(sodium dodecyl sulfate,简称 SDS)是阴离子表面活性剂,它能以一定比例和蛋白质结合,形成一种 SDS-蛋白质复合物。这时,蛋白质带有大量的负电荷,并远远超过了其原来的电荷,从而使天然蛋白质分子间的电荷差别降低乃至消除。与此同时,蛋白质在 SDS 作用下结构变得松散,形状趋于一致,所以各种 SDS-蛋白质复合物在电泳时产生的电泳迁移率的差异,仅仅取决于蛋白质的相对分子质量。另外,SDS-蛋白质复合物在强还原剂(巯基乙醇)存在下,蛋白质分子内二硫键被打开,这样分离出的谱带即为蛋白质亚基。当相对分子质量在 15000~200000 时,蛋白质的迁移率和相对分子质量的对数呈线性关系,符合下式:$\lg M_r = K - bX$。式中:M_r 为相对分子质量,X 为迁移率,K、b 均为常数。

本实训采用化学聚合法制胶,进行不连续的凝胶电泳,并用考马斯亮蓝快速染色,以分离和鉴定大肠杆菌菌体或发酵液中纯化的蛋白质产物。

三、实训器材、试剂、材料

1. 器材

电泳仪,垂直板电泳槽,电泳板,微量进样器(50 μL),染色/脱色摇床。

2. 试剂

(1) 30%的凝胶贮备液:取 Acr 30 g、Bis 0.8 g,溶于 100 mL 去离子水中,用 3 号新华滤纸过滤至棕色瓶中,4 ℃ 避光贮存。

(2) 3 mol/L Tris-HCl,pH 8.9:将 Tris 36.6 g、1 mol/L 盐酸 48 mL 混合,加重蒸水至 100 mL。

(3) 0.5 mol/L Tris-HCl,pH 6.8:将 6.05 g Tris 溶于 40 mL 重蒸水中,加 1 mol/L 盐酸 48 mL,加水补至 100 mL。

(4) 5×Tris-甘氨酸电泳缓冲液(pH 8.3):将 Tris 15.1 g、甘氨酸 94 g、SDS 5 g 混合,加水至 1 L(用时稀释 5 倍)。

(5) 10％ SDS:称取 10 g SDS,溶解于 100 mL 去离子水中,贮存于室温下。

(6) TEMED(四甲基乙二胺):浓度 10％,20 mL,4 ℃保存。

(7) 10％ AP(过硫酸铵):10 mL,新鲜配制,分装至 1.5 mL 离心管中,—20 ℃保存待用。

(8) 样品溶解液:内含 1％ SDS,1％巯基乙醇,40％蔗糖或 20％甘油,0.02％溴酚蓝,0.05 mol/L pH 8.0 Tris-HCl 缓冲液。

先配制 0.05 mol/L pH 8.0 Tris-HCl 缓冲液:称取 Tris 0.6 g,加入 50 mL 重蒸水,再加入约 3 mL 1 mol/L 盐酸,调节 pH 值至 8.0,最后用重蒸水定容至 100 mL。

按表 2-18-1 配制样品溶解液。

表 2-18-1　样品溶解液的配制

物质	SDS	巯基乙醇	溴酚蓝	蔗糖	0.05 mol/L Tris-HCl	重蒸水
用量	100 mg	0.1 mL	2 mg	4 g	2 mL	加至总体积为 10 mL

如样品为液体,则应用浓一倍的样品溶解液,然后等体积混合。

(9) 考马斯亮蓝染色液:将 0.05 g 考马斯亮蓝 R250 溶于 25 mL 异丙醇中,加 11 mL 冰乙酸、H_2O 至 110 mL,用滤纸过滤除去不溶物。

(10) 0.1％溴酚蓝指示剂。

(11) 脱色液:75 mL 冰乙酸、50 mL 甲醇、875 mL H_2O。

3. 材料

蛋白质样品。

四、实训操作步骤

1. 胶板模型的安装

在干净的凹形玻璃板的三条边上放好塑料条(有些型号的电泳板已有固定的隔板),然后将另一块玻璃板压上,用夹子夹紧(或装在制板模型中),在两块板之间滴上熔融的 10％琼脂糖凝胶封边。

2. 分离胶的制备

按表 2-18-2 所列配方制备 10 mL 各种浓度的分离胶溶液(可供两块板(11 cm×10 cm)使用)。

表 2-18-2　分离胶溶液配方

	体 积 分 数				
	6％	10％	12％	15％	20％
去离子水体积/mL	5.3	4.0	3.3	2.3	0.6
30％凝胶贮液体积/mL	2.0	3.3	4.0	5.0	6.7
3 mol/L Tris-HCl 体积(pH 8.9)/mL	2.6	2.6	2.6	2.6	2.6

续表

	体 积 分 数				
	6%	10%	12%	15%	20%
10%SDS 体积/mL	0.1	0.1	0.1	0.1	0.1
10%AP 体积/μL	30	30	30	30	30
TEMED 体积/μL	20	10	10	10	10
总体积/mL	10	10	10	10	10

用手轻摇混匀,小心地将混合液注入准备好的玻璃板间隙中,为浓缩胶留足够的空间,轻轻地在顶层加入几毫升去离子水覆盖,以阻止空气中氧对聚合的抑制作用。刚加入水时可看出水与胶液之间有界面,后渐渐消失,不久又出现界面,这表明凝胶已聚合。再静置片刻使聚合完全,整个过程约需 30 min(室温为 25 ℃)。

3. 浓缩胶的制备

先把已聚合好的分离凝胶上层的水吸去,再用滤纸吸干残留的液体。

按表 2-18-3 所列配方制备各种体积的浓缩胶溶液。

表 2-18-3　浓缩胶溶液配方

	体 积 分 数			
	3%	5%	8%	10%
去离子水体积/mL	3.4	4.6	6.5	7.45
30%凝胶液体积/mL	0.5	1.32	2.15	2.55
0.5 mol/L Tris-HCl(pH 6.8)体积/mL	1.05	2.0	1.25	1.85
10%SDS 体积/mL	0.05	0.08	0.1	0.15
10%AP 体积/μL	40	60	100	120
TEMED 体积/μL	10	10	15	20
总体积/mL	5	8	10	12

混合后将其注入分离胶上端,插入梳子,注意避免气泡的出现。

4. 混合

在浓缩胶聚合的同时,将蛋白质样品与 2 份样品缓冲液等体积混合,置于沸水或微量恒温器(100 ℃)中加热 3 min,马上放在冰中冷却待用。

5. 电泳槽固定

浓缩胶聚合完全后,将凝胶模板放入电泳槽上固定好,上、下槽均加入 1 份电泳缓冲液,小心地拔出梳子,用移液器冲洗梳孔,检查有无漏水,并驱除两玻璃板间凝胶底部的气泡。

6. 按次序上样

用微量进样器往凝胶梳孔中加样品混合液,所加样品混合液的体积要根据样品蛋白质浓度而定,一个孔加一个样品,同时用已知相对分子质量的标准蛋白质作对照。

如实训系统中需要分离鉴定的是纯化的 GFP 蛋白,点样样品和次序包括:蛋白 Marker、pUC18 细菌总蛋白、pGFP 未诱导总蛋白、pGFP 加 Glu 及 IPTG 诱导总蛋白、pGFP 加 IPTG 诱导破菌后上清总蛋白、色谱时的穿流峰(杂蛋白)、色谱时的洗涤峰Ⅰ、色谱时的洗涤峰Ⅱ、GFP 对照。

7. 电泳

开始时电场强度为 5～8 V/cm(约 100 V),待染料浓缩成一条线开始进入分离胶后,将电场强度增加到 10～12 V/cm(约 180 V),继续电泳直到染料(溴酚蓝)抵达分离胶底部,断开电源。

8. 剥胶

取下胶板,从底部一侧轻轻撬开玻璃板,用手术刀切去浓缩胶,并切去一个小角作为记号。

9. 固定及染色

取下凝胶放入大培养皿,用考马斯亮蓝染色液染色并固定,最好放在摇床中缓慢旋转 1～2 h。

10. 脱色

先用水洗去染料,再放入脱色液中浸泡,更换脱色液 3～4 次,时间为 4～8 h 或过夜。

11. 密封

将脱色后凝胶中的蛋白质分离色带照相或干燥,也可无限期地用塑料袋封闭在含 20%甘油的水中。

五、结果与讨论

(1) 分析凝胶中蛋白质的分离色带的相对分子质量大小及含量。

(2) 就实训中出现的各种问题进行分析讨论。

六、温馨提示

(1) 丙烯酰胺和 N,N′-甲叉双丙烯酰胺具有神经毒性,因此称量时要戴手套。两者聚合后即无毒性,但为避免接触少量可能未聚合的单体,在配胶和制板过程中都要戴上手套操作。另外,配好的溶液之所以要避光保存,是因为此溶液见光极易脱氨基分解为丙烯酸和双丙烯酸。

(2) 过硫酸铵极易吸潮失效,因此要密闭、干燥、低温保存。配好的 10%过硫酸铵溶液要分装冷藏。

(3) 考马斯亮蓝 R-250(三苯基甲烷)染色:每分子含有两个—SO_3H 基团,偏酸性,结合在蛋白质的碱性基团上。与不同蛋白质结合呈现基本相同的颜色。检测灵敏度为 0.2～0.5 μg。也可用银染色:将蛋白带上的硝酸银还原成金属银,以使银颗粒沉积在蛋白带上。此法比考马斯亮蓝的灵敏度高,但步骤较复杂。

(4) 制备聚丙烯酰胺凝胶时,倒胶后常漏出胶液,那是因为两块玻璃板与塑料条之间没封紧,留有空隙,所以这步要特别留心操作。有些型号的电泳板可在模型中直接安装,免去了封边和拆边的麻烦,还可以同时制备多块凝胶。

(5)过硫酸铵和 TEMED 是催化剂,加入的量要合适,过少则凝胶聚合很慢甚至不聚合,过多则聚合过快,影响倒胶。为避免过快聚合,可将加了催化剂的凝胶先放在冰中。

(6)加热使蛋白质充分变性。

(7)用移液器冲洗梳孔可将孔中的凝胶除去,以免点样孔不平齐或影响蛋白质样品的沉降。

(8)两玻璃板间凝胶底部的大气泡可阻断电流,因此必须除去。

(9)总量一般不超过 $20~\mu L$,如果点样量太多,溢出梳孔,就会污染旁边泳道。要根据样品浓度来加样品溶解液。每点一个样品后换一支吸头或清洗吸头后再点另一个样品。

(10)电泳时间要依据所用电压及待测蛋白质相对分子质量大小而定。

(11)电泳完毕撬板取凝胶时要小心细致,不能在凹形板双耳处撬,也不能用蛮力弄坏玻璃板。

(12)考马斯亮蓝染色液盖过凝胶即可,染色后染色液要回收,可重复使用多次。

(13)脱色过夜可使背景更干净,谱带更清晰。

(14)实训安排:本实训试剂配制和电泳可在一天内完成,各小组要在上午配好试剂并做好胶,中午或下午即可开始电泳。

七、思考训练

(1)在不连续体系 SDS-PAGE 中,当分离胶加完后,需在其上加一层水,为什么?

(2)在不连续体系 SDS-PAGE 中,分离胶与浓缩胶中均含有 TEMED 和过硫酸铵吗?试述其作用。

(3)为什么样品电泳前要高温加热?

实训 19 蛋白质的透析

一、实训目的

(1)了解蛋白质透析的原理。

(2)会进行透析膜透析蛋白质的操作。

(3)会评价蛋白质透析的效果。

二、实训原理

蛋白质是大分子物质,它不能透过透析膜,而小分子物质可以自由透过。

在分离提纯蛋白质的过程中,常利用透析的方法使蛋白质与其中夹杂的小分子物质分开。

三、实训器材、试剂、材料

(1) 器材:透析袋或玻璃纸,烧杯,玻璃棒,电磁搅拌器,试管及试管架。

(2) 试剂:10％硝酸,1％硝酸银溶液,10％氢氧化钠溶液,1％硫酸铜溶液,10 g/L 碳酸钠溶液,1 mmol/L EDTA 溶液,乙醇。

(3) 材料:蛋白质的氯化钠溶液(3 个鸡蛋的蛋清与 700 mL 水及 300 mL 饱和氯化钠溶液混合后,用数层干纱布过滤)。

四、实训操作步骤

用蛋白质溶液做双缩脲反应(加 10％氢氧化钠溶液约 1 mL,振荡摇匀,再加 1％硫酸铜溶液 1 滴,振荡,观察出现的紫红色)。

透析袋的预处理:将适当大小和长度的火棉胶制成透析袋,放在 50％乙醇溶液中煮沸 1 h(或浸泡一段时间),再用 10 g/L 碳酸钠溶液和 1 mmol/L EDTA 溶液洗涤,最后用蒸馏水洗涤 2～3 次,用棉绳结扎管的一端。

向处理好的透析袋中装入 10～15 mL 蛋白质溶液并放在盛有蒸馏水的烧杯中(或用玻璃纸装入蛋白质溶液后扎成袋形,系于横放在烧杯上的玻璃棒上)。约 1 h 后,自烧杯中取水 1～2 mL,加 10％硝酸数滴使其呈酸性,再加入 1％硝酸银溶液 1～2 滴,检查氯离子的存在。

从烧杯中另取 1～2 mL 水,做双缩脲反应,检查是否有蛋白质存在。

不断更换烧杯中的蒸馏水(并用电磁搅拌器不断搅拌蒸馏水)以加速透析过程。数小时后从烧杯中的水中不能再检出氯离子时,停止透析并检查透析袋内容物是否有蛋白质或氯离子存在(此时观察到透析袋中球蛋白沉淀的出现,这是因为球蛋白不溶于纯水)。

五、结果与讨论

从氯离子和双缩脲反应的检查结果评价透析效果。

六、温馨提示

(1) 在透析袋处理的过程中,不要用手接触,以免污染。

(2) 不要用自来水透析。

(3) 做双缩脲反应时,需要加热。

七、思考训练

(1) 试述透析的原因及推动力。

(2) 在临床上透析主要应用于人工肾,其原理是什么?

实训 20　蛋白质的真空浓缩

一、实训目的

（1）了解各种物质的浓缩原理。

（2）会用真空旋转蒸发仪进行真空浓缩操作。

二、实训原理

蒸发是生产中使用最广泛的浓缩方法，采用浓缩设备把物料加热，使物料的易挥发部分水分在其沸点时不断地由液态变为气态，并将汽化时所产生的二次蒸气不断排除，从而使制品的浓度不断提高，直至达到浓度要求。

真空浓缩设备是利用真空蒸发或机械分离等方法来达到物料浓缩的目的。目前，为了提高浓缩产品的质量，广泛采用真空浓缩。即一般在 8～18 kPa 低压状态下，以蒸气间接加热的方式，对料液加热，使其在低温下沸腾蒸发。这样物料温度低，且加热所用蒸气与沸腾料液的温度差增大，在相同的传热条件下，比常压蒸发时的蒸发速率高，可减少料液营养的损失，并可利用低压蒸气作蒸发热源。一般热敏性高的物质，都采用此方法来进行浓缩。

真空蒸发是浓缩蛋白质的一种较好的办法，它既使蛋白质不易变性，又保持蛋白质中固有的成分。

三、实训器材、试剂、材料

（1）器材：锤片式粉碎机，100 目筛，玻璃缸，水浴锅，泥浆泵，卧式螺旋卸料离心机，解碎机，中和罐（或大烧杯），卧式螺旋沉降分离机。

（2）试剂：盐酸，焦亚硫酸钠漂白剂，消泡剂，氢氧化钠溶液。

（3）材料：低变性脱脂大豆粕。

四、实训操作步骤

1. 生产工艺流程

（1）粗大豆蛋白制备：

低变性脱脂大豆粕粉→酸洗→离心分离→水洗→离心分离→解碎→中和→粗液体大豆蛋白

（2）冷冻浓缩大豆蛋白：

粗大豆蛋白→装料→真空浓缩大豆蛋白

2. 工艺过程

（1）取一定量低变性脱脂大豆粕，先经锤片式粉碎机粉碎，然后过 100 目筛，将过筛的豆粉装入酸洗罐(玻璃缸)中,加入 40 ℃的热水,搅拌均匀后加入盐酸调节 pH 值为 1.2~1.6,同时加入原料重 2%的焦亚硫酸钠漂白剂和适量消泡剂,酸洗 60 min。洗涤完毕后,用泥浆泵将酸洗罐内的物料泵入卧式螺旋卸料离心机进行离心分离。

(2) 将水浴锅加水,设定温度(40 ℃),然后打开电源加热,加热好热水备用。

(3) 分离后弃去上清液,收集凝乳状的沉淀,将分离出的酸洗凝乳装入水洗罐(玻璃缸),加入温度为 40 ℃的热水搅拌。调节 pH 值至 4.2~4.6,水洗 60 min,洗涤完毕,用泥浆泵将水洗罐内的物料泵入卧式螺旋沉降分离机中进行离心分离。

(4) 分离出的凝乳在解碎机中解碎。然后送入中和罐(或大烧杯)中,罐的夹套内通入冷却水(或将大烧杯放入冰水中),使物料温度降至 28 ℃。加入氢氧化钠溶液,调节物料的 pH 值至 7.2,中和浆液。

(5) 将中和后的浆液从入料口放入真空旋转蒸发仪。

3. 设备操作

(1) 首先在加热盆中加入加热介质,接通冷却水。

(2) 接通电源,将需浓缩物料加入蒸发瓶中,旋紧蒸发瓶。

(3) 打开自动升降开关,使蒸发瓶进入加热盆中。

(4) 打开真空泵开关,使蒸发瓶内真空度降低。

(5) 打开加热盆开关,缓慢升温至物料沸腾,直至浓缩完成。

(6) 如在蒸发过程中需要补料,可通过自动进料管直接进料。

(7) 蒸发完毕后,提起升降台,关闭真空泵、冷却水、加热盆开关,切断电源。

(8) 破真空后,方可取下蒸发瓶,倒出浓缩好的物料。

(9) 最后倒出加热介质,对仪器及玻璃容器进行清洗。

五、结果与讨论

将结果记录于表 2-20-1 中。

表 2-20-1　真空浓缩产品的性状指标

色泽	粒度	气味	水分	灰分

六、温馨提示

(1) 玻璃容器只能用洗涤剂清洗,不能用去污粉和洗衣粉清洗,防止划伤瓶壁。

(2) 当突然停电而又要提起升降台时,可用手动升降按钮。

(3) 升温速度一定要慢,尤其在浓缩易挥发物料时。

七、思考训练

(1) 在旋转蒸发结束后,是先停止加热旋转,还是先关闭真空泵? 为什么?

(2) 挥发性物质能否用此法进行浓缩?

实训 21　酸奶粉冷冻干燥

一、实训目的

（1）了解冷冻干燥的操作原理。
（2）会用冷冻干燥机进行冷冻干燥的操作。

二、实训原理

冷冻干燥是将含水物质预先冻结，并在冻结状态下将物质中的水分从固态升华成气态，以除去水分的干燥方法。食品冷冻干燥原理的基础是水相平衡关系，水有三种相态，即固态、液态和气态。三种相态之间达到平衡时要有一定的条件，称为相平衡关系。水分子之间的相互位置随温度、压力的改变而改变，由量变到质变，产生相态的转变。当压力下降到某一值时，沸点与冰点重合，此时的压力为三相点压力，相应的温度为三相点温度。真空冷冻干燥的基本原理是在低温、低压下使食品中的水分升华而脱水，即含水食品的冷冻干燥在水的三相点以下进行。由于脱水时的温度较低，在脱水过程中不改变食品本身的物理结构，其化学结构变化也很小，故能最大限度地保持食品的形状以及色、香、味和营养成分。

物料冷冻干燥时首先要对原料进行冻结，现在常用的有自冻法和预冻法两种。自冻法就是利用物料表面水分蒸发时从它本身吸收汽化潜热，促使物料温度下降，直至它达到冻结点时物料水分自行冻结的方法。如果能将真空干燥室迅速抽成高真空状态，即压力迅速下降，物料水分就会因水分瞬间大量蒸发而迅速降温冻结。大部分预煮的蔬菜可用此法冻结。不过水分蒸发时常会出现变形或发泡等现象。如果真空度调整适宜，这种变化就可以减轻到最低的程度。因此，此法对外观和形态要求高的食品并不适宜。此法的优点是可降低每蒸发 1 kg 水分所需的总耗热量。预冻法就是干燥前用一般的冻结方法，如高速冷空气循环法、低温盐水浸渍法、低温金属板接触法、液氮或氟利昂喷淋法及制冷剂浸渍法等将物料预先冻结，为进一步冷冻干燥做好准备。一般蔬菜能在较低温度下形成冰晶体，用此法较为适宜。

目前，对冷冻干燥中冷冻速度的重要性看法并不一致。冻结速度对于制品的多孔性产生影响，孔隙的大小、形状和曲折性将影响蒸气的外逸。冻结速度越快，物料内形成冰晶体越微小，孔隙越小，冷冻干燥的速度越慢。冷冻速度还会影响原材料的弹性和持水性。缓慢冻结时形成的颗粒粗大的冰晶体会破坏干制品的质地并引起细胞膜和蛋白质的变性。

三、实训器材、试剂、材料

1. 器材

恒温培养箱（温度范围为 20～60 ℃），冷藏柜，冷冻干燥机，血细胞计数器，过滤装置，高压均质机,加热装置,盛奶容器(三角瓶)。

2. 试剂和材料

乳酸菌菌种(采用嗜热链球菌和保加利亚乳酸菌混合固体发酵剂),鲜牛乳,白糖。

四、实训操作步骤

1. 原料乳的验收

采用健康奶牛的新鲜乳汁,乳脂肪含量＞3.4％,全脂乳固形物含量≥11.5％,相对密度≥1.030,70％乙醇试验阴性,TTC(2,3,5-氯化三苯基四氮唑)检验阴性。合格后过滤待用。

2. 标准化

在牛乳中添加全脂淡乳粉和蔗糖,使牛乳固形物含量＞20％,以减少乳清的析出,便于干燥。

3. 预热均质

牛乳经均质处理后,脂肪球破碎,或获得口感细腻、质地滑润和风味良好的制品。另外,牛乳经均质后能增强酪蛋白的水合能力,提高酸奶的黏稠度和稳定性。预热温度为50～60 ℃,采用两段式均质,第一段均质压力为17.64～22.54 MPa,第二段均质压力为3.43～4.9 MPa。

4. 杀菌与冷却

牛乳杀菌前加入7％的蔗糖,杀菌条件为85 ℃ 10 min 或95 ℃ 5 min,杀菌结束后迅速冷却到45 ℃进行接种。

5. 接种

(1) 母发酵剂的制备。取鲜乳1000 mL,脱脂后装入1500 mL的三角瓶中,经95 ℃ 20 min 灭菌,冷却到45 ℃时,以无菌方法接种0.1％～0.2％乳酸菌固体发酵剂,在(40±1) ℃保温培养8～12 h,牛乳凝固后在冰箱中于0～5 ℃保存备用。

(2) 生产发酵剂的制备。取鲜乳2000 mL 于3000 mL三角瓶中,经90 ℃ 10 min 杀菌,冷却到45 ℃时,添加2％～3％的母发酵剂,在(43±1) ℃条件下培养4～6 h,牛乳凝固后在冰箱中于0～5 ℃保存备用,将制备好的生产发酵剂搅拌成糊状,以3％～4％的量接种于牛乳中,充分混合后均匀灌装。

6. 灌装

空罐洗干净后,用高压蒸气于121 ℃经15 min 灭菌,冷却至室温后灌装,并立即封口,装箱发酵。

7. 保温发酵与冷藏

在(43±1) ℃条件下保温发酵3～4 h,成熟的酸牛乳应凝块结实、表面光滑、风味良好、无明显的乳清分离现象。发酵结束后,在冷藏柜中于0～5 ℃冷藏12～36 h。

8. 冷冻升华干燥

冷冻升华干燥是酸乳粉生产的关键工序。所采用的技术条件如下。

(1) 冻结。酸乳结晶温度为－30～－25 ℃,降温时间为130 min。

（2）抽真空。真空度 100 Pa,保持 2.5 h。

（3）升华供热。真空度 100～250 Pa,升华时间为 17 h,升华温度为 −20～−15 ℃,产品温度为 50～60 ℃,供热达到的温度一般为 30～60 ℃。

9. 出粉与包装

升华与干燥后的产品呈疏松多孔状,出粉后立即进行真空包装,防止受潮和微生物污染。包装后可在室温下贮藏。

五、结果与讨论

检查冻干酸乳粉的复水性,并讨论影响其质量的因素。

六、温馨提示

（1）整个冷冻过程要保持洁净,以免微生物污染。
（2）降温速度一定要慢,以使其能充分干燥。

七、思考训练

（1）举例说明冷冻干燥和旋转蒸发干燥操作的适用性。
（2）挥发性物质能否用此法进行浓缩?

实训 22　谷氨酸的浓缩与结晶

一、实训目的

（1）掌握谷氨酸发酵液的预处理及浓缩技术。
（2）掌握谷氨酸的结晶技术。

二、实训原理

在谷氨酸发酵液预处理后,采用低温真空浓缩。谷氨酸属于两性电解质,在等电点（pI 3.22)时,总净电荷等于零。在溶液中谷氨酸分子之间相互碰撞,在静电引力的作用下,按照晶格的规律形成结晶。

三、实训器材、试剂、材料

1. 器材
碟片离心机,陶瓷膜过滤机,浓缩管,板框压滤机,结晶罐,流化床,分筛机,层析柱等。
2. 试剂
氢氧化钠,硫酸,活性炭等。
3. 材料
谷氨酸发酵液。

四、实训操作步骤

1. 发酵液的预处理

谷氨酸发酵液经碟片离心机离心,收集上层液体,经过陶瓷膜过滤,收集滤液。

2. 浓缩、沉淀

将所得滤液低温真空浓缩至原体积的 $\frac{1}{3}$,然后缓慢降温至 20 ℃,调节至 pH 值为 3.22,沉降 6 h,离心,收集粗晶体。把粗晶体再投入纯化水中,直至完全溶解,浓缩至原体积的 $\frac{1}{3}$,再调节至 pH 值为 3.22,温度控制在 15 ℃,沉降 6 h,收集谷氨酸湿晶体。

3. 脱色、除杂

将所得谷氨酸湿晶体加水,边搅拌边加热至 65 ℃,直至全部溶解;然后转移到脱色罐中,并加粉末状活性炭,65 ℃保温搅拌脱色 30 min;脱色完成后泵入板框中,过滤拦截活性炭,收集板框滤液。

4. 脱色、浓缩

将所得板框滤液泵入树脂柱,收集经树脂脱色后的中和液,浓缩到谷氨酸含量约为 5%。

5. 结晶

将浓缩液调节到 pH 值为 4.0~4.5 后,加入晶种,投放量为发酵液的 0.2%~0.3%,育晶 2 h,调节 pH 值为 3.22,20~30 r/min 搅拌 16 h,然后 4 ℃下静置 4 h,分离出晶体。

6. 烘干、分筛

所得晶体用流化床烘干,烘干后的粉末状晶体使用分筛机进行筛分,去除粒径小于 1 mm 的异物。

五、结果与讨论

(1) 计算谷氨酸的得率。
(2) 评价所得谷氨酸晶体的品质。

六、温馨提示

(1) 在浓缩的过程中注意温度的调节。
(2) 在结晶的过程中,掌握晶种的投入量,以及育晶的时间。

七、思考训练

获得品质优良的晶体的条件有哪些?

模块三
单元集成技术实训

单元集成技术实训说明

在进入单元集成技术实训环节时,同学们已经了解生化产品的基本特性和生化产品生产的一般流程,学习了各种实训技术和操作技能。在单元集成技术实训环节中,这些已经学习过的知识及技能将通过项目实施的方式,再次呈现在大家面前。通过模拟实际工作流程的项目实践,同学们不仅能够全面掌握高层次的实训技术,同时也有助于职业素质的形成。

同学们在进行实训时,会发现我们将要进行的是时间长、步骤复杂的"大项目",以动、植物及微生物作为材料,从中提取生物活性物质并进行质量分析。所有实训项目的目的都是让同学们能够学到以下几点。

(1) 学习设计一个实训的基本思路,掌握各个实训的基本原理,学会严密地组织自己的实训,合理地安排实训步骤和时间。

(2) 训练动手能力,学会熟练地使用各种实训仪器,包括天平、分光光度计、离心机等。

(3) 学会准确、翔实地记录实训现象和数据的技能,并对数据进行合理分析。

(4) 能够整齐、清洁地进行所有的实训,培养严谨、细致的工作作风。

(5) 学会分工合作,具有团队精神,合理利用每一个成员的知识和技能,协同工作,完成实训任务。

在实训过程中,同学们获得的信息包括一段关于目标产物的背景资料、可供参考的技术路线和质量鉴定方法。请按照以下流程来进行实训。

(1) 自行分析背景资料中有哪些信息有利于制订分离与纯化方案。

(2) 根据参考技术路线(或者是自行拟定的技术路线)总结实训所需的设备和仪器,注明所需数量及规格。

(3) 列出实训所需的试剂配制方法,并估算一下所需的体积。

(4) 真实记录溶液配制过程(试剂名称、实际称量数量、所用仪器、所用溶剂、溶液配制体积、操作者等)。

(5) 用流程图记录实训过程及所观察到的现象。

(6) 记录所获得的原始实训数据。

(7) 根据原始实训记录进行针对目标产物的得率和活性的计算,得出实训结论。

(8) 完成实训报告,条理清晰地总结上述步骤的内容,并在报告中说明是否还有其他的分离与纯化工艺路线,并注明参考文献。

(9) 参照职业能力评价表(表 3-0-1),对自己和小组内合作者的行为作出评价(表 3-0-2)。

需要说明的是,由于实训是实际生产过程的模拟,投料规模较小,因此不一定能够看得见最后的目标产品。同学们将进行的是毫克和微克数量级的研究,希望能借助各种实训技术作为"眼睛",帮助大家看到动态的生物化学过程和由生物分子引起的生物化学变化,它将对各种生物化学过程进行监测,同时锻炼同学们的理性思维。

表 3-0-1　职业能力评价表

姓名：		学号：	班级：		指导教师：	
学习任务：						

评价对象	评 价 标 准	自评		
		好	中	差
专业能力	1.能够读懂专业相关资料	＋	＋	＋
	2.能够与他人就专业内容进行交流	＋	＋	＋
	3.能够从大量信息中迅速寻找到自己的目标	＋	＋	＋
	4.能够应用信息分析工作任务,明确目的和要求	＋	＋	＋
	5.能预见工作的结果,知道如何分析	＋	＋	＋
方法能力	1.能够对现有工作方案进行计划,合理安排	＋	＋	＋
	2.能够从教材以外的资料中获取信息	＋	＋	＋
	3.在工作过程中注意细节	＋	＋	＋
	4.能够有条理地表达思想	＋	＋	＋
	5.能够有创造性地展示	＋	＋	＋
社会能力	1.能够和团队中其他成员友好相处	＋	＋	＋
	2.能够对自己的工作部分负责任	＋	＋	＋
	3.能与团队成员进行沟通,交换意见	＋	＋	＋
	4.能够理性地面对不同的意见	＋	＋	＋
	5.重视团队成果	＋	＋	＋
个人能力	1.守时守信	＋	＋	＋
	2.不需要外界监督,能够自觉地进行学习	＋	＋	＋
	3.处理信息能够集中注意力,效率高	＋	＋	＋
	4.注重对自己工作的反思和总结	＋	＋	＋
	5.有成本意识,注意节约	＋	＋	＋
	6.有环保意识,注意废物的处置	＋	＋	＋

表 3-0-2　组内成员互评表

评估项目	组　　员			
知识理解正确				
表达能力强,讲解清楚				
态度友好,语气和善				

续表

评估项目	组 员			
能理性地对待不同的意见				
工作有计划				
负责地对待自己的工作				
注意他人的反应				
守时,不影响团队进程				
对团队成果有贡献				
其他				

填表说明:(1)请用数字 1~5 对小组里所有成员(包括自己)按照项目进行贡献率排序(1 贡献率最大,5 最小),对应于最后的成绩(1 贡献率为 45,2 为 25,3 为 15,4 为 10,5 为 5)。

(2)"其他"栏可以用文字记录小组成员值得特别奖励或者扣分的事件。

实训 1 四环素的提取(沉淀法)及含量测定

【背景介绍】

四环素为两性化合物,其等电点 pI=5.4,当溶液的 pH 值等于 pI 时,四环素呈偶极离子状态,从水溶液中沉淀出来,因此可用于四环素的提取。

R′=R‴=H,R″=CH₃:四环素

R′=OH,R″=CH₃,R‴=H:氧四环素(土霉素)

R′=H,R″=CH₃,R‴=Cl:金霉素

R′=R″=H,R‴=Cl:去甲金霉素

固体四环类抗生素很稳定。如金霉素在 20 ℃下贮存 3~5 年效价并不降低。四环素在 37 ℃贮存时,生物活性虽不见降低,但其中 4-差向脱水四环素含量增加很多,后者对人体有毒。低温贮存可避免此现象。四环类抗生素的水溶液在不同 pH 值下的稳定性差别很大。例如,金霉素在碱性条件下很不稳定,在 pH 值为 14.0、9.8、7.6 时的半衰期分别为 40 s、3.5 h 和 12 h。在酸性条件下四环素较稳定,而去甲金霉素表现出异常的稳定性。

四环类抗生素对各种氧化剂,包括空气中的氧气在内,都是不稳定的。其碱性水溶液特别容易氧化,颜色很快变深形成黑色色素。成品在贮存中颜色变深和空气中的氧化作用也有关。四环类抗生素在弱酸性溶液中比较稳定。在强酸性(pH<2)的溶液中,6 位上的叔羟基易脱落而生成水,形成脱水衍生物,脱水衍生物的抗菌活性很低,脱水四环素的抗菌活性为四环素的 1/6,其细胞毒性比四环素强 250 倍;在弱酸性(pH 2～6)溶液中,四环类抗生素不对称碳原子 C-4 可逆地发生异构化,形成差向衍生物,生物活性大大降低;脱水差向四环素抗菌活性为四环素的 1/8,其细胞毒性也比四环素强 250 倍,但在酸性或碱性溶液中都稳定。由于脱水衍生物及差向衍生物毒性增大,因此在成品中要严格控制这些杂质的含量。

四环类抗生素能和很多高价金属离子如 Ca^{2+}、Mg^{2+}、Ba^{2+}、Fe^{3+} 等形成螯合物,最主要的螯合位置是 $11,12\beta$-二酮系统,这一性质常用来从发酵液中提取四环素。例如,四环素能和 Ca^{2+}、Mg^{2+}、Ca^{2+}-Mg^{2+} 或 Ba^{2+}-Mg^{2+} 形成复盐而沉淀,其中以 Ca-Mg、Ba-Mg 复盐溶解度最低。由于 β-二酮是酸性基团,故沉淀应在碱性(pH 8.5～9.0)条件下进行。

四环类抗生素还能和其他很多物质形成复合物,如硼酸、磷酸、α-羟基酸、六聚偏磷酸盐、甲醇、氯化钙等,因此四环类抗生素在制备过程中容易夹带杂质,如土霉素能和 $CaCl_2$ 以不同比例形成复合物,土霉素碱在纯甲醇中的溶解度(20 ℃)为 7500 U/mL,当有 $CaCl_2$ 存在时,土霉素碱在甲醇中的溶解度随着 $CaCl_2$ 浓度的增加而增加,而其盐酸盐在酸性甲醇中的溶解度则随 $CaCl_2$ 浓度的增加而减少。利用此性质可自行制备盐酸盐。

四环素和尿素能按物质的量之比 1∶1 形成复合物,不溶于水,当溶于有机溶剂时,复合物即分离成四环素和尿素。四环素与尿素的反应有特异性:尿素和金霉素、土霉素、差向四环素、脱水四环素等都不能形成沉淀而自水中析出。这一性质常用来精制四环素。

四环素在酸性条件下加热,生成黄色的脱水四环素。脱水四环素在 434 nm 波长处有吸收峰,利用此性质可用比色法测定其含量。

在四环素中,常混有金霉素,后者在酸性条件下加热形成脱水金霉素,脱水金霉素在 445 nm 波长处有吸收峰,因此对四环素的测定产生干扰。如果使金霉素在碱性条件下形成异金霉素,就不会再在酸性条件下加热时形成脱水金霉素,因而可消除金霉素的影响。

四环素 → HCl → 脱水四环素

【参考提取工艺】

发酵液 —酸化过滤→ 滤洗液 —粗品结晶→ 粗制游离碱 —溶解→

酸化过滤:草酸调 pH 1.5～2.0,$ZnSO_4$ 0.25%,黄血盐 0.2%,硼砂 0.2%,压滤,滤渣用 0.3%草酸顶洗

粗品结晶:用氨水调 pH 4.8,板框压滤,用水顶洗

溶解:加 1∶15 丁醇,加盐酸调 pH 2.0～2.5,板框压滤

丁醇萃取 →(连续结晶 用氨水(含 2% Na₂SO₄、尿素)调 pH 4.6~4.8,10 ℃,搅拌 2 h)→ 结晶液 →(分离洗涤 用水淋洗后甩干)→ 湿四环素碱 →(气流干燥 进风 120~130 ℃,出风 70~80 ℃)→ 成品

粗制游离碱 →(尿素复盐结晶 加水、尿素,加盐酸溶解,氨水调 pH 4.6,过滤)→ 尿素复盐结晶 →(溶解 加 1∶10 丁醇,加 1 mol/L 盐酸溶解过滤)→ 丁醇萃取液

→(结晶 加热至 36 ℃,保温 1 h,搅拌 5 h)→ 结晶液 →(分离洗涤 过滤,2 倍量丙酮洗涤)→ 湿晶体 →(气流干燥 60 ℃干燥,过 60 目筛)→ 四环素盐酸盐

可以采用沉淀法、溶剂萃取法或离子交换法提取四环素。生产上较多使用沉淀法提取四环素。

1) 发酵液预处理

因四环素能和钙盐形成不溶性化合物,故发酵液中四环素浓度不高,仅有 100~300 U/mL。预处理时,应尽量使四环素溶解。通常用草酸或草酸和无机酸的混合物将发酵液酸化到 pH 1.5~2.0,四环素转入液体中。用草酸的优点是能去除钙离子,析出的草酸钙能促使蛋白质凝固,提高过滤速率;缺点是价格较贵和加速四环素差向化。为减慢差向化,预处理过程必须在低温条件下快速进行。

2) 沉淀法提取

发酵滤液调 pH 4.8 左右,使其形成四环素沉淀。板框压滤,收集沉淀,以盐酸溶解,pH 2.0~2.5,加 1∶15 丁醇,过滤得滤液。滤液加氨水调 pH 4.6~4.8,降温至 10 ℃,搅拌 2 h,静置,四环素以游离碱结晶出来。进风温度控制在 120~130 ℃,出风温度控制在 70~80 ℃,即得成品。

由于发酵液四环素单位的提高,直接将滤液 pH 值调至四环素等电点以析出游离碱。发酵液先用酸酸化,然后加黄血盐、硫酸锌、硼砂,过滤得滤液。滤渣用草酸溶液洗涤,滤液和洗涤液合并,调节四环素单位在 7000 U/mL 左右,送去结晶。结晶液必须非常澄清,因此,滤液常需复滤。结晶温度控制在 10 ℃左右,温度升高会使母液中残存的四环素含量升高。搅拌速度以 90~120 r/min 为宜,速度太高会造成粒子过细,分离困难。结晶时加入少许尿素,能使得到的晶体紧密,含水量低,容易过滤。析出的晶体用 40~45 ℃热水洗涤。

从四环素精碱制备盐酸盐,是利用其盐酸盐在有机溶剂中、不同温度下有不同结晶速度的性质,即温度升高,结晶速度增大。为此,将四环素精碱悬浮于丁醇中,加入化学纯浓盐酸,在低于 18 ℃条件下过滤除掉不溶性杂质,然后加热,即有盐酸盐析出。再经丙酮洗涤、干燥,即可得四环素盐酸盐。

3) 精制

可通过四环素与尿素生成复合物而纯化。四环素粗品溶液中加入 1~2 倍尿素,调 pH 值为 4.6,就会沉淀出四环素与尿素复合物。加丁醇(1∶10),再加盐酸(1 mol/L),溶解过滤,将滤液加热到 36 ℃,保温 1 h,搅拌 5 h,得四环素盐酸盐湿晶体,用 2 倍量丙酮洗涤,固定床气流干燥,粉碎,过 60 目筛,得四环素盐酸盐成品。

【参考含量测定方法】

一、比色法

1. 标准曲线绘制

1）标准溶液配制

精确称取四环素标准品 50 mg，溶解后转移至 50 mL 容量瓶中，并用蒸馏水稀释至刻度，配制成四环素标准溶液，浓度为 1000 U/mL 左右。

2）标准曲线制作

分别吸取上述标准溶液 1.0 mL、0.8 mL、0.6 mL、0.4 mL、0.2 mL 于 50 mL 容量瓶中，加混合试剂（称取化学纯 Na_2-EDTA 0.9 g 和固体 NaOH 10.8 g，用蒸馏水溶解并稀释至 1.0 L，然后将其用标定 NaOH 标准溶液的方法标定，要求浓度在 0.265～0.275 mol/L）11 mL，放置 5 min 后，再加 2.0 mol/L 盐酸 4 mL，与此同时，另做空白样品，操作方法相同，而样品放在沸水中加热 5 min，冷却后，再用蒸馏水稀释至刻度。以对应的空白样品为对照，在 440 nm 波长处测定吸光度，以吸取的样品量（U）为横坐标，测得的吸光度为纵坐标，作标准曲线。

2. 四环素样品的测定

1）滤洗液效价测定

根据估计效价，吸取一定量的滤洗液于 2 个 50 mL 容量瓶中（一份为空白试样），以下操作同标准曲线制作法，由测得的吸光度计算出相应的浓度。

2）固体成品效价测定

精确称取样品 50 mg 左右，用蒸馏水溶解后转移至 50 mL 容量瓶中，并用蒸馏水稀释至刻度，分别吸取 0.5 mL 于 2 个 50 mL 容量瓶中（一份为空白试样），以下操作同标准曲线制作法，由测得的吸光度计算出相应的浓度。然后求成品的毫克效价单位（U/mg），计算总收率。

二、高效液相色谱法

盐酸四环素的含量测定方法如下。

（1）色谱条件与系统适用性试验：用十八烷基硅烷键合硅胶为填充柱；0.1 mol/L 草酸铵溶液-二甲基甲酰胺-0.2 mol/L 磷酸氢二铵溶液（68：27：5），用氨试液调节 pH 值至 8.3，作为流动相；流速为 1 mL/min；柱温为 35 ℃；检测波长为 280 nm。称取盐酸四环素约 15 mg，4-差向四环素、差向脱水四环素、盐酸金霉素及脱水四环素各适量（约 8 mg），置于 50 mL 容量瓶中，加 0.01 mol/L 盐酸使其溶解并稀释至刻度，摇匀，取 20 μL 注入液相色谱仪，记录色谱图，4-差向四环素、差向脱水四环素、盐酸四环素、盐酸金霉素及脱水四环素峰间的分离度均应符合要求（组分流出顺序依次为 4-差向四环素、差向脱水四环素、盐酸四环素、盐酸金霉素、脱水四环素）。

（2）测定方法：取本品约 30 mg，精密称定，置于 50 mL 容量瓶中，加 0.01 mol/L 盐酸使其溶解并稀释至刻度，摇匀，精密量取 20 μL 注入液相色谱仪，记录色谱图；另取盐酸四环素对照品 30 mg，同法测定。按外标法以峰面积计算出供试品中盐酸四环素的量。

实训 2　细胞色素 c 粗品的制备及含量测定

【背景介绍】

细胞色素(cytochrome)是一类含铁卟啉辅基的电子传递蛋白,在线粒体内膜上起传递电子的作用。线粒体中的细胞色素大部分与内膜紧密结合,而细胞色素 c 是电子传递链中唯一的外周蛋白,在线粒体呼吸链上位于细胞色素 b 和细胞色素 aa_3 之间,位于线粒体外膜内侧,结合较松,较容易分离与纯化。

细胞色素 c

每个细胞色素 c 分子含有一个血红素和几条多肽链,分子中赖氨酸含量较高,所以等电点偏碱性,pI 为 9.8~10.8,相对分子质量为 12000~13000。它易溶于水及酸性溶液,且较稳定,不易变性。细胞色素 c 分为氧化型和还原型两种,还原型较稳定并易于保存。氧化型细胞色素 c 在 408 nm、530 nm 波长处有最大吸收峰,还原型细胞色素 c 的最大吸收峰为 415 nm、520 nm 和 550 nm。在 pH 值为 7.2~10.2 时,100 ℃加热 3 min,细胞色素 c 氧化型和还原型的变性程度均为 18%~28%,延长加热时间,氧化型的不可逆变性比还原型高。细胞色素 c 对酸、碱均较稳定,可抵抗 0.3 mol/L 盐酸和 0.1 mol/L 氢氧化钾溶液的长时间处理。一般将细胞色素 c 制成稳定的还原型。

细胞色素 c 溶液用于各种组织缺氧急救的辅助治疗,如一氧化碳中毒、催眠药中毒、氰化物中毒、新生儿窒息、严重休克期缺氧、脑血管意外、脑震荡后遗症、麻醉及肺部疾病引起的呼吸困难和各种心脏疾患引起的心肌缺氧的治疗。其作用原理为:在酶存在的情况下,对组织的氧化、还原有迅速的酶促作用。通常,外源性细胞色素 c 不能进入健康细胞,但在缺氧时,细胞膜的通透性增加,细胞色素 c 便有可能进入细胞及线粒体内,增强细胞氧化,提高氧的利用率。

一般来说,组织的细胞色素 c 的含量与它们的呼吸活性大致呈线性关系,在心肌与其他剧烈运动的肌肉中含量最为丰富,在酵母中含量也比较丰富。猪心价格便宜,提取方便,适宜于进行实训。

【参考提取工艺】

猪心 —绞碎/酸性提取→ 提取液 —调节 pH 值为 7.2/人造沸石吸附,洗脱→ 收集洗脱液 —盐析除杂/离心→ 上清液 —三氯乙酸沉淀→

沉淀 —透析→ 细胞色素 c 粗品溶液

1. 材料处理

取新鲜或冰冻的猪心,除去脂肪和结缔组织,用水洗去积血,切成小块,放入绞肉机中绞成糜。

2. 提取

称取 500 g 肌肉糜,放入 2000 mL 烧杯中,加蒸馏水 1000 mL,在电动搅拌器搅拌下以 1 mol/L H_2SO_4 溶液调节 pH 值至 4.0(此时溶液呈暗紫色),在室温下搅拌提取 2 h,在提取过程中,使抽提液的 pH 值保持在 4.0 左右。在即将提取完毕,停止搅拌之前,以 1 mol/L 的氨水调节 pH 值至 6.0,停止搅拌。用八层普通纱布挤压过滤,收集滤液。滤渣加入 750 mL 蒸馏水,再按上述条件提取 1 h,两次提取液合并。

3. 中和

用 1 mol/L 的氨水调节上述提取液 pH 值至 7.2(此时,等电点接近 7.2 的一些杂蛋白溶解度小,从溶液中沉淀下来),静置 30~40 min,过滤,所得滤液准备通过人造沸石柱进行吸附。

4. 吸附与洗脱

(1)人造沸石的预处理:称取人造沸石 11 g,放入 500 mL 烧杯中,加水搅拌,用倾泻法除去 12 s 内不下沉的过细颗粒。

(2)装柱:选择一个底部带有滤膜的干净的玻璃柱,柱下端连接一段乳胶管,用夹子夹住,柱中加入蒸馏水至 2/3 体积,保持柱垂直,然后将已处理好的人造沸石带水装填入柱,注意一次装完,避免柱内出现气泡。

(3)上样:柱装好后,打开夹子放水(柱内沸石面上应保留一薄层水),将准备好的提取液装入贮瓶,使其通过人造沸石柱进行吸附。柱下端流出液的速度为 1.0 mL/min。随着细胞色素 c 被吸附,柱内人造沸石逐渐由白色变为红色,流出液应为黄色或微红色。

(4)洗脱:吸附完毕,将红色人造沸石从柱内取出,放入 500 mL 烧杯中,先用自来水,后用蒸馏水搅拌洗涤至水清,接着用 100 mL0.2%NaCl 溶液分三次洗涤沸石,再用蒸馏水洗至水清。按第一次装柱方法将人造沸石重新装入柱内,用 25%$(NH_4)_2SO_4$ 溶液洗脱,流速约为 2 mL/min,收集含有细胞色素 c 的红色洗脱液,当洗脱液红色开始消失时,即洗脱完毕。

(5)人造沸石再生:将使用过的沸石,先用自来水洗去 $(NH_4)_2SO_4$,再用 0.2 mol/L NaOH 和 1 mol/LNaCl 混合液洗涤至白色,前后用蒸馏水反复洗到 pH 7~8 即可。

5. 盐析

按每 100 mL 洗脱液加入 20 g 固体硫酸铵的比例加入固体硫酸铵,使溶液中硫酸铵的饱和度为 45%,边加边搅拌,静置 12 h,过滤或离心除去杂蛋白沉淀,得到红色透亮的细胞色素 c 溶液。

6. 三氯乙酸沉淀

在搅拌的情况下向所得到的红色透亮的细胞色素 c 溶液每 100 mL 中加入 2.5 mL 20%三氯乙酸溶液,细胞色素 c 立即沉淀出来(沉淀出来的细胞色素 c 属可逆变性),立即 3000 r/min 离心 15 min,收集沉淀。加入少许蒸馏水,用玻璃棒搅拌,使沉淀溶解。

7. 透析

将所得溶液装入透析袋，在 500 mL 烧杯中对蒸馏水进行透析除盐。用 10%BaCl$_2$ 溶液检查透析外液有无硫酸根离子。将透析液过滤，即得到细胞色素 c 制品。

【参考含量测定方法】

根据还原型细胞色素 c 在 520 nm 波长处有最大吸收值这一特性，用 722S 型分光光度计，选用一标准品，作出反映细胞色素 c 浓度和吸光度关系的标准曲线，再以相同条件测未知样品的吸光度，由标准曲线便可得出样品的含量。

用上述方法制备的细胞色素 c 溶液是还原型和氧化型的混合物，因此在 520 nm 波长处测定吸光度时，需要加还原剂连二亚硫酸钠，使所有的细胞色素 c 均转变成还原型，由此所得的数值就代表细胞色素 c 的含量。

1. 标准曲线的制作

取 1 mL 标准品（81 mg/mL），用蒸馏水或 pH 7.3 的磷酸盐缓冲液稀释至 25 mL，从中分别取 0.2 mL、0.4 mL、0.6 mL、0.8 mL、1.0 mL，分别置于 5 支试管中，每管补加蒸馏水或缓冲液至 4 mL，并加少许连二亚硫酸钠，振荡后，以水或缓冲液为空白，测 520 nm 波长处的吸光度，以标准品的浓度为横坐标，以吸光度为纵坐标绘制标准曲线。

2. 样品测定

取 0.4 mL 待测样品，用水或缓冲液稀释至 10 mL，取 1 mL 稀释液，加 3 mL 蒸馏水稀释，再加少许连二亚硫酸钠，振荡后，测 520 nm 波长处的吸光度。最后，根据标准曲线计算其细胞色素 c 的浓度，再求 500 g 猪心中细胞色素 c 的含量。

实训 3　木瓜蛋白酶的分离与纯化及酶活力检测

【背景介绍】

木瓜蛋白酶（papain）简称木瓜酶，又称为木瓜酵素，是从植物番木瓜中分离与纯化而得的一种混合酶，以半胱氨酸内肽酶为主（包括木瓜蛋白酶，简称 PAP；木瓜蛋白酶 Ω，简称 CAR；木瓜凝乳蛋白酶，简称 CHP；木瓜凝乳蛋白酶 M，简称 GEP；溶菌酶）。

木瓜蛋白酶为白色或淡褐色无定形粉末或颗粒，略溶于水、甘油，不溶于乙醚、乙醇和氯仿。水溶液无色至淡黄色，有时呈乳白色。最适 pH 值为 5.0～8.0，微吸湿，有硫化氢臭。最适温度为 65 ℃，易变性失活。木瓜蛋白酶等电点为 9.6，酪蛋白被木瓜蛋白酶降解生成的酪氨酸在紫外光区 275 nm 波长处有吸收峰。

木瓜蛋白酶是单条链，由 211 个氨基酸残基组成，相对分子质量为 23000。木瓜凝乳蛋白酶相对分子质量为 36000，约占可溶性蛋白质的 45%。溶菌酶相对分子质量为 2500，约占可溶性蛋白质的 20%。

木瓜蛋白酶是一种巯基蛋白酶，其专一性较差，能分解比胰脏蛋白酶更多的蛋白质。半胱氨酸、硫化物、亚硫酸盐和 EDTA 是木瓜蛋白酶激活剂，巯基试剂和过氧化氢是木瓜蛋白酶的抑制剂。

木瓜蛋白酶的活力用分解出来的酪氨酸来表示。目前,国内通用的蛋白酶的活力单位定义为:1 min 水解出 1 μg 酪氨酸的酶量称为 1 个单位。

木瓜蛋白酶在医药方面,主要用于治疗胃炎、消化不良以及用于肉赘摘除、伤痕处理、脱毛、清洁皮肤和新近的裂腭整形外科及用木瓜凝乳蛋白酶注射剂治疗脊骨盘脱出症等。

木瓜蛋白酶最大的用途是在食品工业方面,如在防止啤酒冷藏混浊、嫩化肉类、生产调味品、烘烤面包、乳酪制品及谷类和速溶食品的蛋白质强化生产等方面都有应用。

在动物饲料加工方面,木瓜蛋白酶用于鱼蛋白浓缩物和菜籽饼处理,能提高氮的可溶性指数和蛋白质的可分散指数。少量在皮革工业中用作软化剂,在纺织工业中用作丝织品脱胶清洁剂,用于废胶卷回收等。

木瓜蛋白酶广泛存在于番木瓜的根、茎、叶和果实内,其中以成熟的果实乳汁中含量最高,约占乳汁干重的 40%,果实乳汁是提取木瓜蛋白酶的主要原料来源。

【参考提取工艺】

木瓜乳汁 $\xrightarrow{\text{粗提}}$ 提取液 $\xrightarrow{\text{分级分离、沉淀}}$ 沉淀物 $\xrightarrow{\text{结晶、重结晶}}$ 木瓜蛋白酶

1. 粗提

将木瓜乳汁(100 g)、硅藻土(50 g)和筛选过的沙子(75 g)混匀,在室温下加 100～150 mL 半胱氨酸溶液(0.04 mol/L,pH 5.7),在研钵中充分磨匀,静置后倾出上清液,再用 150 mL 半胱氨酸溶液重复研磨和洗提,然后用半胱氨酸溶液定容到 500 mL(粗体积),用布氏漏斗过滤(0.5 cm 厚高岭土)。

以下几步尽量在冰浴中进行。

2. 除不溶物

将上述滤液在搅拌下慢慢加入 1 mol/L NaOH 溶液,调 pH 值至 9.0,离心(4 ℃,8000 r/min,10 min),弃去沉淀,取上清液。

3. 硫酸铵分级分离

在上清液中加硫酸铵至溶液中硫酸铵饱和度为 40%,静置 2 h,离心(4 ℃,8000 r/min,10 min),弃上清液而取沉淀。

4. NaCl 分级沉淀

将上述沉淀溶于 300 mL 半胱氨酸溶液(0.02 mol/L,pH 7.0)中,慢慢加入 30 g 固体 NaCl,静置 1 h,离心(4 ℃,8000 r/min,20 min),弃上清液而取沉淀。

5. 结晶

将上述沉淀在室温下溶于 200 mL 半胱氨酸溶液(0.02 mol/L,pH 5.7)中,立即调节 pH 值至 6.5,静置 30 min,置于 4 ℃下过夜,在 4 ℃下离心(8000 r/min,25 min)。收集结晶。

6. 重结晶

将上述结晶在室温下溶于少量蒸馏水(蛋白酶浓度约 1%)。在搅拌下慢慢加入 NaCl 饱和溶液(300 mL 蛋白质溶液加 10 mL),当约 75% 的溶液加入后,木瓜蛋白酶开始结晶,置于 4 ℃下过夜,收集结晶,60 ℃真空干燥得木瓜蛋白酶成品。

【参考活力测定方法】

由于木瓜蛋白酶中的各种酶与酪蛋白作用生成的产物是一致的,蛋白酶在一定条件下不仅能够水解蛋白质中的肽键,也能够水解酰胺键和酯键,因此可用蛋白质或人工合成的酰胺及酯类化合物作为底物来测定蛋白酶的活力。

本实训选用酪蛋白为底物,测定蛋白酶水解肽键的活力。酪蛋白经蛋白酶作用后,降解成相对分子质量较小的肽和氨基酸,在反应混合物中加入三氯乙酸溶液,相对分子质量较大的蛋白质和肽就沉淀下来,相对分子质量较小的肽和氨基酸仍留在溶液中,溶解于三氯乙酸溶液中的肽的数量正比于酶的数量和反应时间。在 275 nm 波长下测定溶液吸光度的增加值,就可计算酶的活力。

1. 样品处理

(1) 精确称取 0.05 g 的木瓜蛋白酶干粉,置于研钵中,加入少量石英砂和几滴酶稀释液,研磨 15 min,将酶液用蒸馏水少量多次洗入 500 mL 容量瓶(不要将石英砂带入),定容,摇匀。

(2) 取样液 5 mL,加入酶激活剂 10 mL,混匀盖严。

(3) 将酶激活 15 min 以上(激活时半胱氨酸的浓度要高于 0.03 mol/L,而且要当天配制,激活的酶最好在 2 h 内测完)备用。

2. 木瓜蛋白酶活力测定

(1) 取 1.0 mL 已激活的酶液于带塞试管中,置于 37 ℃ 水浴中保温 10 min。

(2) 吸取预热至 37 ℃ 的酪蛋白液 5.0 mL,加入此管,在 37 ℃ 反应 10 min,立即加入 50 mL 三氯乙酸,摇匀,过滤。

(3) 另取样液(已激活)1.0 mL,置于另一带塞试管中,加入 5.0 mL 三氯乙酸,37 ℃ 保温 10 min 后立即加入预热至 37 ℃ 的酪蛋白液 5.0 mL,摇匀过滤。

(4) 以后管为对照,测前管滤液在 275 nm 波长处的吸光度(A)。

(5) 另取酪氨酸标准液,以蒸馏水作空白对照,测定 275 nm 波长处的吸光度(A_s)。

(6) 木瓜蛋白酶活力的计算。

木瓜蛋白酶活力计算公式如下:

$$木瓜蛋白酶活力(U/g) = \frac{\frac{A}{A_s} \times 50 \times (500 \times 3)}{m} \times \frac{1}{10} \times 11$$

式中:A_s——50 μg/mL 酪氨酸的吸光度;

A——1 mL 激活酶作用于底物所得产物的吸光度;

50——标准酪氨酸的量,μg/mL;

500——酶第一次稀释倍数(定容体积);

3——激活时酶液的稀释倍数;

m——木瓜蛋白酶干粉的质量,g;

10——反应时间,min;

11——测定时酶液的稀释倍数。

测定 $A_{275\ nm}$ 的变化并完成表 3-3-1。

表 3-3-1　木瓜蛋白酶活力测定

A	A_s	木瓜蛋白酶活力/(U/g)
平均值：	平均值：	

实训 4　超氧化物歧化酶(SOD)的制备及活力测定

【背景介绍】

超氧化物歧化酶(SOD)是一种具有抗氧化、抗衰老、抗辐射和消炎作用的药用酶。它可催化超氧阴离子(O_2^-)，进行歧化反应，生成氧和过氧化氢。大蒜蒜瓣和悬浮培养的大蒜细胞中含有较丰富的 SOD，通过组织或细胞破碎后，可用 pH 7.8 的磷酸盐缓冲液提取。由于 SOD 不溶于丙酮，可用丙酮将其沉淀析出。

植物叶片在衰老过程中发生一系列生理生化变化，如核酸和蛋白质含量下降、叶绿素降解、光合作用降低及内源激素平衡失调等。这些指标在一定程度上反映衰老过程的变化。近年来，大量研究表明，植物在逆境胁迫或衰老过程中，细胞内自由基代谢平衡被破坏而有利于自由基的产生。过剩自由基的毒害之一是引发或加剧膜脂过氧化作用，造成细胞膜系统的损伤，严重时会导致植物细胞死亡。

自由基是具有未配对电子的原子或原子团。生物体内产生的自由基主要有超氧自由基、羟自由基(OH)、过氧自由基(ROD)、烷氧自由基(RO)等。植物细胞膜有酶促和非酶促两类过氧化物防御系统，超氧化物歧化酶(SOD)、过氧化氢酶(CAT)、过氧化物酶(POD)和抗坏血酸过氧化物酶(ASA-POD)等是酶促防御系统的重要保护酶。抗坏血酸(维生素 C)、维生素 E 和还原型谷胱甘肽(GSH)等是非酶促防御系统中的重要抗氧化剂。SOD、CAT 等活性氧清除剂的含量水平和 O_2^-、H_2O_2、O_2 等活性氧的含量水平可作为植物衰老的生理生化指标。

SOD 是含金属辅基的酶。高等植物含有两种类型的 SOD，即 Mn-SOD 和 Cu/Zn-SOD，它们可催化下列反应：

$$2O_2^- + 2H^+ \xrightarrow{SOD} H_2O_2 + O_2$$

$$H_2O_2 \xrightarrow{CAT} H_2O + 1/2O_2$$

由于超氧自由基为不稳定自由基，寿命极短，测定 SOD 活力一般用间接方法，并利用各种呈色反应来测定 SOD 的活力。在氧化物质的存在下，核黄素可被光还原，被光还原的核黄素在有氧条件下极易再氧化而产生超氧自由基，超氧自由基可将氮蓝四唑(NBT)还原为蓝色的甲腙，后者在 560 nm 波长下有最大吸收。而 SOD 可清除超氧自由基，从而

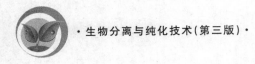

抑制了甲腙的形成。于是光还原反应后,反应液蓝色越深,说明酶活力越低;反之则酶活力越高。据此可以计算出酶活力的大小。

【参考提取工艺】

$$大蒜蒜瓣 \xrightarrow[\text{磷酸盐缓冲液提取}]{\text{研磨}} 上清液 \xrightarrow[\text{除杂蛋白}]{\text{氯仿-乙醇沉淀}} 上清液 \xrightarrow{\text{丙酮沉淀}} SOD 粗品$$

酶液提取的整个操作过程在 0～5 ℃条件下进行。

(1) SOD 的提取:称取 5 g 大蒜蒜瓣,加入石英砂,置于研钵中研磨。破碎后的组织中加入 15 mL 的 0.05 mol/L 磷酸盐缓冲液(pH 7.8),继续研磨 20 min,使 SOD 充分溶解到缓冲液中,然后 5000 r/min 离心 15 min,取上清液。

(2) 除杂蛋白:上清液加入 1∶4(体积比)的氯仿-乙醇混合溶液搅拌 15 min,5000 r/min 离心 15 min,得到的上清液为粗酶液。

(3) SOD 的沉淀分离:粗酶液中加入等体积的冷丙酮,搅拌 15 min,5000 r/min 离心 15 min,得 SOD 沉淀粗品。

【参考活力测定方法】

将 SOD 沉淀溶于 0.05 mol/L 磷酸盐缓冲液(pH 7.8)中,于 55～60 ℃热处理 15 min,得到 SOD 酶液。

显色反应:取 5 mL 指形管(要求透明度好)4 支,2 支为测定管,另 2 支为对照管,按表 3-4-1 加入各溶液。

表 3-4-1　各溶液显色反应用量

试　　剂	加入量/mL			终浓度
	样品管	对照管 1	对照管 2	
SOD 酶液	0.05	0	0	
0.05 mol/L 磷酸盐缓冲液	1.5	1.55	1.55	
130 mmol/L Met 溶液	0.3	0.3	0.3	13 mmol/L
750 μmol/L NBT 溶液	0.3	0.3	0.3	75 μmol/L
100 μmol/L Na$_2$-EDTA 溶液	0.3	0.3	0.3	10 μmol/L
20 μmol/L 核黄素溶液	0.3	0.3	0.3	2.0 μmol/L
蒸馏水	0.25	0.25	0.25	
总体积	3.0	3.0	3.0	

混匀后将 1 支对照管置于暗处,其他各管于 4000 lx 日光下反应 20 min(要求各管受光情况一致,温度高时时间缩短,低时延长)。

至反应结束后,以不照光的对照管作空白,分别测定其他各管的吸光度。

已知 SOD 活力单位定义:以抑制 NBT 光化还原的 50% 为一个酶活力单位。按下式计算 SOD 总活力。

$$SOD\ 总活力 = \frac{(A_{CK} - A_E) \times V}{A_{CK} \times 0.5 \times m \times a}$$

式中:SOD 总活力——以酶活力单位/g(鲜重)表示;

A_{CK}——光对照管的吸光度;

A_E——样品管的吸光度;

V——样品溶液总体积,mL;

a——测定时样品的用量,mL;

m——样品的鲜重,g。

酶液提取时,为了尽可能保持酶的活力,在冰浴中研磨,在低温下离心。

实训 5　从菠萝中提取菠萝蛋白酶

【背景介绍】

菠萝蛋白酶,别名菠萝酶,英文名 bromelain,是存在于菠萝植株中的蛋白质水解酶。菠萝蛋白酶是一种具有消炎、抗水肿作用的酶。菠萝蛋白酶可以用于各种原因所致的炎症、水肿、血肿、支气管炎、支气管哮喘、急性肺炎、乳腺炎等。菠萝蛋白酶与抗菌药物合用治疗关节炎、关节周围炎、蜂窝组织炎、小腿溃疡、呼吸系统的各种炎症和尿路感染等。菠萝蛋白酶还能水解纤维蛋白、酪蛋白及血红蛋白,使得纤维蛋白与血凝块溶解,改善体液循环,增加组织通透性,导致炎症、水肿和血肿的消退。菠萝蛋白酶能分解蛋白质、酯和酰胺。其水解蛋白质的活力是木瓜蛋白酶的 10 倍以上,因此有更加广泛的用途。而且它与木瓜蛋白酶不同,还可以分解肌纤维。有研究表明,它可以抑制肿瘤细胞的成长,并且作为蛋白水解酶对心血管疾病的防治是有益的。将菠萝蛋白酶与各种抗生素(如四环素、阿莫西林等)联用,能提高其疗效。相关研究表明,它能促进抗生素在感染部位的传输,从而减少抗生素的用药量。据推断,对于抗癌药物,也有类似的作用。含有菠萝蛋白酶和猪胆汁浸膏粉的肠溶衣片,除去肠衣后显灰棕褐色,是一种疗效不错的祛痰镇咳药。

菠萝蛋白酶作为一种食品添加剂可用于肉质嫩化、啤酒澄清,还用于干酪、明胶及水解蛋白的生产。在医药上,它还能迅速溶痂,对正常组织无害,不影响植皮,适用于中小面积深度烧伤的治疗。

菠萝蛋白酶一般从菠萝汁或菠萝废皮中提取,菠萝的果、茎、柄和叶片中都含有菠萝蛋白酶。菠萝蛋白酶为浅黄色无定形粉末,相对分子质量为 33000,微有异臭,微溶于水,不溶于乙醇、丙酮、氯仿、乙醚,等电点为 9.55。

菠萝蛋白酶不是单一的成分,而是由多种不同相对分子质量和分子结构的酶组成。粗菠萝蛋白酶由多种成分混合而成,除了蛋白水解酶外,有的还含有酸性磷酸酶、过氧化物酶、纤维素酶、糖苷酶及非蛋白物质。

菠萝蛋白酶是一种较不稳定的酶,提取过程中的每一个工艺步骤都对其产品活力有较大的影响。

【参考提取工艺】

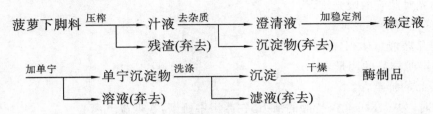

(1) 选取 70%～80% 成熟菠萝的果皮,榨汁,用四层纱布过滤得鲜菠萝果皮汁。

(2) 称取 1 kg 制备好的鲜菠萝果皮汁,加 5% 苯甲酸钠溶液 10 mL,搅拌均匀。

(3) 4000 r/min 离心 7 min,取上清液,倒入干净的烧杯中。

(4) 在上清液中缓缓加入 0.2% 的单宁溶液 80 mL,边加边搅拌约 15 min,可见沉淀析出。静置 40 min。

(5) 除去上清废液,把酶复合沉淀物倒入离心杯中,以 4000 r/min 离心 5 min,倒掉上清废液;得到酶糊复合物。

(6) 把提取的蛋白酶糊倒入烧杯中,加 0.1%EDTA 溶液 100 mL,搅匀,再把 1.5% 氯化钠溶液 200 mL 倒入烧杯中搅匀,以 4000 r/min 离心 7 min,倒掉上清废液,得到洗涤剂 I-酶复合沉淀物。

(7) 将洗涤剂 I-酶复合沉淀物倒入烧杯中,加 0.5% 乙酸锌溶液 20 mL,搅拌均匀,静置 5 min;加 0.06% 抗坏血酸溶液 30 mL,搅拌均匀,静置 5 min;加 1.5% 氯化钠溶液 20 mL,搅拌均匀,静置 5 min;最后加 0.5%EDTA 溶液 20 mL,静置 5 min 后,以 4000 r/min 离心 7 min,把上清液倒掉,得到洗涤剂 II-酶复合沉淀物。

(8) 把洗涤剂 II-酶复合沉淀物倒入烧杯中,加 0.5% 硫代硫酸钠溶液 20 mL,搅拌均匀,静置 5 min;加 1%L-半胱氨酸溶液 10 mL,搅拌均匀,以 4000 r/min 离心 7 min,倒掉上清废液,最后得到蛋白酶糊。

(9) 把蛋白酶糊放入冰室(−12 ℃),低温冷冻 15～20 h。取出解冻,离心,得酶膏。

(10) 把酶膏倒入装有氯化钙或五氧化二磷的干燥器中干燥 6～10 h,得到的是菠萝蛋白酶。研成粉状,低温保存。

【参考活力测定方法】

以菠萝蛋白酶活力来表征它的质量。

(1) 取酶制品 0.15 g,加入 0.05 mol/L 磷酸盐缓冲液(pH 7.0)并定容至 100 mL,过滤。此滤液为溶液酶制剂。

(2) 取 1 mL 溶液酶,加入 0.9 mL 激活剂,于 37 ℃ 水浴中保温。

(3) 保温恒定后,加入同样预热的 1% 酪蛋白溶液 1 mL,混匀,在 37 ℃ 下准确反应 10 min,加入 8 mL 1 mol/L 氢氧化钠溶液,迅速摇匀,于室温放置半小时。

(4) 取上清液于 275 nm 波长下测定吸光度。

在上述条件下,单位时间内吸光度的变化值为待测溶液酶的活力。

激活剂的配制方法如下:0.05 mol/L pH 7.0 的磷酸盐缓冲液,内含 15 mmol/L 硫代硫酸钠及 6 mmol/L Na_2-EDTA,现用现配。

实训 6　甘露醇的制备及鉴定

【背景介绍】

　　甘露醇,又称 D-甘露醇、甘露糖醇、己六醇、木蜜醇,分子式为 $C_6H_{14}O_6$,相对分子质量为 182.17。甘露醇为白色针状晶体,无臭,略有甜味,不潮解。易溶于水,溶于热乙醇,微溶于低级醇类和低级胺类,微溶于吡啶,不溶于醚。甘露醇在无菌溶液中较稳定,不易被空气氧化。甘露醇熔点 166 ℃,相对密度 1.52(25 ℃),1.489(20 ℃),沸点 290～295 ℃(467 kPa)。1 g 该品可溶于约 5.5 mL 水、83 mL 醇中,较多地溶于热水,不溶于醚。甘露醇水溶液呈碱性。该品是山梨糖醇的异构体,山梨糖醇的吸湿性很强,而该品完全没有吸湿性。甘露醇有甜味,其甜度相当于蔗糖的 70％。

　　甘露醇在医药上是良好的利尿剂,可降低颅内压、眼内压及治疗肾病,同时也是脱水剂、食糖代用品,也用作药片的赋形剂及固体、液体的稀释剂。甘露醇注射液作为高渗透降压药,是临床抢救特别是脑部疾患抢救常用的一种药物,具有降低颅内压药物所要求的降压快的特点。作为片剂用赋形剂,甘露醇无吸湿性,干燥快,化学稳定性好,而且具有爽口、造粒性好等特点,用于抗癌药、抗菌药、抗组胺药以及维生素等大部分片剂。此外,也用于醒酒药、口中清凉剂等口嚼片剂。在食品方面,该品在糖及糖醇中的吸水性最小,并具有爽口的甜味,用于麦芽糖、口香糖、年糕等食品的防黏,以及用作一般糕点的防黏粉。也可用作糖尿病患者的食品、健美食品等低热值、低糖的甜味剂。在工业上,甘露醇可用于塑料行业,制松香酸酯及人造甘油树脂、炸药、雷管(硝化甘露醇)等。在化学分析中,甘露醇用于硼的测定,在生物检验上用作细菌培养剂等。甘露醇虽可被人的胃肠所吸收,但在体内并不蓄积。被吸收后,一部分在体内被代谢,另一部分从尿中排出;经氢溴酸反应可制得二溴甘露醇。

　　甘露醇在海藻、海带中含量较高。海藻洗涤液和海带洗涤液中甘露醇的含量分别为 2％和 1.5％,是提取甘露醇的重要资源。

【参考提取工艺】

$$海带 \xrightarrow{浸泡提取} 提取液 \xrightarrow{调节酸度、沉淀} 收集水相 \xrightarrow{浓缩、结晶} 甘露醇$$

　　(1) 取 40 g 海带,加 20 倍量(体积)自来水,室温浸泡 2～3 h,浸泡液用作第二批原料的提取液,一般浸泡 4 批后浸泡液中的甘露醇含量已较大。

　　(2) 收集浸泡液用 30％ NaOH 溶液调节 pH 10～11,静置 8 h。虹吸上清液,用 1∶1 的 H_2SO_4-H_2O 调节至 pH 6～7,进一步除去胶状物,得中性提取液。

　　(3) 中性提取液直接加热至沸腾蒸发,温度 110～150 ℃,成为浓缩液。将小样倒于玻璃板上,稍冷却即凝固。

　　(4) 将浓缩液冷却至 60～70 ℃,趁热加入 95％乙醇(按每克浓缩液 2 mL 95％乙醇),不断搅拌,渐渐冷却至室温。

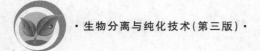

（5）离心甩干除去胶质，得灰白色松散物。

（6）取松散物，加入 8 倍量的 95% 乙醇，加热回流 30 min。

（7）将热乙醇倒出，静置 24 h，2500 r/min 离心甩干，得白色松散的甘露醇粗品。

必要时，重复步骤（6）（7），乙醇重结晶一次。

（8）甘露醇粗品加适量蒸馏水，加热溶解，再按 5%（质量分数）加入粉末活性炭，不断搅拌，加热至沸腾，趁热过滤，用少量去离子水洗活性炭两次，合并洗滤液（如有混浊，重新过滤），高温浓缩至浓缩液相对密度为 1.2 左右时，在搅拌下冷却至室温，低温结晶，抽滤至干，得到甘露醇结晶，烘干，得到甘露醇成品。

（9）初步鉴定。

取所制得的甘露醇成品饱和溶液 1 mL，加 1 mol/L 三氯化铁溶液与 1 mol/L NaOH 溶液各 0.5 mL，即生成棕黄色沉淀，振摇不消失，滴加过量的 1 mol/L NaOH 溶液，即溶解成棕色溶液。符合此现象，可初步断定为甘露醇。

【参考含量测定方法】

根据《中国药典》（2020 版）二部对制备的甘露醇进行含量测定。

取本品约 0.2 g，精密称定，置于 250 mL 容量瓶中，加水使之溶解并稀释至刻度，摇匀；精密量取 10 mL，置于碘量瓶中，精密加入高碘酸钠（钾）溶液（取硫酸（1 mL→20 mL）90 mL 与高碘酸钠（钾）溶液（2.3 g→1000 mL）110 mL 混合制成）50 mL，置于 60 ℃ 水浴上加热 15 min，放冷，加碘化钾试液（16.5 g→100 mL）10 mL，密塞，放置 5 min，用硫代硫酸钠滴定液（0.05 mol/L）滴定，至近终点时，加 2% 淀粉指示液 1 mL，继续滴定至蓝色消失，并将滴定的结果用空白试验校正。1 mL 硫代硫酸钠滴定液（0.05 mol/L）相当于 0.9109 mg 的 $C_6H_{14}O_6$。

实训 7　茶多酚的提取及含量测定

【背景介绍】

茶叶中富含一类多羟基的酚性物质——茶多酚（简称 TP），质量分数一般为 15%～30%，远高于其他植物。茶多酚以儿茶素类为主体，质量分数为 60%～80%。茶多酚是白色的无定形粉末，具涩味，其分子是中等极性的分子，它易溶于热水、甲醇、乙醇、乙酸乙酯、丙酮等极性相对较大的溶剂，难溶或不溶于石油醚、苯、二氯甲烷、三氯甲烷等极性相对较小的溶剂。茶多酚中的酚羟基能与 Ca^{2+}、$Mn(Ⅶ)$、Bi^{3+}、Zn^{2+}、Cr^{3+}、Ag^+、Sr^+、Fe^{3+}、Fe^{2+} 和 Pb^{2+} 等多种金属离子发生配位反应，生成不同特征颜色的配合物；茶多酚能与生物碱生成沉淀，反应是可逆的。茶多酚与蛋白质的配位大多数也是可逆的，茶多酚的羟基与蛋白质、氨基酸结合使蛋白质沉淀是茶多酚杀菌抗病毒的原理所在；儿茶素类化合物的结构中有连或邻苯酚基，因此是活性较高的抗氧化剂。茶多酚还具有高效的抗癌、抗衰老、抗辐射、清除自由基、降血脂等一系列药理功能，在油脂、食品、医药、日化等工业领域有非常广阔的应用前景。茶多酚的性质与温度、pH 值及光照有关，在低温或 pH 2.0

～6.0 范围内均较稳定,光照或 pH＞7.0 时,易氧化聚合。在水溶液中,茶多酚的氧化速率受 pH 值的影响,随 pH 值升高氧化速率加快,当 pH＞7.0 时,氧化速率迅速增加。高温或光照也能使儿茶素氧化,使其颜色加深。茶多酚的提取和纯化必须在适宜的温度和 pH 值范围内进行。

目前,从茶叶中提取茶多酚的方法常见的有三种。

(1) 有机溶剂萃取法。茶多酚易溶于水、醇类、醚类、酮类、酯类等,可利用水或有机溶剂将茶多酚从茶叶中提取出来,再用乙酸乙酯等有机溶剂将其从水提取物中分离出来。此法能有效地从各种茶叶原料中提取茶多酚,但其中含有大量的植物多糖、色素、咖啡碱等杂质,并且使用多种溶剂、步骤多、得率低、生产成本高。

(2) 离子沉淀法。利用茶多酚在一定的酸度条件下可以和某些金属离子形成沉淀的性质,从茶多酚浸提液中富集提取茶多酚,再用酸溶解沉淀使茶多酚游离析出。此工艺减少了有机溶剂的用量,不必浓缩,能耗降低,产品无毒且纯度高,但在沉淀、过滤和转溶过程中茶多酚会损失,并且在碱性条件中茶多酚会氧化成醌类物质,导致得率降低。

(3) 柱色谱吸附分离法。因柱材料价格昂贵且再生存在一定问题,因而无法实现大规模工业化生产。

【参考提取工艺】

茶叶 —粉碎/浸提,抽滤→ 提取液 —减压蒸馏→ 浓缩液 —乙酸乙酯萃取→ 有机相 —浓缩→ 浓缩物 —冷冻干燥→ 茶多酚

(1) 准确称取 10.00 g 市售绿茶。

(2) 在水浴温度为(70±2) ℃时,以水为溶剂进行分次浸提,采用合适的料液比和浸提时间。

(3) 合并浸提液后,抽滤,测量浸提液的体积,取样 1 mL 进行相应的分析检测,计算茶多酚的浸提率。

(4) 将浸提液在水浴上减压蒸馏,浓缩至固体含量为 5％ 左右。

(5) 浓缩后的浸提液中加入等体积的乙酸乙酯,于振荡器上振荡 60 min,静置分层后收集上层乙酸乙酯层,计量下层水相体积,取样 1 mL,待测定。

(6) 在水相中再加入等量的乙酸乙酯,重复以上步骤。采用合理的乙酸乙酯的萃取次数。

(7) 减压蒸馏乙酸乙酯层,浓缩并冷冻干燥得茶多酚,同时回收乙酸乙酯。

(8) 水相取样后,加 3 倍体积的 95％(体积分数)乙醇沉淀,沉淀 3 h 后,离心分离并冷冻干燥,得到茶多酚。

【参考含量测定方法】

提取过程得到的茶多酚可采用酒石酸亚铁比色法。

1. 标准曲线的绘制

准确称取 EGCG(表没食子儿茶素没食子酸酯)0.2500 g,加蒸馏水溶解后移入 250 mL 容量瓶中,并用蒸馏水定容至刻度,即得 1 mg/mL 的标准溶液。精密吸取标准溶液

0 mL、0.5 mL、1.0 mL、1.5 mL、2.0 mL、2.5 mL 分别置于 6 个 25 mL 容量瓶中,再依次加入 4 mL 蒸馏水、5 mL 1 mg/mL 的酒石酸亚铁溶液,用 pH 7.5 的磷酸盐缓冲液定容至刻度,静置 10～15 min 后,以蒸馏水为空白对照,在 540 nm 波长处测定溶液的吸光度,作标准曲线。

2. 茶多酚含量的测定方法

准确量取待测溶液 1 mL 于 25 mL 容量瓶中,同样依次加入 4 mL 蒸馏水、5 mL 1 mg/mL 的酒石酸亚铁溶液,用 pH 7.5 的磷酸盐缓冲液定容,静置 10～15 min 后,以蒸馏水为空白对照,在 540 nm 波长处测定溶液的吸光度,在标准曲线上查出茶多酚的含量。

实训 8　异黄酮的提取与鉴定

【背景介绍】

1. 异黄酮的来源与分布

异黄酮在自然界中的分布只局限于豆科的蝶形花亚科等极少数植物中,如大豆、墨西哥小白豆、苜蓿和绿豆等植物中,其中异黄酮含量最高的只有苜蓿和大豆,一般苜蓿中异黄酮的含量为 0.5%～3.5%,大豆中异黄酮的含量为 0.1%～0.5%。

大豆异黄酮是大豆生长中形成的一类次生代谢产物,是生物黄酮中的一种,也是一种植物雌激素。它主要分布于大豆种子的子叶和胚轴中,种皮中含量极少。80%～90%的异黄酮存在于子叶中,浓度为 0.1%～0.3%。胚轴中所含异黄酮种类较多且浓度较高,为 1%～2%,但由于胚只占种子总质量的 2%,因此尽管浓度很高,所占比例却很少(10%～20%)。

各种大豆制品中异黄酮含量和种类分布不同,不仅与大豆品种和栽培环境有关,还与大豆制品的加工工艺密切相关。水处理、热处理、凝固、发酵等加工环节和方法显著地影响了大豆制品中异黄酮的含量和种类分布,特别是大豆浓缩蛋白和大豆分离蛋白的不同提取方法中异黄酮含量影响极大。

2. 异黄酮的结构、组成与性质

(1) 异黄酮的结构与组成。

大豆异黄酮属于黄酮类化合物中的异黄酮成分。黄酮类化合物的基本母核为 2-苯基色原酮的一系列化合物,目前黄酮类化合物泛指两个苯环(A 和 B)通过三碳链相互连接而成的一系列化合物。基本结构如下:

大豆异黄酮是一种混合物,主要有三类,即大豆苷类(daidzin groups)、染料木苷类

(genistin groups)、黄豆苷类(glycitin groups)，每类以游离型、葡萄糖苷型、乙酰基葡萄糖苷型和丙二酰基葡萄糖苷型等四种形式存在(游离型一般称为苷元，后三种形式则归结为结合型的糖苷形式)。

（2）异黄酮的性质。

异黄酮类化合物显微黄色、灰白或无色，紫外线下多显紫色。大豆异黄酮中的染料木素为灰白色结晶，紫外灯下无荧光，大豆素为微白色结晶，紫外灯下无荧光。

大豆异黄酮的苷元不具有旋光性，但对于结合型的糖苷结构而言，由于结构中引入了糖基，因而具有旋光性。

大豆异黄酮的苷元一般难溶或不溶于水，可溶于甲醇、乙醇、乙酸乙酯、乙醚等有机溶剂及稀碱中，大豆异黄酮的结合式苷易溶于甲醇、乙醇、吡啶、乙酸乙酯及稀碱液中，难溶于苯、乙醚、氯仿、石油醚等有机溶剂中，对水的溶解度增加，可溶于热水。由于异黄酮分子中有酚羟基，故其显酸性，可溶于碱性水溶液及吡啶中。

3. 异黄酮的生理功能特性

大豆异黄酮的苷元，特别是主要活性成分大豆黄酮和染料木黄酮具有多酚羟基结构，酚羟基上的氢原子易于在外来作用下与氧原子脱离，形成氢离子，发挥还原作用，这就是大豆异黄酮能够抗氧化、具有还原性的结构基础。因此，食物中的此类物质可以对抗超氧阴离子自由基，阻断自由基的连锁反应，发挥抗氧化作用。

大豆异黄酮具有与雌激素类似的母核结构，因此大豆异黄酮在发挥生物作用时，可与雌激素的受体结合，表现为类雌激素活性和抗雌激素活性。长期的临床试验证明：大豆异黄酮对低雌激素水平者，表现弱的雌激素作用，可防治一些和激素水平下降有关的疾病的病症，如更年期综合征、骨质疏松、血脂升高等；对于高雌激素水平者，表现为抗雌激素活性，可防治乳腺癌、子宫内膜炎，具有双向调节平衡功能。

另外，大豆异黄酮是公认的酪氨酸蛋白激酶(PTK)的抑制剂，可抑制由生长因子诱导的PGK活性增高，从而抑制细胞的有丝分裂和肿瘤转移。

【参考提取工艺】

大豆异黄酮的提取，主要根据被提取物的性质及伴存杂质的情况来选择合适的提取用溶剂。对大豆异黄酮的苷类成分，一般可用乙酸乙酯、丙酮、乙醇、甲醇、水或某些极性较大的混合溶剂，苷元用极性较小的溶剂，如乙醚、氯仿、乙酸乙酯等来提取。在综合提取大豆异黄酮时，一般采用乙醇水溶液、甲醇水溶液、丙酮酸性溶液和弱碱性水溶液等。

大豆粗提取物中含有蛋白质、低聚糖、皂苷、油脂等杂质，其精制纯化一般根据所含杂质的性质，采用多次溶剂萃取、树脂吸附等方法。由于溶剂萃取精制法存在溶剂残留、收率低、能耗大、溶耗高、不能解决重金属残留等问题，因此树脂吸附法将是今后发展的一个趋势。

1. 提取工艺一

大豆胚芽 →(甲醇提取/蒸发甲醇)→ 提取物 →(石油醚脱脂)→ 脱脂提取物 →(乙酸乙酯萃取)→ 萃余物 →(正丁醇萃取)→

→ 乙酸乙酯层(待上柱)

正丁醇层(待上柱)

(1) 异黄酮提取。

将 2.5 kg 大豆胚芽,放入 10 L 玻璃瓶中,加入甲醇至满,不定期搅拌,浸提 72 h 后将甲醇滤出,回收甲醇。回收的甲醇加入玻璃瓶中,补充新甲醇至满,不时搅拌,浸提 72 h,滤出甲醇,反复三次,合并甲醇提取物,回收甲醇蒸发温度不高于 40 ℃。

(2) 甲醇提取物处理。

将甲醇提取物用石油醚萃取脱脂,直至石油醚层无色时为止。将脱脂后的提取物用 3 倍体积的乙酸乙酯萃取,反复多次,直到乙酸乙酯相无色时为止。合并乙酸乙酯相并蒸干,蒸发温度不高于 40 ℃,得乙酸乙酯提取物。将乙酸乙酯提取后的剩余物用水饱和,正丁醇提取多次,直到正丁醇相无色时为止。合并正丁醇相,蒸发正丁醇,得正丁醇提取物。

(3) 异黄酮分离。

将正丁醇提取物用 DMSO(二甲基亚砜)溶解后,抽滤,滤液上聚酰胺柱(60 mm×600 mm)。先用去离子水洗脱,再用甲醇梯度洗脱(体积分数为 20%,40%,60%),分步收集。体积分数为 40% 的甲醇溶液洗脱得馏分Ⅰ,60% 的甲醇溶液洗脱得馏分Ⅱ,将馏分Ⅰ部分用 DMSO 溶解,上 Sephadex LH220 柱(35 mm×500 mm)。先用去离子水洗脱,再用甲醇梯度洗脱,15 mL 收集一管,可得到 4 个组分,每组分主要含 1 个化合物,将每个组分用 DMSO 溶解,反复上 Toyopearl HW-40 柱(35 mm×500 mm),并用甲醇梯度洗脱,可得 4 个纯化合物,分别为 A、B、C、D。

将馏分Ⅱ部用 DMSO 溶解,上 Sephadex LH220 柱(35 mm×500 mm)。先用去离子水洗脱,再用甲醇梯度洗脱,15 mL 收集一管,可得到 2 个组分;每组分主要含 1 个化合物,将每个组分用 DMSO 溶解,反复上 Toyopearl HW-40 柱(35 mm×500 mm),并用甲醇梯度洗脱,可得 2 个纯化合物,分别为 E、F。

将乙酸乙酯粗提部分上聚酰胺柱(60 mm×600 mm),先用去离子水洗脱,再用甲醇梯度洗脱(体积分数分别为 30%,50%,70%),20 mL 收集一管,可得 4 个馏分;每馏分主要含一个化合物,将每个组分用 DMSO 溶解,反复上 Toyopearl HW-40 柱(35 mm×500 mm),并用甲醇梯度洗脱,可得 4 个纯化合物,分别为 G、H、I、J。

2. 提取工艺二

大豆豆粕 —丙酮、乙酸混合提取/过滤→ 提取液 —浓缩→ 浓缩物 —乙醇溶解→ 乙醇溶液 —80 ℃回流→ 水解液 —浓缩→ 异黄酮苷悬浊液(待上柱)

称取 1000 g 大豆豆粕,装入 10000 mL 烧瓶中,加入 5000 mL 丙酮和 0.1 mol/L 乙酸混合提取液,电热套控温以提取液微沸为准,搅拌提取两次,每次 2 h,过滤,滤渣用少量混合提取液清洗三次。滤液在 40 ℃下减压浓缩至干,加入 500 mL 50% 乙醇溶液溶解固形物,在 80 ℃水浴中回流水解 15 h,水解产物为异黄酮苷。在 65 ℃下减压浓缩至无酒精味为止。悬浊液以 5 mL/min 通过聚酰胺色谱柱(3.0 cm×50 cm),待悬浊液流完后,用水淋洗柱子,至流出液为无色透明液时停止淋洗。用 500 mL(约 2 倍柱体积)70% 乙醇洗脱色谱柱。将接收的 500 mL 洗脱液在 65 ℃下减压浓缩至干,即获得异黄酮苷粗品。

【参考鉴定方法】

1. 高效液相色谱法

(1) 流动相的选择。

流动相为乙腈-水(pH 3.0)。梯度洗脱：12%～18%乙腈，0～10 min；18%～24%乙腈，10～23 min；24%～30%乙腈，23～30 min；30%乙腈，30～50 min；80%乙腈，50～55 min。此条件下，保留时间和峰面积比较，有较好的稳定性和重现性。分别记录大豆异黄酮各成分的保留时间，见表 3-8-1。

表 3-8-1 大豆异黄酮各成分六次进样保留时间记录 （单位：min）

样 品 名 称	第 1 次	第 2 次	第 3 次	第 4 次	第 5 次	第 6 次	平均值	RSD/(%)
大豆苷								
黄豆苷								
染料木苷								
大豆黄素								
黄豆黄素								
染料木素								

(2) 检测波长的选择。

对大豆苷、黄豆苷、染料木苷、大豆黄素、黄豆黄素和染料木素进行波长扫描，波长范围为 220～450 nm。

通过光谱图比较，这六种物质在 260 nm 波长处有最大吸收，因此选定 260 nm 作为检测波长。

(3) 标准工作曲线和线性范围。

配制不同浓度的标准使用液，在上述色谱条件下进行 HPLC 测定。线性方程和相关系数见表 3-8-2。

表 3-8-2 标准曲线数据

样 品 名 称	浓度/(μg/mL)	峰面积	线 性 方 程	相 关 系 数
大豆苷	0.2095	8.6	$Y=38.20869X+4.01024$	0.99999
	2.0950	82.9		
	10.4750	408.0		
	41.9000	1619.7		
	83.8000	3192.0		
	125.7000	4810.9		

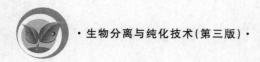

续表

样 品 名 称	浓度/(μg/mL)	峰面积	线 性 方 程	相 关 系 数
黄豆苷	0.1990	7.5	$Y=34.74200X+2.31309$	0.99999
	1.9900	72.9		
	9.9500	350.9		
	39.8000	1391.8		
	79.6000	2754.0		
	119.4000	4157.2		
染料木苷	0.2075	12.2	$Y=55.50528X+5.77594$	0.99999
	2.0750	121.0		
	10.3750	589.4		
	41.5000	2323.6		
	83.0000	4595.3		
	124.5000	6922.3		
大豆黄素	0.2015	12.8	$Y=59.71839X+6.17333$	0.99999
	2.0150	123.4		
	10.0750	619.6		
	40.3000	2428.5		
	80.6000	4799.7		
	120.9000	7233.2		
黄豆黄素	0.1995	10.8	$Y=43.30426X+8.17645$	0.99999
	1.9950	110.4		
	9.9750	441.5		
	39.9000	1736.3		
	79.8000	3455.3		
	119.7000	5196.9		
染料木素	0.2020	16.6	$Y=78.92797X+6.06900$	0.99999
	2.0200	167.0		
	10.1000	812.5		
	40.4000	3212.7		
	80.8000	6352.1		
	121.2000	9586.3		

由表 3-8-2 可知,本方法的标准工作曲线线性范围较宽,0～120 μg/mL 线性良好。

（4）本方法的检出限。

本方法的检出限:进样量为 10 μL 时,大豆苷、黄豆苷、染料木苷、大豆黄素、黄豆黄素和染料木素的最低检出浓度均为 0.02 μg/mL。

2. 紫外分光光度法

（1）标准品溶液的配制及标准曲线的制备。

精确称取大豆苷标准品 2.0 mg,置于 25 mL 容量瓶中,以甲醇溶解并定容至刻线,摇匀。分别精密吸取标准品溶液 0.1 mL、0.2 mL、0.3 mL、0.4 mL、0.6 mL、0.8 mL,置于 10 mL 容量瓶中,用甲醇稀释至刻线,摇匀。以甲醇为空白,在 254 nm 波长处测定吸光度,以浓度为横坐标,吸光度为纵坐标,绘制标准曲线。

（2）样品的制备。

精密称取异黄酮苷粗品 2.5 mg,置于 25 mL 容量瓶中,以甲醇溶解并定容至刻线,摇匀。

（3）样品含量测定。

精确量取样品 0.10 mL,用无水甲醇稀释并定容至 10 mL,在 254 nm 波长处测定吸光度三次,取平均值,测定结果,根据标准曲线计算样品含量。

实训 9 RNA 的制备及纯度鉴定

【背景介绍】

RNA 是生物体内重要的遗传物质。生物体内总 RNA 的提取是分子生物学研究的基础,在进行体外反转录,实时荧光定量 PCR、Northern 杂交分析、cDNA 文库的建立等下游分子生物学实训时均需要用到高质量的 RNA。

RNA 及其水解产物用途广泛。其中鸟苷酸（GMP）和肌苷酸（IMP）是强力助鲜剂,胞苷酸（CMP）和尿苷酸（UMP）可作为生产治疗癌症、肝炎及冠心病等药物的原料。在化妆品中加入核酸或其水解物,可促进皮肤蛋白质合成,起到养护皮肤的作用。

RNA 提取的实质就是将细菌的细胞壁破裂后,释放出其中的 RNA,并通过不同的方式去除糖类、脂类、蛋白质和 DNA 等杂质,从而得到高纯产物的过程。各种生物的 RNA 含量各不相同,细菌的 RNA 具有含量少、半衰期短、容易降解等特点,所以与动、植物等真核生物相比较,更难提取出高质量的 RNA。另外,细胞壁破裂后,细胞内的 RNA 酶（RNase）以及操作体系中的 RNase 均会降解分离组分中的 RNA,且 RNase 极为稳定,在试验操作中很难将其彻底除去。因此,细菌总 RNA 提取方法的改进一直是目前分子生物学研究的重点。

【参考提取工艺】

新鲜的生物材料 $\xrightarrow{\text{液氮研磨}}$ 匀浆液 $\xrightarrow{\text{Trizol 处理}}$ 提取液 $\xrightarrow[\text{离心}]{\text{氯仿处理}}$ 收集上清液 $\xrightarrow[\text{离心}]{\text{无水乙醇}}$

RNA 沉淀 $\xrightarrow{\text{清洗}}$ RNA

(1) 从 $-80\ ℃$ 超低温冰箱中取出保存的材料约 1.5 g,立即放入已用液氮预冷的研钵中,充分研磨。

(2) 在 1.5 mL EP 管中加入 $50\sim100$ mg 样品(不能太多,否则影响提取),最好先加 Trizol(主要成分是苯酚),再加样品,盖紧,上、下摇动使之混匀,得到匀浆。

(3) 把匀浆液放在 $15\sim30\ ℃$(室温)温育 5 min(使管中核酸、蛋白质混合物充分溶解)。

(4) 加 200 μL 氯仿,盖紧,用力振荡 15 s(60 次),$15\sim30\ ℃$(室温)温育 3 min,$2\sim8\ ℃$ 下离心,$14000\sim15000$ r/min,15 min。从下向上依次为红色的酚氯仿相、中间相和无色水相,RNA 全部集中于水相。

(5) RNA 沉淀。

①将 300 μL 上清液转入装有 1 mL 20 ℃ 的无水乙醇(预冷)的离心管中,盖紧,轻轻转动离心管几次,冰上放置 20 min。

②$2\sim8\ ℃$ 离心,$14000\sim15000$ r/min,15 min。

(6) RNA 清洗。

倾去离心管中的上清液,用 75% 乙醇(DEPC 水配)冲洗 RNA 沉淀,轻轻翻转离心管 $1\sim2$ 次,倒出乙醇,在超净工作台上吹干。

(7) 溶解 RNA。

加入 30 μL DEPC(焦碳酸二乙酯)溶解 RNA,$-80\ ℃$ 保存。

【参考鉴定方法】

1. 紫外分光光度法

最常用的方法是用紫外分光光度计测 A_{260} 和 A_{280} 的值,通过计算 A_{260}/A_{280} 来判断总 RNA 的含量和纯度。纯 RNA 溶液的 A_{260}/A_{280} 为 2.0,样品中若含有蛋白质,则 A_{260}/A_{280} 要下降。A_{260}/A_{280} 大于 2.0 且小于 2.4,表明 RNA 样品含酚类、多糖类物质和蛋白质等杂质较少。

2. 琼脂糖凝胶电泳

琼脂糖凝胶电泳,EB 染色,在紫外灯下根据其条带的完整性和亮度,直接判断其纯度和浓度。如果能观察到 23S RNA、16S RNA 和 5S RNA,且目的条带清晰,其中 23S rRNA 的条带亮度基本为 16S rRNA 的 2 倍,且没有拖带现象,表明提取出的 RNA 基本无降解,完整性好,可用于以 RNA 为对象的分子生物学研究。

3. 组分鉴定

取 2 g 提取的核酸,加入 1.5 mol/L 硫酸 10 mL,沸水浴加热 10 min 制成水解液,然后进行组分鉴定。

(1) 嘌呤碱:取水解液 1 mL,加入过量浓氨水。然后加入 1 mL 0.1 mol/L 硝酸银溶液,观察有无嘌呤碱银化合物沉淀。

(2) 核糖:取水解液 1 mL、三氯化铁-浓盐酸溶液 2 mL 和苔黑酚-乙醇溶液 0.2 mL,置于沸水中 10 min,观察核糖是否变成绿色。

（3）磷酸：取水解液 1 mL，加定磷试剂 1 mL，在水浴中加热，观察溶液是否变成蓝色。

【提取过程中的常见问题】

1. 内源性 RNase 的污染

细胞内源 RNase 会降解 mRNA。因此，实训应在低温下进行，降低 RNase 的活力；适量加入 RNase 抑制剂，如 RNasin，对其他核酸酶无影响，但对 RNase 有很好的抑制作用，进而有效抑制 RNase 的活力。

2. 外源性 RNase 的污染

（1）实训器材的污染。

（2）实训人员的污染。

（3）实训试剂的污染。

因此，所有实训玻璃器材要在 121 ℃下用锡箔纸包好灭菌 8 h。在准备和进行 RNA 提取实训时，需戴一次性手套，在实训过程中接触了可能带有 RNase 的物品时，要更换手套，所以在整个实训过程中要勤换手套。另外，空气和液体中也会有 RNase，所以实训过程中要戴口罩，尽量不说话，并减少实训区域的人员走动。在配制所用试剂时，要使用经过处理的器皿，并且用灭过菌的 1% 的 DEPC 水来配制。

实训 10 香菇多糖的提取与鉴定

【背景介绍】

香菇（*Lentinus edodes*）又称香蕈、椎茸、香信、冬菇、厚菇、花菇。子实体菌盖直径为 5～12 cm，扁平球形至稍平展，表面棕红色、浅褐色、深褐色至深肉桂色，有深色鳞片，而边缘往往为灰白色，有毛状物或絮状物，菌肉白色，稍厚或厚，细密，菌褶白色，密、弯生、不等长。菌柄中生至偏生，白色，常弯曲，长 3～8 cm，粗 0.5～1.5 cm，菌环以下有纤毛状鳞片，肉实，纤维质，菌环易消失，白色。多在冬、春季生长，有些地区夏、秋季生长在阔叶树倒木上，在人工栽培中，按发生季节有春生型、夏生型、秋生型、冬生型等类型，在断木上单生或群生。分布在我国浙江、福建、台湾、安徽、湖南、湖北、江西、四川、广东、广西、海南、贵州、云南、陕西、甘肃等地。香菇是我国传统的著名食用菌，我国在世界上最早进行人工驯化栽培。香菇营养丰富，味道鲜美，被视为"菇中之王"。干香菇中含蛋白质 18.64%、脂肪 4.8%、碳水化合物 71%，香菇含有的十多种氨基酸中，有异亮氨酸、赖氨酸、苯丙氨酸、甲硫氨酸、苏氨酸、缬氨酸等 6 种人体必需的氨基酸，还含有维生素 D、B_1、B_2 及矿物盐和粗纤维等。香菇中的碳水化合物以半纤维素居多，主要成分是甘露醇、海藻糖、菌糖、葡萄糖、戊聚糖、甲基戊聚糖等。我国不少古籍中记载香菇"益气不饥，治风破血和益胃助食"。民间用来助痘疮、麻疹的诱发，治头痛、头晕。

由于分子生物学的发展，人们逐渐认识到糖及其复合物分子具有极其重要的生物功能，糖生物学的时代正在加速来临。多糖与免疫功能的调节、细胞与细胞的识别、细胞间物质的运输、癌症的诊断与治疗等都有着密切的关系。近年来,又发现多糖的糖链在分子生物学中具有决定性作用,此外,它还能控制细胞的分裂和分化、调节细胞的生长和衰老。多糖在医药上还是很好的佐剂,在食品工业、发酵工业及石油工业上也有着广泛的应用。因此,在多糖资源的开发、多糖结构的分析、多糖药理作用等的研究方面,人们做了大量的工作。香菇多糖是研究得较早的多糖之一,1968年日本千原吴郎首先利用热水从香菇子实体中浸提出6种胞外香菇多糖(LNT),1970年Chihard和Sasaki用热水浸提结合有机溶剂沉淀从香菇中提取到另外4种香菇多糖,20世纪80年代以来,香菇多糖的研究更为深入、多元化。现代研究表明,香菇多糖具有抗病毒、抗肿瘤、调节免疫功能和刺激干扰素形成等功能。

【参考提取工艺】

多糖的提取通常要根据多糖的存在形式及提取部位不同决定在提取之前是否作预处理,含脂高的原料,一般先采用丙酮、乙醚、乙醇等进行预处理,目的是脱脂。一般多糖是水溶性物质,常用的提取方法为热水浸提法,但为了提高多糖的提取得率,不断出现了一些新的提取方法。

香菇 $\xrightarrow{预处理}$ 干燥香菇小块 $\xrightarrow{浸泡提取}$ 提取液 $\xrightarrow{纯化}$ 香菇多糖

(1)预处理。

将新鲜香菇清洗干净,除去其根部,将剩下的菌伞挤压,切小块,放入真空干燥箱中干燥,待香菇质量恒定,放入粉碎机中粉碎,将粉碎后的香菇粉通过80目的筛子,得到80目粒度以下的样品,过筛之后把香菇粉装到清洁、干燥的烧杯中,置于真空干燥箱中待用。

(2)提取。

称取香菇粉5g,放入250 mL锥形瓶中,加入蒸馏水100 mL,混合均匀后置于90℃水浴锅中,水浴提取2 h,提取两次,提取结束,冷却至室温,将两次提取液混合后过滤。

(3)多糖粗品用乙醇或丙酮进行反复沉淀洗涤,除去一部分醇溶性杂质。

(4)加入适量粉末活性炭,不断搅拌,加热至沸腾,趁热过滤,用少量水洗活性炭两次,合并洗滤液(如有混浊,重新过滤),冷却至室温,得到香菇多糖溶液。

(5)采用Sevage法除去多糖中的蛋白质,重复三次。

(6)初步鉴定:取所制得的香菇多糖溶液2 mL,加入5%苯酚溶液1 mL,摇匀,迅速加入5 mL浓硫酸,振摇5 min,置于沸水浴上加热15 min,即生成红色化合物,可初步断定为香菇多糖。

【参考含量测定方法】

以葡萄糖作为标准品,采用苯酚-硫酸比色法,用紫外-可见分光光度计测定多糖含量。

1. 标准曲线绘制

精密吸取已配制的葡萄糖标准品溶液0.5 mL、1 mL、1.5 mL、2 mL、2.5 mL、3 mL置于6个50 mL容量瓶中,加蒸馏水至刻线,摇匀。精密吸取2 mL,分别加入5%苯酚溶液1 mL,摇匀,迅速加入5 mL浓硫酸,振摇5 min,置于沸水浴上加热15 min,然后置于冷水浴中冷却30 min,以溶剂蒸馏水为空白对照,在400~600 nm波长内扫描,最大吸收波长为 490 nm。在 490 nm 波长处测吸光度，以浓度为纵坐标，吸光度为横坐标，绘制标准曲线，得出葡萄糖标准品浓度 $Y(\mu g/mL)$ 与吸光度 X 的回归方程，在 2.5～15.0 $\mu g/mL$ 范围内呈线性关系。

2. 含量测定

取 2 mL 滤液，加入 5‰苯酚溶液 1 mL，摇匀，迅速加入 5 mL 浓硫酸，振摇 5 min，置于沸水浴上加热 15 min，然后置于冷水浴中冷却 30 min，即以溶剂蒸馏水为空白对照，在 490 nm 波长处用分光光度计测吸光度，从而得出香菇多糖浓度。

【含量测定可选方法】

1. 滴定法

样品去除蛋白质后，加入稀盐酸，加热使多糖水解转化为还原糖，然后用高锰酸钾法进行滴定测定，总糖含量以转化糖计算。

2. 苯酚-硫酸法

糖类物质在浓硫酸作用下脱水，生成糠醛或糠醛的衍生物，糠醛能与芳香族化合物缩合生成红色化合物。该有色化合物在 490 nm 波长处有最大吸收，测定 490 nm 波长处的吸光度，就能转化为多糖浓度，这是苯酚-硫酸法测定多糖的基本原理。

3. 蒽酮-硫酸法

测定原理和苯酚-硫酸法类似，反应生成蓝绿色化合物，该化合物在 620 nm 波长处有最大吸收，其颜色深浅与多糖浓度成正比。但该法相对于苯酚-硫酸法测定步骤比较烦琐。

4. 3,5-二硝基水杨酸法

该法用来测定多糖中还原糖的含量，在碱性溶液中，3,5-二硝基水杨酸与还原糖共热后生成棕红色氨基化合物，在一定浓度范围内，还原糖的量与反应液的颜色呈线性关系，利用比色法可测定样品中的含糖量。

5. 高效液相色谱法

以不同相对分子质量的标准右旋糖酐（dextran）为标准，采用凝胶色谱柱、示差折光检测器。样品经过色谱分离后，根据浓度与峰面积关系绘制标准曲线，待测样品经分离后得到不同相对分子质量峰的保留时间值，通过标准曲线计算出多糖相对分子质量分布，选择与待测样品相对分子质量接近的右旋糖酐为基准物质，用外标法定量测定。该法最大的优点是快速、准确，但需使用昂贵的精密仪器。

实训 11　卵磷脂的提取与鉴定

【背景介绍】

磷脂是一类含有磷酸的脂类，机体中主要含有两大类磷脂：由甘油构成的磷脂，称为甘油磷脂；由神经鞘氨醇构成的磷脂，称为鞘磷脂。其结构上具有由与磷酸相连的取代基团(含氨碱或醇类)构成的亲水头和由脂肪酸链构成的疏水尾。在生物膜中磷脂的亲水头位于膜表面,而疏水尾位于膜内侧。磷脂是重要的两亲物质,它们是生物膜的重要组分、乳化剂和表面活性剂。磷脂依照氨基醇的不同,可分为磷脂酰胆碱(卵磷脂)(PC)、磷脂酰乙醇胺(脑磷脂)(PE)、磷脂酰丝氨酸(PS)、磷脂酰肌醇(PI)、磷脂酰甘油(PG)、二磷脂酰甘油。

卵磷脂主要存在于大豆等植物组织以及动物的肝、脑、脾、心、卵等组织中,尤其在卵黄中含量较多(10%左右)。其主要作用是控制肝脂代谢,防止脂肪肝的形成,也是生物体组织细胞的重要成分。卵磷脂可将胆固醇乳化为极细的颗粒,这种微细的乳化胆固醇颗粒可透过血管壁被组织利用,而不会使血浆中的胆固醇增加。

利用卵磷脂可以溶于乙醇的性质,将卵黄溶于乙醇,卵磷脂从卵黄中转移到乙醇溶液中,可被分离出来,而将蛋白质等某些杂质从沉淀物中除去。但是乙醇溶剂抽提时,其他脂质也一起被抽提出来,如甘油三酯、甾醇等。利用卵磷脂不溶于丙酮的性质,用丙酮从粗卵磷脂溶液中沉淀磷脂,能将卵磷脂与其他脂质和胆固醇分离开来。无机盐和卵磷脂可生成配合物沉淀,因此可以利用金属盐沉淀剂将卵磷脂从溶液中分离出来,由此除去蛋白质、脂肪等杂质,再用适当溶剂萃取出无机盐和其他磷脂杂质,这样可大大提高卵磷脂纯度。

【参考提取工艺】

鸡卵黄 $\xrightarrow[\text{离心}]{\text{乙醇溶解}}$ 上清液 $\xrightarrow{\text{减压蒸馏}}$ 油状物 $\xrightarrow{\text{丙酮除杂}}$ 沉淀 $\xrightarrow{\text{乙醇溶解}}$

精制卵磷脂 $\xleftarrow{\text{丙酮洗涤、干燥}}$ 沉淀 $\xleftarrow{\text{盐溶、离心}}$ 溶解液

1. 粗提

室温下,取适量鸡卵黄,用2倍于卵黄体积的95%乙醇进行提取,混合搅拌,离心分离(3000 r/min,5 min),将沉淀物重复提取三次,回收上清液;然后减压蒸馏至近干,用少量石油醚洗下粘壁的黄色油状物质;加入丙酮,抽滤,分离出沉淀物,真空干燥(40 ℃,30 min),得到淡黄色的粗卵磷脂,称重。

2. 精制

称取一定量的卵磷脂粗品,用无水乙醇溶解,得到约10%的乙醇粗提液,加入相当于卵磷脂质量10%的0.1 mol/L $ZnCl_2$水溶液,室温搅拌0.5 h,分离沉淀物,加入适量丙酮(4 ℃)洗涤,搅拌1 h,再用丙酮反复研洗,直到丙酮洗液为近无色止,得到白色蜡状的精卵磷脂,干燥,称重。

【参考鉴定方法】

1. 定性鉴别

(1)性状:本品为黄色至棕褐色的黏稠膏状物,在空气中遇光分解和氧化。本品在乙醚或氯仿中易溶,在热乙醇中溶解。

(2)鉴别反应。

取一支干燥大试管,加入提取的一半量的卵磷脂,并加入5 mL 20% NaOH溶液,放

入沸水浴中加热 10 min,并用玻璃棒加以搅拌,使卵磷脂水解,冷却后,在玻璃漏斗中用棉花过滤。滤液备用。

①三甲胺的检验:取干燥试管一支,加入少量提取的卵磷脂以及 2～5 mLNaOH 溶液,放入水浴中加热 15 min,在管口放一片湿润的红色石蕊试纸,观察颜色有无变化,并嗅其气味(鱼腥味)。

②不饱和性检验:取干净试管一支,加入 10 滴上述滤液,再加入 1～2 滴 3%溴的四氯化碳溶液,振摇试管,观察有何现象产生(黄褐色)。

③磷酸的检验:取干净试管一支,加入 10 滴上述滤液和 5～10 滴 95%乙醇溶液,然后再加入 5～10 滴钼酸铵试剂,观察现象;最后将试管放入热水浴中加热 5～10 min,观察有何变化。

④甘油的检验:取干净试管一支,加入少许卵磷脂和 0.2 g 硫酸氢钾,用试管夹夹住并先在小火上略微加热,使卵磷脂和硫酸氢钾混熔,然后集中加热,待有水蒸气放出时,嗅有何气味产生。

2. 含量测定

(1) 测氮:取本品约 2 g,精密称定,照氮测定法(《中国药典》(2020 年版)二部附录 VII D 第一法)测定。

(2) 测磷:

①参比溶液的制备:取 105 ℃干燥至恒重的磷酸二氢钾约 0.219 g,精密称定,置于 50 mL 容量瓶中,加水溶解并稀释至刻度,摇匀,作为贮备液;精密量取贮备液 1 mL,置于 50 mL 容量瓶中,用水稀释至刻度,摇匀,1 mL 相当于 0.002 mg 的磷(P)。

②供试品溶液的制备:取本品约 0.15 g,精密称定,置于凯氏瓶,加入高氯酸-硝酸(3:2)混合酸 20 mL,低温加热至溶液透明,再用高温加热,至白色浓烟出现,溶液澄清,无炭化物存在,即停止加热,冷却后,用水分次洗涤转移至 100 mL 容量瓶中,用水稀释至刻度,摇匀,即得。

③测定:精密量取参比溶液 2 mL 与供试品溶液 1 mL,分别置于 25 mL 容量瓶中,各依次加入钼酸铵硫酸试液 4 mL、还原液(取焦硫酸钠 6.85 g,加 1-氨基-2-羟基萘-4-磺酸 0.125 g,加水 50 mL 溶解,加亚硫酸钠至混浊消失,过滤,滤液放置 2～3 天后即可使用)2 mL,加水至刻度,摇匀,在 60～70 ℃水浴中加热显色 20 min,同时做空白校正,照分光光度法(《中国药典》(2020 年版)二部附录 IV A),在 630 nm 波长处测定吸收度,计算含磷量。

实训 12 　叶绿素的提取与分离

【背景介绍】

叶绿素产品是以富含叶绿素的天然植物为原料,经过萃取精制加工提纯所得到的天然叶绿素或叶绿素的衍生物。其应用很广,如叶绿素铜钠盐作为着色剂,广泛应用于糕点、饮料、糖果、冰淇淋等食品;作为医药原料,具有促进胃肠溃疡面愈合,促进肝功能恢复,消炎、祛臭等功能,对治疗牙周炎、口腔溃疡、祛除口臭具有明显疗效;作为日用化工原料,大量应用于国内外各种绿色药物牙膏和化妆品。

高等植物体内的叶绿体色素有叶绿素和类胡萝卜素两类,主要包括叶绿素 a ($C_{55}H_{72}O_5N_4Mg$)、叶绿素 b($C_{55}H_{70}O_6N_4Mg$)、β-胡萝卜素($C_{40}H_{56}$)和叶黄素($C_{40}H_{56}O_2$)等四种。叶绿素 a 和叶绿素 b 为吡咯衍生物与金属镁的配合物,胡萝卜素是一种橙色天然色素,属于四萜类,为长链共轭多烯,有 α、β、γ 三种异构体,其中,β 异构体含量最多。叶黄素为一种黄色色素,与叶绿素同时存在于植物体中,是胡萝卜素的羟基衍生物,较易溶于乙醇,在乙醚中溶解度较小。

【参考提取工艺】

根据高等植物体内的叶绿体色素物理和化学特性的不同,可将它们从植物叶片中提取出来,并通过萃取、沉淀和色谱方法将它们分离开来。

1. 提取

取 15 g 洗净晾干的新鲜菠菜叶,用乙醇清洗,再置于研钵内。加入 20 mL 石油醚-乙醇(3∶2)混合液,适当研磨,然后用布氏漏斗过滤,得滤液,如此反复三次,合并滤液,备用。

2. 分离

将提取得到的菠菜汁转移到分液漏斗中。向分液漏斗内加入 10 mL 饱和食盐水洗涤两次,轻轻振荡,静置;待溶液分层后滤出下层溶液,将上层溶液转移到锥形瓶内,加少量无水硫酸钠干燥。

【参考鉴定方法】

1. 薄层色谱分离鉴定菠菜色素

(1)制备硅胶-CMC薄层板。

①准备基板:取 7.5 cm×2.5 cm 玻璃片 4 块,用去污粉擦洗,再用水淋洗,最后浸入无水乙醇中,取出晾干。取用时手指只可接触玻璃片的边缘,不能接触玻璃片两面。

②调糊:将 3 g 硅胶 G 和 8 mL 0.5%羧甲基纤维素钠水溶液在研钵中搅匀。

③铺层:用钥匙将此糊状物倾倒于上述玻璃片上,用食指和拇指拿住玻璃片,做前后、左右振摇摆动,反复数次,使流动的糊状物均匀地铺在玻璃片上。

④活化:将已涂好硅胶的薄层板放置在水平的长玻璃片上,室温放置 0.5 h 后,移入烘箱,缓慢升温至 110 ℃,恒温 0.5 h。取出稍冷,放入干燥器中备用。

(2)点样。

①画线:用铅笔在距薄层板一端 0.8~1 cm 处轻轻画一横线,作为起始线。

②毛细管点样:注意斑点大小和斑点间距。用内径小于 1 mm 的毛细管取样品溶液,在起始线上垂直地轻轻接触薄层板,斑点直径要小于 2 mm。

(3)展开。

①展开剂选择:石油醚-乙酸乙酯(体积比为 3∶2)。

②展开剂预饱和:在层析缸中加入配好的展开剂,使其高度不超过 0.6 cm,以免淹没

斑点。加盖使缸内蒸气饱和 10 min。

③展开：将已点好样品的薄层板放入层析缸中，盖紧，等展开剂上升到接近薄层板上沿时，打开盖子，迅速用铅笔或小针在前沿做记号，取出，晾干。

（4）显色。

观察斑点在板上的位置，照原样画出斑点形状。计算出胡萝卜素、叶绿素和叶黄素的 R_f 值。

2. 吸附柱色谱法分离菠菜色素

（1）吸附剂预处理：取 10 g 柱层析硅胶，加入约 30 mL 石油醚，搅拌，浸泡 10 min。

（2）装柱：在层析柱内加入一团棉花，置于底部，再加入石英砂，厚度达 0.5 cm 以上，然后用石油醚半充满柱子，再将浸泡好的硅胶倒入柱内，倒时应该缓慢，重复使用下面流出的石油醚，直到装完。用石油醚洗柱内壁，再填入石英砂，厚度达 0.5 cm，顶部加一小团棉花。

（3）上样吸附：打开层析柱下部开关，向柱内加入 2 mL 浓缩液，至液体没入石英砂内，再加入石油醚冲洗柱壁，液体没入石英砂内。

（4）洗脱：加洗脱液开始层析，可以看到不同色带，直至洗脱完毕，在柱下面用试管分别接收不同色带的洗脱液。

实训 13　桂花精油的提取和成分分析

【背景介绍】

桂花（*Osmanthus fragrans* Lour.）系木樨科木樨属植物，主产于我国广西、湖北、湖南、贵州、江苏、浙江、福建等地，是我国十大传统名花之一。桂花花朵细小，素雅，但芳香浓郁，非常适合提取精油。从桂花花瓣和叶中提炼出来的桂花精油，是目前唯一不能合成的天然香料。桂花精油的香气清新、馥郁、幽雅，是一种高档的花香天然香料，可以作为高档香水和香脂的原、配料，也可以作为食品、香料添加剂，因此，被广泛应用于香料和食品中。桂花精油具有良好的保健作用和药用价值，含有紫罗兰酮，适合外油内干、毛孔粗大的肌肤，对干燥衰老的皮肤具有很好的修复及滋养作用，能使肌肤光滑细嫩，桂花的紫罗兰酮含量高于紫罗兰叶，因此其促进细胞再生的效果极佳，是不可多得的护肤油；桂花精油可以促进血液循环，改善细胞组织，激励肌肤活力，对天气、生活习惯、环境因素引起的血液循环不畅等问题有很好的改进作用；桂花精油能缓和支气管活性，有止咳、化痰及平顺气喘等作用；桂花精油还具有非常好的生殖助产功能，女性用其于下腹部的按摩，可以调理激素，促使生理周期合乎规律；桂花精油也是极佳的情绪振奋剂，对疲劳、头痛、生理痛等都有一定的减缓功效。

早在古罗马时代，人类就已经开始用浸泡的方法提取精油，公元 1000 年左右，阿拉伯人就开始用水蒸气蒸馏出玫瑰精油，并借此而成为当时全世界的香水中心。现在已形成许多种提取香精油的方法，主要有水蒸气蒸馏法、压榨法（挤压法）、脂吸法（脂肪冷吸法）、浸泡法(油脂温浸法)、浸提法(溶解法)、超临界流体萃取法等。其中水蒸气蒸馏法是利用香油的挥发性,把新鲜的或经干燥处理的桂花放进水蒸气加热炉中,由下方加热送入水蒸气,水蒸气能将挥发性较强的芳香油携带出来,再通过冷凝导管收集冷却后凝结成的油水混合物,由于水与精油的密度的差异,油水混合物又会重新分成油层和水层,除去水层便可得到桂花精油。这种提取方法非常方便,现已成为最普遍使用的提取精油的方法。超临界流体萃取法是利用处于临界点的压力和温度下的超临界流体将桂花中的芳香分子萃取出来,然后通过降压或升温的方法,使超临界流体汽化而与芳香分子分离,从而获得桂花精油,常用的超临界流体为二氧化碳。这种方法具有效率高、产量高、产品品质极为优良,安全、卫生、环保等优点,故在欧、美、日等广泛应用于香料、食品、医药、环境整治等方面。

桂花芳香成分的研究始于 20 世纪 60 年代。目前,对提取后的桂花精油,常用气相色谱-质谱联用仪(GC-MS)分析鉴定其成分,以便将桂花精油更科学、更安全地应用于化妆品、食品和医药等领域。

【参考提取工艺】

1. 水蒸气蒸馏法提取

阴干的桂花 $\xrightarrow[40\,℃,1\,h]{浸泡}$ 完全胀开的桂花 $\xrightarrow[1\,h]{水蒸气蒸馏}$ 水蒸气与桂花芳香成分混合物 $\xrightarrow[20\,℃]{冷凝}$ 水和精油混合物 $\xrightarrow[NaCl]{乳浊液分离}$ 精油层 $\xrightarrow[无水硫酸钠、过滤]{吸取残留的水分}$ 精油

(1) 称取 50 g 阴干的桂花,放入 500 mL 圆底烧瓶中,加入 200 mL 40 ℃蒸馏水,浸泡 1 h。

(2) 将水蒸气蒸馏实训仪器及配套的冷凝管组装好。

(3) 加热水蒸气发生瓶,产生的水蒸气通过导气管通入盛有桂花的圆底烧瓶中,大约 1 h,待出现蜡状乳浊液溶液后,取下接收乳浊液的锥形瓶。

(4) 乳浊液的分离:向盛有乳浊液的锥形瓶中加入适量的 NaCl(增加盐的浓度有利于油的分层提取),振荡后倒入分液漏斗中,静置分层,排去下层水,得到的油即为桂花精油粗品。再加入适量的无水硫酸钠,放置,经过滤除去固体硫酸钠后,就可得到桂花精油。

2. 超临界流体(CO_2)萃取法提取

桂花→称量→放入萃取器→设定压力和温度→固定 CO_2 流量→超临界 CO_2 提取→分离→桂花精油

(1) 称取 300～500 g 桂花放入 2 L 萃取器中,用 CO_2 反复冲洗设备以排除空气。

(2) 设定参数:压力 16 MPa、温度 39 ℃、CO_2 流量 9 L/h、萃取时间 2 h。

(3) 启动超临界流体(CO_2)萃取仪,开始萃取。

(4) 萃取完成后,从出料管取出桂花精油,称取质量,计算提取率。

【参考分析方法】

1. GC-MS 测定条件

（1）气相色谱条件：HP-FFAP（30 m×0.25 mm×0.25 μm）毛细管柱。程序升温：从 50 ℃开始，以 5 ℃/min 升到 100 ℃，保持 5 min，再以 10 ℃/min 升到 250 ℃。载气：氦。柱流量：1.0 mL/min。进样口温度：250 ℃。分流比：70∶1。进样量：1 μL。

（2）质谱条件：电离源为 EI；电离电压为 70 eV；离子源温度为 230 ℃；扫描范围为 40～500。

2. 样本稀释

按 1∶20 溶解在异丙醇中，加样量为 1.0 μL，分离比例为 100∶1。

3. 数据记录与处理

（1）记录桂花精油成分的质谱图。

（2）定性分析：所得谱图直接由该机数据处理系统进行检索，也可利用 Wiley275.L 和 NIST98.L 两个谱库进行串联检索，并查阅有关资料进行精油组分定性分析，记录结果（见表 3-13-1）。

表 3-13-1　桂花的精油成分

序号	成　分	匹配度/（%）
1		
2		
⋮		

（3）定量分析：桂花精油各组分的含量由气相色谱数据处理机根据色谱图按峰面积归一化法计算。将结果填入表 3-13-2 中。

表 3-13-2　桂花精油各成分的含量

序号	成　分	保留时间/min	质量分数/（%）
1			
2			
⋮			

实训 14　谷胱甘肽的制备及含量测定

【背景介绍】

谷胱甘肽是一种含 γ-酰胺键和巯基的三肽，由谷氨酸、半胱氨酸及甘氨酸组成。以还原型（GSH）和氧化型（GSSG）两种形式，广泛存在于动物、植物和微生物中，在生物体内起作用的主要是还原型（GSH）。谷胱甘肽有助于保持正常的免疫系统的功能，它作为体内重要的抗氧化剂和自由基清除剂,如与自由基、重金属等结合,能够保护细胞免受氧化性、毒害性化合物和辐射的伤害,同时它还是细胞内某些酶的辅因子,参与胞内的代谢循环(如 γ-谷氨酰循环)。还原型(GSH)在临床上还是重要的解毒药物,主要是因为半胱氨酸上有活性的巯基,易与某些药物(如扑热息痛)、毒素(如自由基、碘乙酸、芥子气、铅、汞、砷等重金属)等结合,从而具有整合解毒作用。故谷胱甘肽(尤其是肝细胞内的谷胱甘肽)能参与生物转化,从而把机体内有害的毒物转化为无害的物质,排泄至体外。它在食品工业、临床医学、运动营养学的应用研究越来越受到重视。

谷胱甘肽分子式为 $C_{10}H_{17}N_3O_6S$,相对分子质量为 307.33,熔点为 189～193 ℃(分解),晶体呈无色透明细长柱状,等电点为 5.93。它溶于水、稀醇、液氨和甲基甲酰胺,而不溶于醇、醚和丙酮。

【参考提取工艺】

$$干酵母 \xrightarrow{破碎} 含谷胱甘肽的抽提液 \xrightarrow{离子交换层析} 洗脱液$$

$$洗脱液 \xrightarrow{中和} 真空浓缩 \xrightarrow{干燥} 粗品$$

(1) 取 5 g 干酵母,与 15 mL 蒸馏水充分混合后,倒入 25 mL 沸腾的水中。

(2) 用 5 mL 水洗涤烧杯,一并倒入,使混合液保持在 95～100 ℃,沸腾 5 min。置于冰水中速冷。

(3) 2000 r/min 离心 10 min,取上清液,即谷胱甘肽抽提液。

(4) 调谷胱甘肽抽提液 pH 值至 3.0。

(5) 将抽提液上处理好的 732 阳离子交换吸附柱吸附。

(6) 用 0.25 mol/L NaOH 溶液洗脱,洗脱流速为 10 mL/min。收集洗脱液,洗脱终点用亚硝基铁氰化钠检测。

(7) 调节洗脱液 pH 值至 6.5。

(8) 真空浓缩。

(9) 喷雾干燥成粗品。

【参考含量测定方法】

采用亚硝基铁氰化钠法。其原理如下:谷胱甘肽在氨水存在下,与亚硝基铁氰化钠发生巯基反应,生成红色化合物。测定中加入硫酸铵可以增加颜色反应的强度。

(1) 在试管中加入 1.0 g 硫酸铵粉末,加 1 mL 待测的谷胱甘肽溶液、3 mL 硫酸铵饱和溶液,摇匀。体系中硫酸铵为饱和状态。

(2) 加入 0.5 mL 1%亚硝基铁氰化钠溶液,随即加入 0.7 mL 8 mol/L 氨水,混合。

(3) 立即(在 30 s 内)用分光光度计在 525 nm 波长处测定吸光度值。

（4）谷胱甘肽标准曲线的制作：

①配制 100 μmol/L 还原型谷胱甘肽：称取 3.10 mg 还原型谷胱甘肽，加蒸馏水溶解，定容至 100 mL。

②取 6 支试管，按表 3-14-1 加入各种试剂，30 s 内用分光光度计在 525 nm 波长处测得吸光度。并作标准曲线。

（5）根据标准曲线计算样品中谷胱甘肽的含量。

表 3-14-1　谷胱甘肽标准曲线制作

管　号	1	2	3	4	5	6
谷胱甘肽标液体积/mL	0	0.2	0.4	0.6	0.8	1.0
$(NH_4)_2SO_4$ 质量/g	1.0	1.0	1.0	1.0	1.0	1.0
H_2O 体积/mL	1.0	0.8	0.6	0.4	0.8	0
饱和$(NH_4)_2SO_4$ 体积/mL	3	3	3	3	3	3
1% $Na_2[Fe(CN)_5NO]$体积/mL	0.5	0.5	0.5	0.5	0.5	0.5
8 mol/L 氨水体积/mL	0.7	0.7	0.7	0.7	0.7	0.7
A_{525}						

实训 15　溶菌酶的提取与鉴定

【背景介绍】

溶菌酶（lysozyme）EC3.2.1.7 是由 Alexander Fleming 在 1992 年发现的一种有效的抗菌剂，因能选择性地溶解微生物细胞壁而得名。其全称为 1,4-β-N-溶菌酶，又称胞壁质酶、N-乙酰胞壁质聚糖水解酶、球蛋白 G。它是一种糖苷水解酶，能水解细菌细胞壁 N-乙酰胞壁酸和 N-乙酰氨基葡萄糖之间的 β-1,4-糖苷键，破坏肽聚糖支架，引起细菌裂解。人和动物细胞无细胞壁结构，亦无肽聚糖，故溶菌酶对人体细胞无毒性作用。在实际应用中，它由于具有溶解细菌细胞壁的能力，能起到抗菌消炎、消肿、镇痛、加快组织修复的作用，被广泛应用于医疗行业。由于溶菌酶本身是一种无毒、无害、安全性很高的蛋白质，作为天然防腐剂的溶菌酶在食品工业中有广阔的应用价值，此外，还被用于饲料工业，以及提取微生物细胞内各类物质和进行原生质体制备及融合育种等科研领域。

溶菌酶是一种碱性球蛋白，其分子是由 129 个氨基酸残基排列构成的单一肽链，有四对二硫键，相对分子质量为 14300～14700，是一扁长椭球体，结晶形状随结晶条件而异，有菱形八面体、正方形六面体及棒状结晶等。溶菌酶的最适 pH 值为 6 左右，等电点为 11 左右，在酸性条件下稳定存在，在 pH 3 时加热到 96℃持续 15 min 活力仍保存 87%。它是一种化学性质稳定的酶，在干燥条件下可长期在室温下存放。

溶菌酶广泛存在于鸟类和家禽的蛋里，其中以蛋清中含量最为丰富（约含 0.3%），蛋壳膜上也有存在，所以鸡蛋清是提取溶菌酶的最好原料，用蛋壳膜也可以提取，但产量较

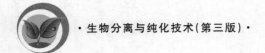

低。用鸡蛋清或蛋壳膜提取溶菌酶的方法较多,主要有食盐直接结晶法、亲和层析法、聚丙烯酸沉淀法、离子交换树脂提取法和超滤法等。

本实训以鸡蛋清为原料,主要依据溶菌酶为碱性蛋白(pI 为 11 左右)的性质,在溶液 pH<pI 时,溶菌酶带正电荷,即可与 724 型弱酸性阳离子交换树脂发生交换反应,从而达到分离纯化的目的,然后采用盐析法得到溶菌酶沉淀,干燥后得到溶菌酶产品。

【参考提取工艺】

新鲜鸡蛋清 —过滤→ 滤液 —弱酸性阳离子交换树脂吸附→ 弃上清液 / 吸附树脂 —洗涤、洗脱→ 洗脱液 —盐析→ 沉淀 —透析→ 透析液 —等电点沉淀除杂蛋白→ 上清液 —结晶→ 产品

1. 蛋清准备

取 3 个新鲜鸡蛋,洗净擦干,在小头用镊子轻轻捣一直径为 4 mm 的小孔,下用烧杯接好,再在大头上打一细小针孔进气,此时蛋清自动缓缓流出。将所得约 80 mL 蛋清用磁力搅拌器充分打匀(约 15 min),然后用四层纱布滤去杂质(蛋清中的脐带、蛋壳碎片及其他杂物),测量体积(或质量),记录 pH 值,置于冰箱预冷 30 min。

2. 树脂处理

(1) 将树脂放在容器内,先用清水浸泡并用浮选法除去细小颗粒,漂洗干净、滤干。

(2) 用 95%乙醇浸泡 24 h,洗去树脂内的醇溶性有机物,然后抽干,回收乙醇。

(3) 用 40~50 ℃ 的热水浸泡 2 h,洗涤数次,洗去树脂内的水溶性杂质和乙醇,然后抽干。

(4) 用 4 倍树脂量的 2 mol /L HCl 溶液搅拌 2 h,洗去酸溶性杂质,水洗至中性,抽干。

(5) 用 4 倍量 2 mol /L NaOH 溶液搅拌 2 h,洗去碱溶性杂质,水洗至中性,抽干。

(6) 用 4 倍量 pH 6 磷酸盐缓冲液浸泡 24 h 以平衡树脂,滤出树脂即可使用。

3. 吸附

将预冷至 5 ℃左右的蛋清在搅拌下加入已处理好的 724 型树脂 50 g(湿重),使树脂全部悬浮在蛋清中;在 0~5 ℃下,不断搅拌吸附 2 h 左右;然后在 0~5 ℃静置 20 h 以上,待分层后,弃去上清液。

4. 洗涤和洗脱

下层树脂用蒸馏水洗至无白沫为止,以除去杂蛋白;然后将树脂抽滤去水分,移入另一烧杯中;在上述树脂中加入等体积的 0.15 mol/L pH 6 磷酸盐缓冲液,搅拌洗涤 20 min;搅拌处理后抽滤除水分;最后将除去杂物的树脂加入 40 mL 浓度为 10%的$(NH_4)_2SO_4$溶液,搅拌洗脱 30 min,滤出洗脱液。重复洗脱树脂三次。

5. 盐析

合并洗脱液,边搅边补加研细的固体硫酸铵至终浓度为 40%,冰箱中放置过夜。沉淀完全后离心收集沉淀。

6. 透析脱盐

将沉淀物用 20 mL 左右蒸馏水全部溶解,然后装入透析袋中,置于冰箱中,用蒸馏水透析一天,中途换水三次,用研细的聚乙二醇脱水浓缩,终体积应控制在 2.5～3 mL。

7. 等电点沉淀除碱性杂蛋白

将透析液移入烧杯中,0.1 mol/L NaOH 溶液调至 pH 8.0～8.5,如有白色沉淀,应立即于离心机上离心除去。

8. 结晶

用骨勺在搅拌下按每 100 mL 5 g 的量慢慢向酶液中加入研细的固体 NaCl,注意防止局部过浓。加完后用 0.1 mol/L NaOH 溶液慢慢调至 pH 9.5～10.0,静置 48 h,得溶菌酶晶体。

【参考鉴定方法】

采用分光光度法测定溶菌酶活力。

1. 酶液的制备

取一定量的溶菌酶晶体,用 0.1 mol/L pH 6.24 磷酸盐缓冲液溶解,每毫升酶溶液应含约 50 U,并在每分钟内使吸光度改变 0.02～0.04。

2. 底物溶液的配制

取 25 mg 溶壁微球菌(*M. lysodeikticus*)干粉,放入 50 mL 0.1 mol/L pH 6.24 磷酸盐缓冲液中(溶液变得有些混浊),以磷酸盐缓冲液为参比,在 450 nm 波长处,用大约 20 mL 磷酸盐缓冲液将混浊液的吸光度调整至 1.30,即为底物溶液,此溶液只能在 1 h 之内使用。

3. 酶活力的测定

用移液管将底物溶液滴入一只 1 cm 比色皿,并调温至 25℃,加 0.5 mL 酶溶液,将这两种溶液充分混合,用分光光度计于 450 nm 波长处以试剂空白为参比测定吸光度。在大约 5 min 内,每隔 30 s 读取一次吸光度,直到每分钟的吸光度下降值恒定不变为止。将结果记入表 3-15-1 中。

表 3-15-1 酶活力的测定

	测定	空白
底物溶液体积	2.5 mL	2.5 mL
磷酸盐缓冲液体积	0	0.5 mL
酶液体积	0.5 mL	0

混匀,在室温于 450 nm 波长处以试剂空白为参比测定吸光度,在约 5 min 内每隔 30 s 读取吸光度

时间/s	0	30	60	90	120	150	180	210	240	270	300
$A_{450\,nm}$											

酶活力单位:酶在室温(25 ℃)pH 6.25 条件下,$A_{450\,nm}$ 每分钟降低 0.001 为一个酶活力单位,按照下式计算比活力:

$$比活力(U/mg) = \frac{\Delta A_{450\ nm}}{0.001 \times m}$$

式中：$\Delta A_{450\ nm}$——450 nm 波长处每分钟吸光度的变化；

m——每 0.5 mL 酶溶液所含酶的质量，mg；

0.001——每分钟内使吸光度下降 0.001 为一个酶活力单位。

附：0.1 mol/L pH 6.24 磷酸盐缓冲液的制备：将 0.1 mol/L 磷酸氢二钠（Na_2HPO_4）溶液和 0.1 mol/L 磷酸二氢钠（NaH_2PO_4）溶液按 1：3 体积比加以混合，pH 值须达到 6.24。必要时可用这两种溶液中的一种来调整 pH 值。

实训 16　辅酶 Q_{10} 的提取及含量测定

【背景介绍】

辅酶 Q（CoQ）又称泛醌，是一种存在于自然界的脂溶性醌类化合物。分子中含有一个由多个异戊二烯单位组成的、与对苯醌母核相连的侧链，该侧链的长度（n）根据泛醌的来源而有所不同，一般含有 6～10 个异戊二烯单位。对于哺乳动物，$n=10$，因此又称辅酶 Q_{10}（CoQ_{10}）。分子中的醌式结构使泛醌具有氧化型与还原型两种形式，在细胞内这两种形式可以相互转变，这是泛醌作为电子传递体的基础。CoQ_{10} 在室温下为橙黄色晶体，无臭无味。其熔点是 49℃，分子式是 $C_{59}H_{90}O_4$，相对分子质量是 863.34。它易溶于氯仿、苯和四氯化碳，能溶于丙酮、石油醚和乙醚，微溶于乙醇，不溶于水和甲醇。它受光照易分解，受温度、湿度影响则较小。

泛醌存在于多数真核细胞中，尤其是线粒体。它是呼吸链组分之一；其在线粒体内膜上的含量远远高于呼吸链其他组分的含量，而且脂溶性使它在内膜上具有高度的流动性，特别适合作为一种流动的电子传递体。

CoQ_{10} 的药理作用主要有以下几点：①抗氧化；②自由基清除；③稳定生物膜；④为呼吸链的氧化还原成分；⑤保护心肌，治疗冠心病。

一般 CoQ_{10} 可由化学合成、微生物发酵法生产，也可由猪心肌中提取。从肝及生产细胞色素 c 后的猪心渣中提取适宜于实训。

【参考提取工艺】

1. 绞碎、提取、压滤

取 2 kg 新鲜或冷冻猪心,去血块、脂肪和肌腱等,在绞肉机中绞碎。称取心肌碎肉,加 1.5 倍量蒸馏水搅拌均匀,用 1 mol/L 硫酸调至 pH 4 左右,常温搅拌提取 2 h,压滤,得滤渣。

2. 皂化

取猪心滤渣,压干称重,每 30 g 干渣加 100 mL 工业焦性没食子酸,搅匀,缓慢加入醇-碱溶液(干渣重 3～3.5 倍的乙醇、320 g/L 氢氧化钠溶液),置于反应锅内,加热搅拌回流 25～30 min,迅速冷却至室温,得皂化液。

3. 萃取

将皂化液立即加入其体积 1/10 量的石油醚,搅拌后静置分层,收集橙黄色上层液,下层再以同样量石油醚萃取一次,合并萃取液,用蒸馏水洗涤至近中性,加入少量无水硫酸钠干燥,在 40 ℃ 以下减压浓缩至原体积的 1/10,冷却,−5 ℃ 以下静置过夜,过滤,除去胆固醇等杂质,得澄清浓缩液。

4. 硅胶柱层析

采用湿法装柱,先以石油醚洗涤,除去柱中杂质,再将浓缩液引入硅胶柱中,以乙醚-石油醚(1∶1)混合溶剂洗脱,收集黄色的洗脱液,减压蒸去溶剂,得黄色油状物。

5. 结晶

在黄色油状物中加入少量热的无水乙醇,使其溶解,趁热过滤,将滤液冷却后放于冰箱(4 ℃)中,静置结晶,滤干,真空干燥,即得 CoQ_{10} 成品。

【参考含量测定方法】

以高效液相色谱法测定含量。

1. 对照品溶液的制备

(1) CoQ_{10} 标准贮备液(2.0 mg/mL):准确称取 CoQ_{10} 标准品(纯度≥99.5%)0.1 g(精确到 0.0001 g),置于 50 mL 棕色容量瓶中,加适量无水乙醇,置于 50 ℃ 水浴中振摇溶解,放冷后,用无水乙醇定容,混匀。

(2) CoQ_{10} 标准使用液(200 μg/mL):准确吸取 1.0 mL CoQ_{10} 标准贮备液,置于 10 mL 棕色容量瓶中,用无水乙醇定容,混匀。

2. 试样的制备

精密称定 CoQ_{10} 成品适量(约相当于 CoQ_{10} 20 mg),加适量无水乙醇,置于 50 ℃ 水浴中振摇溶解;放冷后,移至 100 mL 容量瓶中,加无水乙醇至刻度,摇匀。取上述液,置于具塞离心管中,3000 r/min 离心 5 min,取上清液,经 0.45 μm 微孔滤膜过滤,滤液用于测定。

3. 标准曲线的制备

分别吸取适量标准使用液,用无水乙醇稀释并在棕色容量瓶中定容,最终的浓度分别为 4.0 μg/mL、10 μg/mL、20 μg/mL、40 μg/mL、50 μg/mL。

4. 色谱条件

色谱柱:ODS C_{18} 柱,150 mm×4.6 mm,5 μm。流速:1.0 mL/min。检测器:紫外检

测器,检测波长 280 nm。柱温:25 ℃。进样量:10 μL。流动相:乙腈-水(95∶5)。

5. 色谱分析

分别取标准溶液及试样溶液,注入色谱仪中,以保留时间定性,以试样峰面积或峰高与标准比较定量。

试样中的 CoQ_{10} 含量按下式进行计算:

$$X = \frac{C \times V \times f \times 100}{m \times 1000 \times 1000}$$

式中:X——试样中 CoQ_{10} 的含量,g/100 g;

C——从标准曲线查得的浓度,μg/mL;

V——试样定容体积,mL;

f——样品稀释倍数;

m——试样质量,g。

主要参考文献

[1] 辛秀兰.生物分离与纯化技术[M].北京:科学出版社,2012.

[2] 曾青兰,张虎成.生物制药工艺[M].3版.武汉:华中科技大学出版社,2021.

[3] 孙诗清.生物分离实验技术[M].北京:北京理工大学出版社,2017.

[4] 邱玉华.生物分离与纯化技术[M].2版.北京:化学工业出版社,2017.

[5] 田亚平.生化分离原理与技术[M].2版.北京:化学工业出版社,2020.

[6] 张雪荣.药物分离与纯化技术[M].4版.北京:化学工业出版社,2022.

[7] 丁明玉.现代分离方法与技术[M].3版.北京:化学工业出版社,2020.

[8] 欧阳平凯.生物分离原理及技术[M].3版.北京:化学工业出版社,2019.

[9] 朱德艳.生物药物分析与检验[M].2版.北京:化学工业出版社,2016.

[10] 王鹏.生物实验室常用仪器的使用[M].2版.北京:中国环境出版社,2015.

[11] 张建社,褚武英,陈韬.蛋白质分离与纯化技术[M].北京:军事医学科学出版社,2009.

[12] 刘相东,李占勇.现代干燥技术[M].3版.北京:化学工业出版社,2022.

[13] 王湛,王志,高学理.膜分离技术基础[M].3版.北京:化学工业出版社,2019.

[14] 刘家祺.传质分离过程[M].2版.北京:高等教育出版社,2014.

[15] 刘叶青.生物分离工程实验[M].2版.北京:高等教育出版社,2014.

[16] 朱恒伟,白新鹏,梁秋杨,等.多级双水相萃取木瓜蛋白酶的研究[J].食品与发酵工业,2023,10(5):1-8.

[17] 张正玉,吴绵斌.抗生素分离纯化技术研究进展[J].中国生物工程杂志,2012,32(6):98-103.

[18] 齐亚兵,贾宏磊.熔融结晶技术分离纯化有机化合物的研究进展[J].化工进展,2023,42(1):373-385.

[19] 王园,鞠立迳.基于大孔吸附树脂的微生物制药分离纯化技术[J].化工与医药工程,2022,43(5):53-57.

[20] 马月云,张丹丹,李盈柔,等.基于混合模式色谱生物活性肽的分离研究进展[J].食品科学,2023,44(9):185-193.

[21] 王凯,李婷,师瑞芳,等.链霉菌生物活性物质分离纯化技术研究进展[J].食品工业科技,2015,36(14):373-378.

[22] 李鑫,裴松松.离子色谱技术在水环境监测中的应用分析[J].皮革制作与环保科技,2023,4(5):14-18.

[23] 王金秋,陈加传,李柯萌,等.生物活性蛋白质分离纯化技术研究进展[J].食品工业,2018,39(5):259-263.

[24] 李继定,杨正,金夏阳,等.渗透汽化膜技术及其应用[J].中国工程科学,2014,16(12):46-51.

[25] 张晓,凡飞,赵小亮,等.猪肺组织糖胺聚糖的分离纯化及其结构鉴定[J].药物分析杂志,2016,36(4):587-593.

[26] 张云龙,崔佳乐,付海英,等.溶栓素的分离纯化及特性测定[J].中国生化药物杂志,2005,26(1):18-21.

[27] 谢雷波.利用酿酒酵母生物合成谷胱甘肽及分离纯化的初步研究[D].南昌:南昌大学,2006.

[28] 丁文武,丛林娜,孟丽,等.聚乙二醇/硫酸铵双水相体系萃取大豆脂肪氧合酶的研究[J].食品工业科技,2015,36(11):210-213.

[29] 刘文伟.真空冷冻干燥瓜果固体饮料的加工方法:中国,108522933A[P].2018-09-14.

[30] 张卫元,张永丹,陈翠兰,等.一种喷雾干燥法制备亲水性药物微球的方法:中国,102228440B[P].武汉回盛生物科技有限公司,2013-05-22.

[31] 谢虹,张彪,陆盈盈."生物分离工程"综合性实验设计[J].广东化工,2022,49(22):260-261,267.

[32] 张莉,武慧敏,赵乐,等.中医药院校生物分离工程课程实验教学的实践探索[J].中医药管理杂志,2017,25(20):40-43.